组合数学入门读本
环球城市数学竞赛中的组合问题

陈皓然　编著

ZHEJIANG UNIVERSITY PRESS
浙江大学出版社

图书在版编目(CIP)数据

组合数学入门读本：环球城市数学竞赛中的组合问
题 / 陈皓然编著. — 杭州：浙江大学出版社，2021.7
ISBN 978-7-308-20532-0

Ⅰ. ①组… Ⅱ. ①陈… Ⅲ. ①组合数学－竞赛题－题
解 Ⅳ. ①O157－44

中国版本图书馆 CIP 数据核字(2020)第 173805 号

组合数学入门读本　环球城市数学竞赛中的组合问题

陈皓然　编著

策划编辑	陈宗霖	
责任编辑	胡岑晔	
责任校对	李　琰	
封面设计	项梦怡	
出版发行	浙江大学出版社	
	（杭州市天目山路 148 号　邮政编码 310007）	
	（网址：http://www.zjupress.com）	
排　　版	杭州朝曦图文设计有限公司	
印　　刷	杭州杭新印务有限公司	
开　　本	787mm×1092mm　1/16	
印　　张	11.75	
字　　数	306 千	
版 印 次	2021 年 7 月第 1 版　2021 年 7 月第 1 次印刷	
书　　号	ISBN 978-7-308-20532-0	
定　　价	35.00 元	

浙江大学出版社市场运营中心联系方式：0571－88925591；http://zjdxcbs.tmall.com

编写说明

环球城市数学竞赛(The International Mathematics Tournament of the Towns,以下简称"环球竞赛")是一项起源于苏联、历史悠久、在国际上具有重要影响力的中学生数学竞赛.

环球竞赛由苏联数学家、教育家尼古拉·康斯坦丁诺夫(Nikolay Konstantinov)创办,第一届于1980年在苏联举办,有3个城市参加,当时称为三镇数学竞赛(Olympiad of Three Towns),后来发展到其他国家:1984年至保加利亚及其他东欧国家,1988年至澳大利亚,1989年至联邦德国、美国等,到目前已有100多个城市参加.近年来,我国也有越来越多中学生以个人名义参加该竞赛.

俄罗斯科学院(前身为苏联科学院)下属的一个委员会为环球竞赛的组织者.从1982年第四届起,该竞赛每学年举办两次:秋季赛在10月,春季赛在3月.竞赛分初中组和高中组,每组比赛安排一试和二试,两场比赛之间的间隔为1～2周.每名学生都可以同时参加一试和二试,然后取其中的较高分.每个城市代表队的团体总分由获得最高分的若干名队员的成绩经过加权计算而得,每队队员至少为5名.环球竞赛的题目以组合为主,也包括代数、几何、数论等其他方向,命题者大多是数学研究方面的专家,题目内容新颖而极具思想性.该竞赛强调直观和洞察力,即通过敏锐的思维和推导能力解决问题,而不强调繁重的计算过程和技巧.大部分题目的解答在一页纸以内.

环球竞赛的考试形式也独具特色.一试为4小时,题数一般为5道;二试为5小时,题数一般为7道.每道题的分值不等:一试题目难度较低且分值也较低;二试题目偏难但分值也较高.学生可以做其中任意多道题,但取得分最高的3道题相加作为其总分.团体总分的计算与城市人口、参赛学生年级有关,比较复杂,这里就不详述了.

他山之石,可以攻玉.借鉴、学习环球竞赛题目,对我国大中学教师、学生、数学爱好者的教学和学习都有很大的启发意义.中国数学奥林匹克委员会的一些前辈在2004年翻译、出版了环球竞赛从1980年到1998年的试题及其解答,共上、下两册;浙江大学的林常教授在2011年整理、出版了1999年到2008年的部分试题.

　　笔者一直关注并研究环球竞赛,在美留学及回国以后,利用闲暇时间独立完成了从第一届到现在的几乎每一道题目的解答,在参考澳大利亚数学基金会(Australian Mathematics Trust)出版的《环球竞赛及解答》(6卷本)的基础上,对一些题目也给出了自己的解法与理解.今适逢竞赛举办四十周年之际,笔者从中遴选了大约300道组合题目,内容既包含较为基础的计数、归纳法、抽屉原理等(相当于国内初中竞赛或高中联赛难度),又涉及一些较难的操作、博弈等专题(有些题目达到联赛二试甚至冬令营水平).

　　本书有别于前作按年度顺序排列的方式.笔者按照内容进行归类,共分十二讲.每讲先引入若干典型例题,再将剩下的题目以习题的方式呈现,其中某些经过适当改动及合并,较难的题目单独列出,并配以提示供读者参考.笔者假设读者了解基本的组合理论,而对于一些读者不太熟悉但在竞赛中常用的霍尔婚姻定理及皮克定理等,也给出了证明.

　　笔者在此首先感谢加拿大阿尔伯塔大学的刘江枫教授,他热情地提供了大量题目资料并和笔者多次交流,正是他的帮助才促成了本书的完稿.同时,笔者也感谢浙江大学李胜宏教授和杨晓鸣老师的大力支持和帮助.此外,感谢郭镜明教授和冯玉泽同学提出的很多宝贵意见和建议.最后,感谢浙江大学出版社完成书稿的排版和编辑工作,终于圆了我在母校出书的梦想.

　　鉴于笔者水平有限,书中难免有不足或错误之处,敬请读者批评指正.

陈皓然

2019 年 12 月

常用公式及定理

1. (1) 加法原理:如果完成一件事有 k 类方式,对于 $1 \leqslant i \leqslant k$,第 i 类包含 n_i 种方式,则完成这件事共有 $N = n_1 + n_2 + \cdots + n_k$ 种方式.

(2) 乘法原理:如果完成一件事有 k 个步骤,对于 $1 \leqslant i \leqslant k$,第 i 类包含 n_i 种方式,则完成这件事共有 $N = n_1 \cdot n_2 \cdot \cdots \cdot n_k$ 种方式.

2. (1) 排列:从 n 个元素中取出 $m (\leqslant n)$ 个元素排成一列,共有 $\mathrm{P}_n^m = n \cdot (n-1) \cdot (n-2) \cdot \cdots \cdot (n-m+1)$ 种方式,特别地,$\mathrm{P}_n^n = n!$.

(2) 组合:从 n 个元素中取出 $m (\leqslant n)$ 个元素构成一个集合,共有 $\mathrm{C}_n^m = \dfrac{\mathrm{P}_n^m}{m!} = \dfrac{n!}{m!(n-m)!}$ 种取法,其中定义 $0! = 1$.

组合数满足以下基本性质:① $\mathrm{C}_n^m = \mathrm{C}_n^{n-m}$;② $\mathrm{C}_n^0 + \mathrm{C}_n^1 + \cdots + \mathrm{C}_n^n = 2^n$;③ $\mathrm{C}_{n+1}^m = \mathrm{C}_n^m + \mathrm{C}_n^{m-1}$.

3. 抽屉原理:如果将 $N = n_1 + n_2 + \cdots + n_k + 1$ 件物品放入 k 个抽屉中,则要么第一个抽屉中有 $n_1 + 1$ 件物品,要么第二个抽屉中有 $n_2 + 1$ 件物品,$\cdots$,要么第 k 个抽屉中有 $n_k + 1$ 件物品,以上至少发生一项. 当 $N = \infty$ 时,至少有一个抽屉中有无穷件物品.

4. 极端原理:(1) 设 $\mathbf{N}$ 为正整数集,$A \subset \mathbf{N}$,则 A 中存在最小数;

(2) 设 $\mathbf{R}$ 为实数集,$B \subset \mathbf{R}$ 为有限数集,则 B 中既存在最小数,也存在最大数.

5. 容斥原理:设 $A_1, A_2, \cdots, A_n$ 为有限集,$|A_i|$ 表示 A_i 的元素个数,则

$$|A_1 \cup A_2 \cup \cdots \cup A_n| = \sum_{i=1}^{n} |A_i| - \sum_{1 \leqslant i < j \leqslant n} |A_i \cap A_j| + \sum_{1 \leqslant i < j < k \leqslant n} |A_i \cap A_j \cap A_k|$$

$$- + \cdots + (-1)^{n-1} |A_1 \cap A_2 \cap \cdots \cap A_n|.$$

6. 数学归纳法：设命题 P 与整数 n 有关.

（1）P 在 $n=n_0$ 时成立，假设 P 在 $n=k \geqslant n_0$ 时成立，可以推出 P 在 $n=k+1$ 时成立，则 P 对所有整数 $n \geqslant n_0$ 成立.（第一归纳法）

（2）P 在 $n=n_0$ 时成立，假设 P 对于每个 $n_0 \leqslant n \leqslant k$ 均成立，可以推出 P 在 $n=k+1$ 时成立，则 P 对所有整数 $n \geqslant n_0$ 成立.（第二归纳法）

7. 集合映射：设 A,B 为有限集，若存在 A 的某子集与 B 的一一映射，则 $|A| \geqslant |B|$；若同时存在 B 的某子集与 A 的一一映射，则 $|A|=|B|$.

8. 欧拉公式（立体几何）：设简单多面体的顶点数为 V，边数为 E，面数为 F，则 $V+F-E=2$.

本书中涉及的其他定理

9. 皮克定理：若平面上某多边形 P（不一定为凸）的顶点均为整点，所有边经过 s 个整点，内部包含 i 个整点，则 P 的面积等于 $\dfrac{s}{2}+i-1$.（证明参见第 23 页）

10. 霍尔婚姻定理：设集合 A,B 分别由有限个顶点组成，对于 $a \in A$，定义 $S(a)$ 为 B 中与 a 相连的顶点集，则以下两个命题等价：

（1）存在单射 $f:A \rightarrow B$，对每个 $a \in A$，均有 $f(a) \in S(a)$.

（2）对每个 $1 \leqslant k \leqslant |A|$，$A$ 的任何 k 元子集 A_k 均满足 $\left| \bigcup_{a \in A_k} S(a) \right| \geqslant k$.（证明参见第 58 页）

目　录

第一讲 组合计数

计算满足一定限制条件的离散对象排列组合数量的问题,一般要求读者在掌握基本计算能力的基础上,综合运用容斥原理、反演原理、归纳法、递推法等工具,找出答案.此类问题往往花样繁多,看似无从下手,难以找出规律,也没有普适的方法,但实际上,解决此类问题的关键在于:通过分析、举例,观察隐含的特征,再综合运用组合方法进行论证.建议读者在解题过程中,勤于思考,争取独立发现隐含规律的特征,不要急于翻看答案,同时加强论证的规范性和严密性,特别是那些常规之外蕴含新思路、新方法的问题,注意理解并归纳总结,不断积累,逐渐提高.

在本讲所选典型例题中,例 4 包含算两次和调整法;例 7 利用映射关系.这些方法在进阶试题中也有体现.

典型例题

例 1 (1984秋·高中·二试)将 $1\sim100$ 打乱顺序并记为 $a_1,a_2,\cdots,a_{100}$. 设 $b_1=a_1$,$b_2=a_1+a_2,\cdots,b_i=a_1+\cdots+a_i,\cdots,b_{100}=a_1+a_2+\cdots+a_{100}$. 求证:在 $b_1,b_2,\cdots,b_{100}$ 除以 100 的余数中,至少有 11 个互不相同.

证明 如果 $b_1,b_2,\cdots,b_{100}$ 模 100 只有 10 个同余类,那么 $b_{i+1}-b_i(1\leqslant i\leqslant 99)$ 至多只能有 $10\times9+1=91$ 种同余类(其中包括 0),但 $b_{i+1}-b_i=a_{i+1}$ 共有 99 种同余类,矛盾.因此余数至少有 11 个互不相同.

例 2 (1998秋·初中·二试)将 10 种颜色的珠子(各 2 颗)放到 10 个盒子中,每个盒子放 2 颗珠子.求证:从每个盒子中各取 1 颗珠子,要求颜色互不相同,这样的取法总数为 2 的幂次.

证明 任选一颗珠子 a_1,如果同色的另一颗 a_2 位于同一盒中,则将该盒单独记为一组.否则,设同一盒中的另一颗为 b_1,与 b_1 同色的另一颗 b_2 和 c_1 在同一盒中,依次类推,直到 x_2 和 a_2 在同一盒中,则将 $a_{1,2},b_{1,2},\cdots,x_{1,2}$ 所在盒子记为一组.设 10 个盒子总共分成 m 组.

对于每一组来说,符合要求的选取方式只有 2 种:$a_1,b_2,c_2,\cdots,x_2$ 或 $b_1,c_1,\cdots,x_1$,a_2. 因此取法总数等于 2^m.

例 3 （1998春·高中·二试）在 8×8 棋盘的某些格子之间构建围墙并称之为"迷宫"．如果车可以走遍所有格子而无须翻越围墙，则称这样的迷宫是"好的"；否则称为"坏的"．问：在所有迷宫中，好的迷宫多还是坏的迷宫多？

解法一　迷宫最多有 $8 \times 7 \times 2 = 112$ 面围墙，好的迷宫至少需要其中 $8 \times 8 - 1 = 63$ 个位置没有墙，也即至多有 49 面墙．若 A 是一个迷宫，A^C 与 A 恰好在每个位置处有一面墙，则两个迷宫共有 112 面墙，至少有一个是坏的，当 A 有 56 面墙时，A 和 A^C 都是坏的，因此坏的迷宫多．

解法二（笔者给出）　取定任意两个相邻格子，这两个格子之间有墙的迷宫数与无墙的迷宫数各占总数的一半．观察棋盘左上角格子，两个相邻位置不能同时有墙，否则为坏的迷宫．至少一个位置没有墙的比例为 $1 - \left(\dfrac{1}{2}\right)^2 = \dfrac{3}{4}$，这对于其余角格也一样，因此四个角格均与其他格连通的比例为 $\left(\dfrac{3}{4}\right)^4 < \dfrac{1}{2}$，不连通的均为坏的迷宫，故坏的迷宫多．

例 4 （1989春·初中·二试）共有 N 个单位向量将单位圆平分成 N 等份，这些向量中有的是红色，剩下的是蓝色．考虑所有按逆时针方向起始于红色向量而终止于蓝色向量的圆心角，并计算这些角度之和除以角的个数的值．求证：以上得到的"平均角度"为 $180°$．

证法一　假设红色向量共有 $k(\leqslant N)$ 个，则从每个红色向量出发，所有圆心角之和为

$$\frac{360°}{N}(1 + 2 + 3 + \cdots + N - 1) = 180°(N - 1).$$

因此 k 个红色向量对应着 $180°(N-1)k$ 的角度和．以上计算不仅包括从红色向量到蓝色向量的圆心角，还包括从红色向量到红色向量的圆心角．如果 R_i 和 R_j 是两个红色向量，则 $\angle R_i O R_j$ 和 $\angle R_j O R_i$ 分别被计算了一次．注意到 $\angle R_i O R_j + \angle R_j O R_i = 360°$，且这样的红色向量共有 $\dfrac{k(k-1)}{2}$ 对．因此，去掉这些角之后，剩下的全部为红色向量到蓝色向量的圆心角，其角度之和为

$$180°(N-1)k - 360° \frac{k(k-1)}{2} = 180°k(N-k),$$

而角的个数为 $k(N-k)$，因此"平均角度"为 $180°$．

证法二（笔者给出）　假设红色向量共有 $k(\leqslant N)$ 个，对 k 采用归纳法．

当 $k = 1$ 时，"平均角度"为

$$\frac{360°}{N}\left(\frac{1 + 2 + \cdots + N - 1}{N - 1}\right) = 180°.$$

成立．

假设有 k 个红色向量时结论成立，此时红色向量到蓝色向量的圆心角共有 $k(N-k)$ 个；角度之和为 $180°k(N-k)$．将这些红色向量记为 $R_1, \cdots, R_k$．现在将一个蓝色向量改成红色，设为 X，将剩下的蓝色向量记为 $B_1, B_2, \cdots B_{N-k-1}$，则新的角度之和为

$$S = 180°k(N-k) - \sum_{i=1}^{k} \angle R_i O X + \sum_{j=1}^{N-k-1} \angle X O B_j.$$

注意到 $\angle R_i O X + \angle X O R_i = 360°$，以及

$$\sum_{i=1}^{k} \angle XOR_i + \sum_{j=1}^{N-k-1} \angle XOB_j = \frac{360°}{N}(1+2+\cdots+N-1) = 180°(N-1).$$

因此，

$$S = 180°k(N-k) - 360°k + \sum_{i=1}^{k} \angle XOR_i + \sum_{j=1}^{N-k-1} \angle XOB_j$$
$$= 180°[k(N-k) - 2k + N - 1]$$
$$= 180°(k+1)(N-k-1).$$

而角的个数为 $(k+1)(N-k-1)$，故"平均角度"为 $180°$。

例 5 （1990 春·初中·二试）如果一些砝码满足以下条件：(1)每个砝码的质量为整数；(2)所有砝码的质量之和为 200；(3)对于任何整数 i，$1 \le i \le 200$，存在唯一一组砝码，质量总和为 i，则称为一个"基本组"。这里对"唯一"的定义为：不考虑砝码的放置顺序，不考虑同等质量的砝码取哪一个或哪几个。根据以上定义，200 个质量为 1 的砝码构成一个基本组。

(1)试求出另一个基本组。

(2)问：一共有多少个基本组？

解 (1)2 个质量为 1 的砝码，66 个质量为 3 的砝码，这构成一个基本组；或 66 个质量为 1 的砝码，2 个质量为 67 的砝码，构成另一个基本组。

(2)一共有 3 个基本组，即题目给出的那一组和(1)中的两组。以下证明别无他组。

设某个基本组中包含 k_1 个质量为 w_1 的砝码，k_2 个质量为 w_2 的砝码，$\cdots$，k_n 个质量为 w_n 的砝码，其中 $w_1 < w_2 < \cdots < w_n$。为了称出质量为 1 的物体，必须令 $w_1 = 1$。若 $n = 1$，则该组包括 200 个砝码。以下假设 $n > 1$。

容易看出 $k_1 = w_2 - 1$（否则，若 $k_1 < w_2 - 1$，则无法找出质量总和为 $w_2 - 1$ 的砝码；若 $k_1 > w_2 - 1$，则质量 w_2 有两种组合方式）。一般地，对于 $1 \le j \le n-1$，均有

$$k_1 + k_2 w_2 + \cdots + k_j w_j = w_{j+1} - 1.$$

于是由砝码总质量为 200，可得

$$200 = k_1 + k_2 w_2 + \cdots + k_n w_n = w_n - 1 + k_n w_n = (k_n + 1) w_n - 1.$$

因此 $(k_n + 1) w_n = 201 = 3 \times 67$。要么 $k_n = 2, w_n = 67$；要么 $k_n = 66, w_n = 3$。得证。

例 6 （2012 秋·高中·二试）赛车在环形赛道上按顺时针方向行驶。中午 12：00，甲、乙两人站在赛道的不同位置开始观测，一段时间之后两人同时结束并比较观测结果。已知两人各观测到赛车至少 30 次，甲观测到的赛车跑完第 2 圈、第 3 圈……所用的时间均比前一圈所用的时间少 1 秒；乙观测到的赛车跑完第 2 圈、第 3 圈……所用的时间均比前一圈所用的时间多 1 秒。求证：两人结束观测的时间在 13：30 之后。

证明 注意到甲、乙各观测到赛车行驶了完整的 29 圈。对于甲，设赛车跑完这 29 圈分别用了 $m+14$ 秒，$m+13$ 秒，$\cdots$，m 秒，$\cdots$，$m-14$ 秒；对于乙，设分别为 $p-14$ 秒，$p-13$ 秒，$\cdots$，p 秒，$\cdots$，$p+14$ 秒。这样，甲、乙分别观测了至少 $29m$ 秒和 $29p$ 秒。

在乙观测到赛车跑完前 15 圈这一过程中，甲一定观测到赛车跑完 14 圈，其可能是第 1 至 14 圈，或是第 2 至 15 圈，但总有

$$(p-14) + (p-13) + \cdots + p > (m+13) + (m+12) + \cdots + m.$$

类似地,甲观测到赛车跑完第 15 至 29 圈,此时乙观测到赛车跑完 14 圈,总有

$$(m-14)+(m-13)+\cdots+m>(p+13)+(p+12)+\cdots+p.$$

将以上两式相加可得 $p+m>392$,$29p+29m>29\times392$,因此其中一人至少观测了 $29\times196=5684$ 秒,超过一个半小时(5400 秒).证毕.

例 7　(1996 秋·高中·二试)沿圆形海岛的海岸线分布有若干港口,每个港口与岛内一些小镇有公路连接,小镇之间也可能有公路连接,假设所有公路均为单向,任何两条公路都只可能在港口或小镇相交,且无论从哪个港口或小镇出发,都无法回到原地.

假设 i,j 为两个港口,f_{ij} 表示从 i 前往 j 的不同路线的总数.求证:

(1)如果海岛上共有 4 个港口,在海岸线上沿顺时针依次为 $1,2,3,4$,则有 $f_{14}f_{23}\geqslant f_{13}f_{24}$.

(2)如果海岛上共有 6 个港口,在海岸线上沿顺时针依次为 $1,2,3,4,5,6$,则有

$$f_{16}f_{25}f_{34}+f_{15}f_{24}f_{36}+f_{14}f_{26}f_{35}\geqslant f_{16}f_{24}f_{35}+f_{15}f_{26}f_{34}+f_{14}f_{25}f_{36}.$$

证明　(1)如果 $f_{13}=0$ 或 $f_{24}=0$,则结论得证,以下假设 $f_{13}f_{24}>0$.任取从 1 到 3 的路线 P 和从 2 到 4 的路线 Q,P 与 Q 必然相交,设 x 为 P,Q 同时经过的最末一个港口或小镇,于是可定义路线 $R:1\xrightarrow{P}x\xrightarrow{Q}4$ 以及路线 $S:2\xrightarrow{Q}x\xrightarrow{P}3$.易知二元组 (R,S) 与 (P,Q) 为一一对应,但 $f_{14}f_{23}$ 还可能包含从 1 到 4、从 2 到 3 互不相交的路线,故有 $f_{14}f_{23}\geqslant f_{13}f_{24}$.

(2)类似(1),我们试图找到不等式左端某些项与右端的一一对应关系.设 $f_{14}f_{26}f_{35}$ 中的路径三元组为 U,$f_{15}f_{24}f_{36}$ 中的三元组为 V,再将 $f_{16}f_{25}f_{34}$ 分成四类,用 (x,y) 表示从 x 到 y 的路线:

①所有 $(1,6)$ 与 $(3,4)$ 相交的三元组记为 W;

②除①外,$(2,5)$ 先与 $(1,6)$ 相交的记为 X(无论是否与 $(3,4)$ 相交);

③除①外,$(2,5)$ 先与 $(3,4)$ 相交的记为 Y;

④除①外,$(2,5)$ 与 $(1,6)$、$(3,4)$ 均不相交的记为 Z.

以上我们将不等式左端分成 U,V,W,X,Y,Z 六类,再考虑不等式右端:在 $f_{16}f_{24}f_{35}$ 中,如果 $(1,6)$ 与 $(2,4)$ 相交,则记为 A,否则记为 B;在 $f_{15}f_{26}f_{34}$ 中,如果 $(2,6)$ 与 $(3,4)$ 相交,则记为 C,否则记为 D;将所有 $f_{14}f_{25}f_{36}$ 记为 E.于是右端包含 A,B,C,D,E 五类.

建立 W 和 E 的一一对应关系:因 $w\in W$ 中 $(1,6)$ 与 $(3,4)$ 相交,设 x 为两者同时经过的第一个港口或小镇,定义 $1\xrightarrow{(1,6)}x\xrightarrow{(3,4)}4$ 以及 $3\xrightarrow{(3,4)}x\xrightarrow{(1,6)}6$ 对应着一个 $e\in E$,反过来 e 也可以定义 W,故 W 和 E 的数量相等.

类似可建立 U 和 A、V 和 C、X 和 D、Y 和 B 的一一对应关系.当 $Z>0$ 时式子取不等号.证毕.

精选试题

1.(2000 秋·初中·二试)将 8×8 表格中的 31 个方格染色,使得任何两个染色格都没有公共边.问:这样的染法有多少种?

2.（1993 春・初中・二试）小明的班上共有 26 名学生,小明发现除自己之外,每名学生的好友数均不相同.问:小明有多少好友?

3.（2013 春・高中・一试）在 8×8 棋盘[①]上放置 8 个车使得任何两个都不处于相互攻击的状态,然后对每个车划分地盘:如果一格中有车,那么这一格就是属于该车的地盘;如果一格同时被两个车攻击,那么这一格就是属于距离比较近的那个车的地盘,如果距离相等则各分一半.求证:棋盘上属于每个车的地盘大小相等.

4.（2002 春・高中・一试）将 1 至 100 写入 2×50 表格,满足相邻的两数均处于相邻的两格中.问:这样的写法有多少种?

5.（1989 春・高中・二试）在由 11 名成员组成的俱乐部中有一个委员会,委员会由某些成员组成且至少包括 3 人.每一天,委员会的成员都比前一天增加 1 人或减少 1 人,此外,任何两天的成员名单都不相同.问:经过一段时间后,是否有可能每种组合方式恰好都出现过?

6.（1985 秋・初中）甲掷一枚硬币 10 次,乙掷 11 次,假设硬币正面朝上和背面朝上的概率均为 $\frac{1}{2}$.求乙掷出正面次数多于甲的概率.

7.（2014 秋・高中・二试）甲考察所有长度为 m 的字母排列,其中每个字母只可能为 T,O,W,N,且 T 和 O 的数目相等;乙考察所有长度为 $2m$ 的字母排列,其中每个字母只能为 T 或 O,且两者的数目相等.问:谁得到的排列数量更多?

8.（2012 秋・初中・二试）在 11×11 表格中有一些加号(每格含至多一个),已知所有加号的数量,以及每个田字格(具有公共顶点的四个格)中加号的数量均为偶数.求证:主对角线上 11 个格中的加号数量也是偶数.

9.（1994 秋・初中・二试）在 8×8 正方形中,将每个单位方格分成两个等腰直角三角形并染成红色或蓝色,使得任何两个相邻三角形(指具有公共边)均为异色,以上称为一个"好图".问:总共有多少种好图?

10.（1992 秋・初中・二试）将 $n×n×n$ 正方体中的每个单位正方体染成黑色或白色,使得每个单位正方体恰好与 3 个异色正方体有共同的接触面.问:对于哪些 n 值,以上染色方式可以实现?

11.（2010 秋・高中・二试）在环形跑道上,共有 $2n$ 名运动员从同一地点出发,沿同一方向匀速前进,但每名运动员的速度互不相同.如果他们在某一时间再次处于同一地点,称两名运动员相遇.求证:当任何两名运动员都曾经相遇过后,每名运动员至少与其他运动员相遇过 n^2 次.

12.（2018 秋・高中・一试）甲在 100×50 棋盘中放入 500 个国王,使得任何两个国王都不在对方的攻击范围内;乙在 100×100 棋盘的白格(棋盘按照黑白交错方式染色)中放入 500 个国王,同样保证任何两个都不相互攻击.问:两人中谁放置的方式更多?

13.（2006 春・高中・一试）甲有 n^3 个白色单位立方体,即将被黏合成一个边长为 n 的大立方体.乙将某些面染黑,使得无论甲怎样黏合,大立方体总有至少一个单位立方体

---

① 本书中涉及的象棋棋盘、棋子均指国际象棋.

的黑色面暴露在外面.问:乙最少需将多少个面染黑?(1)$n=3$;(2)$n=1000$.

14. (2004 秋·高中·一试)袋子中有红色、白色、蓝色的球共 100 个,任取其中 26 个球可以保证有 10 个球为同色.问:至少取多少个球才可以保证有 30 个球为同色?

15. (1997 春·初中·二试)现有天平一架和质量为 1,2,4,8,16,32,64,128,256,512(单位:克)的砝码各一枚,称重时允许将砝码同时放在两个托盘中.设重物的质量均为整数,且重物位于左边托盘中.

(1)求证:任何重物的称重方式不超过 89 种;

(2)求满足称重方式恰好为 89 种的质量 m.

16. (2014 秋·初中·二试)在 100×100 个节点构成的正方形蛛网上缠有 100 只苍蝇,每只苍蝇都位于节点处.现在蜘蛛从正方形一角出发,沿途吃掉所有苍蝇,每从一个节点爬到相邻节点算作一步.问:蜘蛛能否保证在特定步数以内实现它的目标?

(1)2100 步以内;(2)2000 步以内.

17. (1995 秋·高中·二试)观众席一排共有 1000 个座位,由于失误,有 $n(100<n<1000)$ 张入场券已被售出,其中每张券上印的座位号在 1 和 100 之间,且每个号码至少印了一张.

现在令 n 名观众入场,当一名观众入场并发现入场券对应的座位是空的,那么他就立即坐下;如果对应的座位已被占据,那么他会感叹一声"哦"并走到下一个号码的座位,直到找到一个空座位并坐下(每经过一个座位,就会感叹一声"哦").

求证:所有 n 名观众都能找到座位坐下,并且所有"哦"的总数与入场顺序无关,而只与每个号码印的数量有关.

18. (1999 春·高中·二试)对于每个非负整数 i,按照如下方式定义 $M(i)$:如果 i 的二进制表示中 1 的数目是偶数,则 $M(i)=0$;否则,$M(i)=1$.例如 5 和 19 的二进制表示分别为 101 和 10011,故 $M(5)=0$,$M(19)=1$.求证:

(1)在数列 $M(0),M(1),\cdots,M(1000)$ 中,至少有 320 项和下一项相等,即 $M(i)=M(i+1)$.

(2)在数列 $M(0),M(1),\cdots,M(1000000)$ 中,至少有 450000 项和后面的第 7 项相等,即 $M(i)=M(i+7)$.

19. (1984 春·高中·二试)令 $p(n)$ 代表若干个正整数之和为 n 的分拆方式的数目.例如当 $n=4$ 时,有 4,3+1,2+2,2+1+1,1+1+1+1,故 $p(4)=5$.对于其中每一种分拆方式,我们将其中出现的不同正整数的个数称为这种分拆的"多样值",例如以上五种分拆的多样值分别为 1,2,1,2,1.再令 $q(n)$ 为所有分拆的多样值之和,例如 $q(4)=1+2+1+2+1=7$.求证:

(1)$q(n)=1+p(1)+p(2)+\cdots+p(n-1)$;

(2)$q(n) \leqslant \sqrt{2n} \cdot p(n)$.

20. (2009 春·高中·二试)设正整数 k,l,n 满足 $1<k,l<n$ 且 $k \neq l$.求证:C_n^k 和 C_n^l 具有大于 1 的公因子.

1. (2005 春·高中·二试)在 8×8 棋盘上有一个卒,每次可以向上、下、左、右方向移动一格.考虑卒走遍 64 格,每格恰好经过一次的路径.求证:从棋盘左下角 A(如图所示)出发的路径总数大于从 B 出发的路径总数.

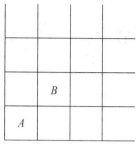

第 1 题图

2. (2006 秋·高中·二试)将一副牌(共 52 张)摆成一圈,任何相邻两张牌必须同花色或者同数字(J,Q,K 视为 11,12,13).如果一种排列经旋转可得到另一种排列,则两者被视为同一种排列.求证:(1)符合要求的排列数目是 12! 的倍数;(2)符合要求的排列数目是 13! 的倍数.

(提示:如果 f 是 $\{1,2,\cdots,13\}$ 到自身的双射,X 为符合要求的排列,将 X 中每种花色的 i 替换成 $f(i)$,对应着另一符合要求的排列.试证明:当 f 不为恒等映射时,$X \neq f(X)$.)

3. (1999 春·初中·二试)在 8×8 象棋盘上有一个车,车每次可以横向或纵向移动一格.假设车移动了 64 步并回到初始位置,每一格恰好经过一次.求证:车横向移动的步数和纵向移动的步数不相等.

(提示:从车的 U 形转盘处减去横向移动的两步,相应地,车经过的区域减少一个 2×1 矩形;减去纵向移动的两步,车经过的区域减少一个 1×2 矩形.当车的路线减少至田字格时,减去的 2×1 矩形与 1×2 矩形的数目不相等.)

4. (2016 秋·高中·二试)在实数轴的某些整点处有一些青蛙,青蛙的数目有限且每个整点处至多有一只青蛙.每次可以令位于 $x=i$ 处的青蛙跳到 $i+1$ 处,只要该位置没有其他青蛙,以上视作跳跃一次.现在设这些青蛙跳跃 n 次的方式总共有 m 种.求证:如果将跳跃的方式改为反方向,即每次从 i 跳到 $i-1$,那么这些青蛙跳跃 n 次的方式同样为 m 种.

(提示:先观察当 $n=2$ 时,如果两次均向右跳,总共有 m 种方式,那么(1)先向右跳,再向左跳;(2)先向左跳,再向右跳;(3)两次均向左跳.以上三种情形各有 m 种方式.)

5. (2019 春·高中·二试)起始于平面坐标原点 O 的折线 P,每段向右或向上,只在整点处改变方向,并终止于整点,令 S_P 代表与 P 有公共点的所有单位格,$f(P)$ 代表使用 1×2 或 2×1 骨牌覆盖 S_P 的方式总数.求证:对于每个整数 $n>2$,集合 $\{P:f(P)=n\}$ 的元素数目等于 $\varphi(n)$,其中欧拉函数 $\varphi(n)$ 表示从 1 到 n 中与 n 互质的自然数的个数.

(提示:从折线 P 中逐次去掉最末段得到 $P_1,P_2,\cdots,\{O\}$.试找出 $f(P),f(P_1),f(P_2),\cdots,f(\{O\})$ 之间的递推关系.)

第 二 讲 数集与运算

与数集相关的组合问题经常涉及极值、不等式,解答这类问题可以先从元素较少的情形入手,发掘出特征并尝试推广到一般情况;或建立特殊构型,找出效率最高的形式.如例 4 的两小问就可以看作从最简单的非平凡情形推广到一般情形;精选试题 7 中的极端原理,10 中的重复构型;进阶试题 3 中的不变量,等等.

有一类认知问题:给定若干个数,已知这些数的一些信息,能否确定这些数? 另一种形式是:两名交谈者各了解这些数的部分信息,他们通过谈话交换信息并确定这些数. 自从荷兰数学教育家弗赖登塔尔(Freudenthal)在 1969 年提出著名的"和与乘积谜题"之后,类似的问题层出不穷,也常常出现在各国数学竞赛题中.

 **典型例题**

例 1 (2017 春·初中·二试)桌上有一些筹码,每枚筹码的质量都不是 1 克的整数倍. 假设使用这些筹码可以组合出从 1 到 40 克之间的所有整数克质量. 问:筹码的总数至少为多少枚?

解 筹码的数目至少为 7 枚. 假设 6 枚筹码可以满足要求,其中最轻的一枚必小于 1 克,设为 x 克. 剩下 5 枚筹码至多有 $2^5 = 32$ 种组合方式,若 S 是其中一种,则 S 与 $S + x$ 之中至多只能有一种为整数克质量. 因此这些筹码至多可以组合出 32 种整数克质量,并不满足要求.

另一方面,设 7 枚筹码的质量分别为 $\frac{1}{2}, \frac{1}{2}, \frac{3}{2}, \frac{5}{2}, \frac{11}{2}, \frac{21}{2}, \frac{43}{2}$(单位:克),容易验证它们可以组合出 1 到 42 克之间的所有整数克质量.

笔者注 质量为 $\frac{1}{3}, \frac{2}{3}, \frac{4}{3}, \frac{8}{3}, \frac{16}{3}, \frac{32}{3}, \frac{64}{3}$(单位:克)的筹码组亦可组合出 1 到 42 克之间的所有整数克质量.

例 2 (2016 秋·初中·二试)有两张纸条,一张写有某三个数两两相加得到的和,这三个和互不相同且均为正数;另一张写有同样三个数两两相乘得到的积,这三个积亦互不相同且均为正数. 现在忘记了哪张纸条对应的是和. 问:从纸条上的数中能否判断出来?

解 可以.

假设不然,则存在两组三元数 $\{x,y,z\}$ 和 $\{a,b,c\}$ 同时可以得到两张纸条上的数.由于两两乘积均为正,所以它们只能均为正或均为负;但两两相加亦为正,所以三个数只能均为正数.又由于每张纸条上的三个数互不相同,因此 x,y,z 以及 a,b,c 互不相同,不妨设 $x>y>z,a>b>c$,且有以下对应关系:

$$\begin{cases} x+y=ab, \\ x+z=ac, \\ y+z=bc; \end{cases} \qquad \begin{cases} a+b=xy, \\ a+c=xz, \\ b+c=yz. \end{cases}$$

注意到 a 和 b 是 $t^2-xyt+x+y=0$ 的两个根,而 a 和 c 是 $s^2-xzs+x+z=0$ 的两个根.将 $t=s=a$ 代入并两式相减,可得 $ax=1$(因 $y\neq z$).类似地 $by=1$,但 $ax>by$,矛盾.故只有唯一解,答案是肯定的.

例 3(2011 秋·初中·二试)有一些质量互不相同的砝码满足以下条件:任取其中两枚 x,y,则在剩下的砝码中,存在若干枚,质量之和与 $x+y$ 的质量相等.问:桌上至少有多少枚砝码?

解　桌上至少有 6 枚砝码,显然 4 枚或更少不可能满足条件,假设 5 枚砝码 $a<b<c<d<e$ 满足条件,则 $d+e$ 只能等于 $a+b+c$;由 $c+e>b+d$,知 $c+e$ 只能等于 $a+b+d$.于是 $c=d$ 矛盾,故砝码数不能少于 6 枚.

取质量为 $3,4,5,6,7,8$ 的砝码组,$3+4=7$,$3+5=8$,$3+6=4+5$,$3+7=4+6$,$3+8=4+7=5+6$,$4+8=5+7$,$5+8=6+7$,$6+8=3+4+7$,$7+8=4+5+6$,满足条件.

例 4(2015 秋·初中·二试)黑板上写有若干个各不相同的实数,小明希望用一些数的代数运算来表达这些实数:他可以使用任何实数、括号、$+$、$-$、$\times$ 以及 $\pm$,其中 $\pm$ 表示 $+$ 和 $-$ 的所有组合.例如 5 ± 1 得到 $\{4,6\}$;$(2\pm0.5)\pm0.5$ 得到 $\{1,2,3\}$,运算的结果中不能出现黑板上不存在的实数.问:小明能否成功表达互不相同的实数?

(1)$\{1,2,4\}$;(2)任何 100 个.

解　可以.

为了得到两个或者更多的结果,就必须使用 $\pm$ 符号;如果不使用 $\times$,或每次相乘的两部分都不是 0,则所有结果关于某实数对称,但 $\{1,2,4\}$ 不对称,所以需要考虑乘以 0 的情况.一般地,如果某表达式得到 $\{x_1,x_2,\cdots,x_n\}$,其中不包含 0,而另一表达式得到 $\{0,1\}$,则有 $\{0,1\}\times\{x_1,x_2,\cdots,x_n\}=\{0,x_1,x_2,\cdots,x_n\}$.

由以上思路可知:为表达 $\{1,2,4\}$,可先表达 $\{0,1,3\}$,或 $\{1,3\}$,后者等于 2 ± 1.于是有 $\{1,2,4\}=1+(0.5\pm0.5)\times(2\pm1)$,而(2)中为表达 $\{x_1,x_2,\cdots,x_{100}\}$,类似地利用 $x_1+\{0,1\}\times\{x_2-x_1,x_3-x_1,\cdots,x_{100}-x_1\}$,将问题转化成表达另一组 99 个互不相同的实数.由于以上形式每次可将所需实数的数目减少 1,故最终一定可以完全表达.

例 5(2002 秋·高中·二试)某数列的前两项分别是 1 和 2,以后每一项定义为:尚未出现过的正整数中,与当前项不互质的最小者.求证:该数列包含所有正整数.

分析　最初的思路可能是证明任何质数 p 都出现在数列中,写出若干项后发现 p 往往跟在 $2p$ 之后,于是我们希望证明 $2p$ 一定出现:如果 $2,4,\cdots,2(p-1)$ 均出现,后面只要出现偶数,则下一项是 $2p$;如果之前的某些偶数没有出现,当前出现偶数时,下一项或是小于 $2p$ 的偶数,或是更小的奇数,但无论如何"消除"了一个比 $2p$ 小的数,而这样的数是有限多个,不可能无限下去.经过以上思考,发掘出关键思路:需证明偶数出现无穷多次.当出现足够多的偶数后,较小的奇数、偶数都可以迎刃而解.

证明　分三个步骤,先证该数列包含无穷多项偶数,再证包含所有偶数,最后包含所有奇数.记数列为 $\{a_n\}$.

(1) 假设不然,则存在 N 使得 $a_n(n \geqslant N)$ 均为奇数,显然 $\{a_n\}$ 中有无穷多个 $m \geqslant N$ 使得 $a_{m+1} \geqslant a_m$,设 $d = (a_m, a_{m+1}) > 1$ 为奇数,注意到 $a_m + d < a_{m+1}$ 且和 a_m 不互质,因此 a_m 的下一项不是 $a_m + d$ 而是 a_{m+1},这说明 $a_m + d$ 已经出现在数列中,但该数为偶数,由 m 有无穷多个推出矛盾.因此 a_n 包含无穷多项偶数.

(2) 假设不然,设 $2k$ 不出现在数列中.当 a_n 为偶数时,a_{n+1} 或等于 $2k$,或小于 $2k$,但后者只能发生有限次,而偶数 a_n 发生无穷次,这导致了矛盾.

(3) 假设不然,设 x 为不出现的最小奇数,于是由(2)知 $2nx(n \in \mathbf{N})$ 均出现,这些项的下一项或等于 x,或小于 x,但后者只能发生有限次,这导致了矛盾.

 精选试题

1. (1993 春·初中·二试)老师将 3 个正整数(允许相同)之和告诉甲,将乘积告诉乙.甲、乙两人进行以下对话.甲说:"如果你的数比我的大,那么我可以确定这 3 个数."乙说:"但是我的数比你的小,这 3 个数是 X, Y, Z."试求出这 3 个数.

2. (1983 秋·高中)考虑所有各位均不相同且不包含 0 的九位数,如果两数之和为 987654321,则称它们为"好对",例如:136257849＋851396472＝987654321.设 N 为所有好对的数目(x, y 与 y, x 视为同一对).求证:(1)$N \geqslant 2$;(2)N 为奇数.

3. (2002 春·初中·二试)在一排共 n 盏信号灯中,每盏灯的状态按以下规律变化:在前一秒为"开"的灯变成"关";在前一秒为"关"且恰好与一盏"开"的灯相邻的灯变成"开";其余灯状态不变.试求出所有 n 值,使得 n 盏灯存在一种初始状态,无论经过多久这些灯均不会变成全"关".

4. (2016 秋·高中·一试)100 只熊宝宝分别拥有 $1, 2, 2^2, \cdots, 2^{99}$ 颗樱桃.狐狸每次选其中 2 只熊宝宝并平分他们的樱桃,如果剩余 1 颗则被狐狸吃掉.问:狐狸最多可以吃掉多少颗樱桃?

5. (2015 春·高中·一试)有 $2n+1$ 个数,其中包括一个 0 以及 $1, 2, \cdots, n$ 各两个.问:对于哪些 n 值,可以将这些数排成一列,使得对每个 $1 \leqslant m \leqslant n$,两个 m 之间恰好有 m 个数?

6. (1993 秋·初中·二试)试构造出由 k 个砝码组成的套具,即使有的砝码已经丢失,其仍可以称量从 1 至 55 克中所有整数克的质量,考虑两种情形:

(1)$k = 10$,任何一个砝码可能丢失;(2)$k = 12$,任何两个砝码可能丢失.

(注:对于以上任何情形,必须加以证明.)

7. (2016 秋·高中·二试)已知有 64 个实数,它们两两相加得到 2016 个和,将其写在一张纸上,这些数均为正数且互不相同.另取一张纸,将这 64 个实数两两相乘得到的 2016 个积写在上面,这些数亦均为正数且互不相同.现在忘记了哪张纸对应的是和,哪张纸对应的是积.问:从这些数中能否判断出来?

8. (1989 秋·初中·二试)给定正整数 N,考虑互不相同的正整数三元组 (a,b,c) 满足 $a+b+c=N$.用 $K(N)$ 表示这样的三元组数目的最大值,其中任何数都不重复出现.求证:(1)$K(N)>\dfrac{N}{6}-1$;(2)$K(N)<\dfrac{2}{9}N$.

9. (2000 秋·初中·二试)使用 1 至 100 共 100 个数各至多一次,以及足够多的加号和等号,最多可以组成多少个等式?

10. (2017 秋·高中·二试)设无穷数列 $\{a_n\}$ 中的每一项均为 1 或 -1.求证:存在正整数 n 和 k 满足 $|a_0a_1\cdots a_k+a_1a_2\cdots a_{k+1}+\cdots+a_na_{n+1}\cdots a_{n+k}|=2017$.

11. (1982 秋·高中)在一条长纸带上写有一排共 60 个符号,每个符号是×或○,然后将这一序列分割成若干块,每一块中的符号左右对称,例如○,××,×××××,×○×,等等.

(1)求证:总存在一种分割的方式,使得块数不超过 24.

(2)试给出一种排列,使得任何分割方式得到的块数不少于 15.

(3)试将(2)中的 15 替换成更大的数,并证明你的结论.(注:此问为开放式问题.)

 进阶试题

1. (2011 春·高中·二试)现有 n 根红木棍和 n 根蓝木棍,每种颜色木棍的总长度相等,且均可拼成一个 n 边形.如果将每种颜色木棍其中一根改成另一种颜色,那么两种木棍分别还能拼成 n 边形吗? 考虑不同情形:(1)$n=3$;(2)$n>3$.

(提示:考虑每种颜色有两根长木棍以及 $n-2$ 根极短的木棍.)

2. (2013 春·高中·二试)现有 5 个互不相同的正数,已知它们的平方和恰好等于它们两两乘积之和.

(1)求证:一定可以找到其中 3 个数,以它们为边长无法构成三角形.

(2)求证:称满足(1)的 3 个数为一个三元组,则存在至少 6 个这样的三元组.(如果 (x,y,z) 是一个三元组,则 (y,x,z),(z,x,y) 等均视为同一个三元组.)

3. (2017 秋·高中·二试)小明切一块奶酪,每次他将其中一部分切成两部分,且在任何时刻,任何一部分奶酪的质量都不少于任何另外一部分奶酪质量的 r 倍,其中 r 是一给定正数.

(1)求证:当 $r=0.5$ 时,小明可以一直将奶酪切下去;

(2)求证:当 $r>0.5$ 时,存在某一时刻,小明无法再继续切奶酪;

(3)问:当 $r=0.6$ 时,小明最多可以将奶酪切成几部分?

(提示:每次必须切最大的一部分奶酪;当存在质量非常接近的两部分时,不能再切其中任何一块奶酪.)

4. (2018 秋·高中·二试)数轴上有无穷多个正整数所在位置被染色.一个圆从原点开始沿着数轴滚动,当经过染色点时,会在圆周上留下印记.求证:存在 $r>0$,使得以 r 为半径的圆经过这些点时,圆周上任何不小于 1° 的弧上都包含至少一个印记.

(提示:将圆周分成若干段弧,染色点 x 在某段弧上留下印记,这样的 r 构成一段区间;在该区间中可以找到一个子区间,使得另一染色点在另一段弧上留下印记,等等.)

第三讲 剖分与覆盖

有一个经典的覆盖问题:去掉国际象棋盘的 2 个对角格,剩下的部分用 31 张多米诺骨牌能否完全覆盖? 答案是否定的. 因为每张牌覆盖 1 个黑格和 1 个白格,31 张牌覆盖的只能是 31 个黑格和 31 个白格,但是去掉的 2 个对角格同色,说明剩下的部分为 32 个黑格和 30 个白格或 30 个黑格和 32 个白格,因此无法覆盖.

以上简洁证明所运用的染色思想,被广泛用于棋盘、表格的剖分与覆盖问题(如例 1, 2),且经常用于反证法. 本质上来说,染色法描述了所有可覆盖情形所蕴含的某种数量关系,这种关系通常在结论情形中不具备,如黑白染色所表现出的奇偶性;此外,结合抽屉原理等方法,染色思想也可用来证明一些极值问题的充分必要性.

除此之外,常用方法还有:

(1)直接构造法(如例 3,精选试题 12,14),有时可先考察较小的 n 值,再推广到一般情形.

(2)数学归纳法(如进阶试题 1),适用对象往往在 $n+1$ 时容易抽离出保持较完整形态的 n 或小于等于 n 的部分,以便于归纳论证.

(3)赋值法(如例 6),往往与不变量相关联,等等.

典型例题

例 1 (2018 秋·初中·一试)使用如图①所示的田字形和 L 形骨牌覆盖 7×14 棋盘,不允许重叠. 问:

例 1 图①

(1)如果使用同样数目的两种骨牌,是否可以实现?

(2)如果使用更多的田字形骨牌,是否可以实现?

解 (1)可以. 如图②所示.

(2)不可以. 将棋盘中奇数行的格子染成黑色,则黑格共有 56 个,比白格多 14 个. 另一方面,每个田字形骨牌占据黑格、白格的数目相同,每个 L 形骨牌占据不同色格数目相差 1,因此至少需要 14 个 L 形骨牌才能使覆盖的黑格比白格多 14 个. 但田字形骨牌多于

14 个时,L 形骨牌必然少于 14 个,因此无法实现.

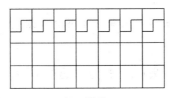

例 1 图②

例 2 (1984 秋·高中·二试)用 16 块 1×3 积木和 1 块 1×1 积木完全覆盖 7×7 正方形.求证:1×1 积木一定位于正方形的中心或边缘.

证法一 将正方形按如图①所示方式划分成 A,B,C 三种格子,每块 1×3 积木必然覆盖 A,B,C 各一格.由于 A,B,C 格的数目分别为 $17,16,16$,故剩下的一格为 A.再将正方形按照轴对称的方式重新划分成 A,B,C 三种格子,此时剩下的一格仍为 A,且只能位于中心、4 个角或 4 条边的中心这 9 个位置之一.得证.

证法二(笔者给出) 将正方形按如图②所示方式划分成 A,B,C 三种格子,易知每块 1×3 积木必然覆盖 ABB 或 BCC.由于 A,B,C 格的数目分别为 $9,24,16$,故 BCC 一定有 8 块,ABB 亦有 8 块,剩下的一格为 A.证毕.

A	B	C	A	B	C	A
B	C	A	B	C	A	B
C	A	B	C	A	B	C
A	B	C	A	B	C	A
B	C	A	B	C	A	B
C	A	B	C	A	B	C
A	B	C	A	B	C	A

①

A	B	B	A	B	B	A
B	C	C	B	C	C	B
B	C	C	B	C	C	B
A	B	B	A	B	B	A
B	C	C	B	C	C	B
B	C	C	B	C	C	B
A	B	B	A	B	B	A

②

例 2 图

例 3 (1999 春·初中·一试)平面上有一个黑色正三角形,如何放置 9 个同样大小、互不重叠的白色正三角形,使得每个都覆盖黑色三角形的至少一个内点?

解 不妨设这些三角形的边长均为 1,可以将 9 个白色三角形按如图①方式排列,中间虚线围成的是正三角形,边长为 $\frac{\sqrt{3}}{2} < 1$,将其放大至边长等于 1 并涂成黑色,则 9 个白色三角形均覆盖其内点.容易看出,中间区域内可以再放置 1 个白色三角形,仍然满足题意.

   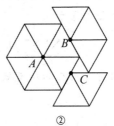

①   ②

例 3 图

我们甚至可以放置 11 个白色三角形,按如图②方式排列,注意到 A,B,C 三点构成边长为 $\frac{\sqrt{3}}{2}$ 的正三角形,将其放大至边长等于 1 并涂成黑色,则 11 个白色三角形均覆盖其内点.

例 4 (1983 春·初中·二试)将边长为 a 的正 $4k(k \geq 1)$ 边形分划成若干个平行四边形.

(1)求证:这些平行四边形中至少有 k 个为矩形.

(2)试求出所有矩形的面积之和.

(1)**证明**　取正 $4k$ 边形的两条对边记为 x_1 和 x_2,再取与 x_1,x_2 垂直的两条对边记为 y_1,y_2,如图①所示 $(k=2)$.

观察 x_1 边所在的平行四边形的对边,其可以被看作 x_1 被该平行四边形向 x_2 方向平移若干距离后得到的边,这条边又被下一个所在的平行四边形向 x_2 方向平移若干距离,等等,直到最终变成 x_2 边.如果在平移之后,对边分属于不同的平行四边形,则这些平行四边形将几部分分别平移,如图②所示,这些分出来的部分的总长度不变且最终仍将汇聚到 x_2.

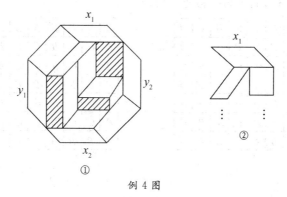

例 4 图

另一方面,y_1 边经过若干平行四边形的平移最终汇聚到 y_2 边.

由 x_1 分出来的每一段,均与 y_1 分出来的每一段在某处形成平行四边形.

因为 $x_1 \perp y_1$,故这样的平行四边形为矩形.

又因为正 $4k$ 边形中有 k 组这样互相垂直的对边,每组至少形成一个矩形,故矩形的数目至少为 k.

(2)**解**　由(1)中的分析可知,设 x_1 被分成 $a_1,a_2,\cdots,a_m$,y_1 被分成 $b_1,b_2,\cdots,b_n$,则平行于 x_1,y_1 的所有矩形的面积为 $a_i b_j$,$1 \leq i \leq m$,$1 \leq j \leq n$.

这些矩形的总面积等于

$$\sum_{j=1}^{n}\sum_{i=1}^{m} a_i b_j = \sum_{i=1}^{m} a_i \times \sum_{j=1}^{n} b_j = a^2.$$

则 k 组互相垂直的对边对应的所有矩形的面积之和为 ka^2.

例5 (1999秋·初中·二试)在一张长方形纸片上有 n 个长方形的洞,这些洞的每条边都与大长方形的边平行,如图①所示即为 $n=3$ 的一种可能的情形.现在将这张残缺的纸片剪裁成数目最少的没有洞的长方形纸片.问:最多可以剪出多少片?

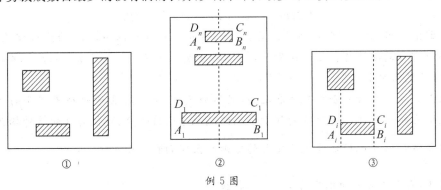

例 5 图

解 最多可以剪出 $3n+1$ 片长方形纸片.

先证充分性.设 n 个长方形洞的中心均位于一条平行于大长方形某边的直线上,每个洞 $A_iB_iC_iD_i(1\leq i\leq n)$ 的 A_iD_i 边平行于该直线,长度均相等.另一边满足 $A_1B_1>A_2B_2>\cdots>A_nB_n$,如图②所示.在 $A_iD_i,A_iB_i,B_iC_i(1\leq i\leq n)$ 以及 C_nD_n 这些线段中,不同线段的内点(即非端点)不可能属于同一片剪出的长方形纸片,因此剪出的数目至少为 $3n+1$ 片.

再证必要性.设 n 个长方形洞为 $A_iB_iC_iD_i,1\leq i\leq n$.对每一个 i,延长线段 A_iD_i 及 B_iC_i 的两端直到纸片的边缘或者另一个洞的边缘,延长的部分与原线段共计为 3 段,如图③所示.现在沿所有 3 段线剪裁.每条 3 段线的一侧为某长方形纸片的 1 条完整边,另一侧延长部分为两个长方形纸片的各 1 条完整边,再加上大长方形纸片的左边和右边,以上构成了所有剪出的纸片的垂直边.因此纸片的总数不超过 $\dfrac{3n\times2+2}{2}=3n+1$ 片(当某些洞的边处于同一直线上时,总数会相应减少).证毕.

例6 (2010秋·高中·二试)正方形 S 被划分成若干个全等的矩形区域,矩形的长、宽为整数.现在 S 中作一条对角线 D,称所有与 D 有交点的矩形是"重要的".求证: D 将所有重要的矩形所在区域分成面积相等的两部分.

证明 将 S 划分成 p^2 个 1×1 方格,第 i 行、第 j 列方格记为 $(i,j),1\leq i,j\leq p$.设每个矩形的规格为 $m\times n$ 或 $n\times m$,对角线 D 连接 S 的右上角和左下角,于是 D 穿过 $(i,p+1-i)$ 的中心.

如果一个矩形与 D 没有交点,则称其为"不重要的".我们将对每个方格进行赋值,使得任何不重要的矩形占据的 mn 个格的对应值之和等于0.如此一来,重要的矩形面积就与划分的方式无关,而只与所有方格的赋值总和有关.

首先,当 $i+j=p+1$ 时,对 (i,j) 赋值为0,这些对角线穿过的格总被平分.

其次,当 $p-m-n+2\leq i+j\leq p$ 时, (i,j) 所在的矩形可能是重要的,一律赋值为 -1.

再次,当 $i+j\leq p-m-n+1$ 时, (i,j) 所在的矩形一定是不重要的,按以下顺序进行赋值:先对 $i+j=p-m-n+1$ 的方格 (i,j) 赋值为 $mn-1$,这样如果 (i,j) 处于矩形的左上角,则占据的所有方格的对应值之和为 0.再对 $i+j=p-m-n$ 的方格 (i,j) 赋值为 x,如果 (i,j) 处于矩形的左上角,则对应 1 个 x,2 个 $mn-1$,以及剩下均为 -1,故需

$$x+2(mn-1)+(mn-3)(-1)=0.$$

上式可解出 x 值.再用同样的方法递推出 $i+j=p-m-n-1,\cdots,3,2$ 的方格赋值,最后令 S 右下部分的赋值与左上部分关于 D 对称.如图所示为当 $m=2,n=3,p=12$ 时的赋值方式(只显示左上部分).

现在统计 S 左上部分所有赋值之和,显然为负,设为 $-k$.由于每个不重要的矩形占据的赋值之和一定为 0,而重要的矩形占据的赋值除已被平分、赋值为 0 的格外均为 -1,故这些方格面积为 k,D 的左上方重要的矩形的区域面积等于 $k+\dfrac{1}{2}p$.

同理,右下方对应面积亦为 $k+\dfrac{1}{2}p$,得证.

−5	−1	−1	−1	5	−7	5	−1	−1	−1	−1	0
−1	−1	−1	5	−7	5	−1	−1	−1	−1	0	
−1	−1	5	−7	5	−1	−1	−1	−1	0		
−1	5	−7	5	−1	−1	−1	−1	0			
5	−7	5	−1	−1	−1	0					
−7	5	−1	−1	−1	−1	0					
5	−1	−1	−1	−1	0						
−1	−1	−1	−1	0							
−1	−1	−1	0								
−1	−1	0									
−1	0										
0											

例 6 图

精选试题

1.(2016 春·高中·一试)在 10×10 纸板上,左上方 5×5 区域被染成黑色.现将纸板分成若干块,每块中白格数目恰好等于黑格数目的 3 倍.问:纸板块数的最大值为多少?

2.(1990 秋·高中·一试)在单位立方体包含同一顶点的三个面上分别对接另一个单位立方体,如图所示.现用这样的积木搭建一个 $11\times12\times13$ 规格的长方体并完全填满.问:这是否可能?

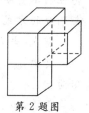
第 2 题图

3.(2014 春·初中·二试)甲先将 5×5 棋盘的一些格子作上标记,然后乙用 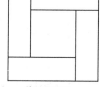 形骨牌覆盖棋盘上的格子.规定所有骨牌必须处于棋盘内,边缘与格子的边重合,骨牌之间不能重叠.如果这些骨牌可以覆盖住所有标记的格子,则乙胜.问:甲至少需标记多少个格子才能阻止乙获胜?

4.(2016 秋·初中·二试)在一个 7×7 托盘中放有 49 块黑巧克力或白巧克力,小明每次选取并吃掉两块相邻(同行、同列或对角)的同色巧克力.无论最初这些巧克力如何排列,小明可以保证吃掉其中的多少块?

5.(2016 秋·高中·一试)设 n 为正整数,定义"n-骨牌"为包含 n 个单位方格的一张骨牌;特别地,多米诺骨牌即为 2-骨牌.假设有一张 100-骨牌可以被剖分成 2 张全等的 50-骨牌,亦可以被剖分成 25 张全等的 4-骨牌.问:它是否一定可以被剖分成 50 张多米诺骨牌?

6.(2015 秋·高中·一试)在 10×10 正方形中使用 80 条单位长网格线将其分成 20 个面积相等的区域.任何一条网格线都不在正方形的边上.求证:所有 20 个区域均全等.

7.(2016 秋·高中·二试)在 8×8 棋盘的每格中填入一个正整数,使得当棋盘被 32 张多米诺骨牌覆盖时,每张牌覆盖的两个数之和必然互不相等.问:棋盘上 64 个数中的最大者是否有可能不超过 32?

8.(2008 秋·高中·一试)平面上有若干矩形,每个矩形的边都与 x 轴或 y 轴平行,四个顶点均为整点.此外,任何两个矩形都没有重叠的内部,每个矩形的面积都为奇数.求证:可以将这些矩形染成至多四种颜色,使得任何两个同色矩形都没有公共的边界点.

9.(1985 春·初中·二试)如图所示,大正方形被划分成五个矩形,其中四个面积相等的矩形各占有一角,剩下的一个矩形与正方形各边均不相交.求证:中间的矩形为正方形.

10.(1984 春·初中·二试)试将一个等腰直角三角形分成若干个相似三角形,这些三角形中的任何两个都不全等.

第 9 题图

11.(2009 秋·初中·二试)在无穷平面上放置 2009 张规格为 $n\times n$ 的纸板,n 为正整数,每张纸板的四条边均落在直线 $x=a$ 或 $y=b$ 上,a,b 为整数.求证:平面上被奇数张纸板覆盖的单位方格至少有 n^2 个.

12.(2016 春·初中·二试)试将 10×10 正方形剖分成 100 个全等的四边形,每个四边形都有直径为 $\sqrt{3}$ 的外接圆.

13.(1985 春·高中·二试)平面上的凸集 F 无法覆盖半径为 R 的半圆.问:两个全等于 F 的凸集是否有可能覆盖半径为 R 的圆?如果 F 不是凸集呢?

14.(1988 春·初中·二试)能否做到在平面直角坐标系第一象限内的每个整点处写入一个正整数,使得每个正整数在每一行及每一列中恰好出现一次?

15.(1986 秋·高中)是否存在 100 个三角形,其中任何一个都不能被其余 99 个完全覆盖?

16.(2017 春·初中·二试)在白纸上画一个边长为 8 的正方形,然后在纸上互不重叠地放置 n 个规格为 1×2 的矩形,使得每个矩形的重心都严格落在大正方形的内部.

问：(1)当 $n=40$ 时是否可以做到？(2)当 $n=41$ 时呢？(3)当 $n>41$ 时呢？

17.(1989秋·初中·二试)在规格为 $M×N$ 的长方形板上放置若干多米诺骨牌，其中每张骨牌占据两个方格的位置．已知长方形板并没有被骨牌占满，但任何一张骨牌都无法横向或纵向滑动．求证：(1)没有被骨牌占据的方格总数少于 $\frac{1}{4}MN$；(2)少于 $\frac{1}{5}MN$．

18.(1994春·初中·二试)在 $10×10$ 棋盘上，你需要放入 10 艘船：1 艘 $1×4$ 船，2 艘 $1×3$ 船，3 艘 $1×2$ 船，4 艘 $1×1$ 船．所有船之间不能有公共点，但可以靠近棋盘边缘．船可以横放或竖放，但必须占据完整的格子．求证：

(1)如果按题目中描述的顺序放入，无论位置如何，总可以顺利放完 10 艘船；

(2)如果按逆序即从小到大的顺序放入，则有可能无法实现目标．试给出例子．

进阶试题

1.(1985春·高中·二试)大正方形被划分成若干个矩形．称其中一部分矩形构成一个"链"，如果它们在正方形一条边上的投影覆盖了整条边，同时任何两个矩形的内点的投影不为同一个点，例如图中阴影部分的矩形构成一个链．

(1)求证：对于大正方形中的任何两个矩形，总存在一个链包括这两个矩形．

(2)试将(1)中的结论推广到三维空间中的正方体（将矩形改成长方体）．

（提示：重点考察两个矩形之间的部分，运用归纳法．）

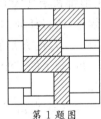

第1题图

2.(2012春·高中·二试)考虑用无穷多个矩形覆盖整个平面，允许重叠．

(1)如果第 n 个矩形的面积是 n^2，问：是否一定可以实现覆盖？

(2)如果每个矩形都是正方形，且对于任意 $N>0$，都存在若干个正方形，面积之和大于 N．问：是否一定可以实现覆盖？

（提示：先设法覆盖一个单位正方形．）

第四讲 组合几何

组合几何是联系组合学与几何学的交叉学科,主要研究几何元素诸如点、直线、多边形、多面体的离散性质,包括配置与计数关系,凸包问题,最值问题,等等.

1893 年,西尔维斯特(Sylvester)提出著名问题:S 是平面上的一个有限点集,且任何经过其中两个点的直线都一定经过其中另一个点,证明 S 都在一条直线上.在困扰数学界 50 多年后,凯利(Kelly)给出了一个简洁的证明:假设不然,考察每个点到其他直线(依假设,至少包含三点)的距离,在这有限多个距离中必有最短者,设为点 P 及直线 ABC,则必有两点位于垂足的同侧,设为 A,B,于是较近的点 B 到 PA 的距离小于 P 到 ABC 的距离,矛盾.该矛盾说明所有点都在一条直线上.

以上证明漂亮地使用了极端原理——组合几何中的常用方法之一(例 1).此外,组合几何还常用反证法(例 5 解法一),不等式(例 3),算两次(例 5 解法二),递推法(精选试题 13,进阶试题 2),等等,请读者细心体会.

典型例题

例 1 (2012 春·高中·二试)在一个圆中选取 100 个点,其中任何三点不共线.求证:总可以将这些点分成 50 对,每一对的两点间用线段相连,使得任何两条线段或其延长线的交点位于圆内.

证明 将所有点配对的方式是有限的,我们取这些方式中使得 50 条线段总长度最长的那种配对方式.以下证明其中任何两条线段都在圆内相交.

假设不然,则存在线段 AB,CD 相交于圆外,于是 $ABCD$ 为凸四边形,设 AC 与 BD 相交于点 E,则 $AC+BD=AE+CE+BE+DE>AB+CD$.这说明存在总长度更长的配对方式,矛盾.

例 2 (2016 秋·高中·一试)直线上的 100 个点和直线外一点,至多可以构成多少个等腰三角形?

解 至多可以构成 150 个等腰三角形.

先证充分性.如图所示,设直线外一点为 A,点 A 到直线的垂足为点 O.在直线上取点 $B_1,B_2,\cdots,B_{50}$ 以及 $C_1,C_2,\cdots,C_{50}$ 使得对 $1\leqslant n\leqslant 50$ 有 $\angle AB_nO=\angle AC_nO=2^{n-1}x$,其中 $x>0$ 待定,于是 $\triangle AB_nC_n$ 均为等腰三角形,共有 50 个;对于 $1\leqslant n\leqslant 49$ 有 $\angle AB_{n+1}O=$

$2\angle AB_nO$,故 $\angle B_{n+1}AB_n = \angle B_{n+1}B_nA$,$\triangle B_{n+1}B_nA$ 是等腰三角形,同样地,$\triangle C_{n+1}C_nA$ 也是等腰三角形,共有 $49\times 2 = 98$ 个.最后,令 $(2\times 2^{49}+1)x = 180°$,则 $\triangle AB_1C_{50}$ 和 $\triangle AC_1B_{50}$ 亦为等腰三角形,总计 $50+98+2 = 150$ 个.

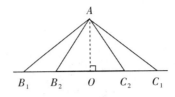

例 2 图

再证必要性.将所有等腰三角形分成以点 A 为顶(即两腰交点)及以点 A 为底(即腰和底边交点)的两种.先考虑以点 A 为顶的等腰三角形,在 A 与直线上 100 个点连成的 100 条边中,每条边作为腰唯一对应着另一条腰的位置(关于 AO 对称),因此这样的等腰三角形至多有 50 个.再考虑以点 A 为底的等腰三角形,设 AX 是底边,AX 的垂直平分线交直线于点 Y,则 $\triangle AXY$ 是唯一以 AX 为底边的等腰三角形,从而 100 条包含点 A 的边至多构成 100 个这种等腰三角形.总计 $50+100 = 150$ 个.

例 3 (1980 春)在单位正方形内作平行于边的线段,其总长度为 18 且数目为有限条.这些线段将正方形分成若干个区域.求证:至少有一个区域的面积不少于 0.01.

证明 设正方形被分划成区域 $R_1, R_2, \cdots, R_n$;其面积分别为 $S_1, S_2, \cdots, S_n$;其周长分别为 $P_1, P_2, \cdots, P_n$.于是有

$$S_1 + S_2 + \cdots + S_n = 1.$$

正方形内的每条线段属于两个相邻区域的边界,在计算周长时被计算两次;正方形的四条边在计算周长时被计算一次.因此有

$$P_1 + P_2 + \cdots + P_n = 18\times 2 + 4 = 40.$$

另一方面,任何区域 R_i 的面积 S_i 不可能超过 $\dfrac{1}{16}P_i^2$.事实上,由于 R_i 的边均与正方形平行,可以将 R_i 延拓到包含 R_i 的最小矩形,如图所示,面积增加而周长不变或减少.在相同面积的所有矩形中,正方形的周长最小.故有 $S_i \leqslant \left(\dfrac{P_i}{4}\right)^2$ 或 $\sqrt{S_i} \leqslant \dfrac{P_i}{4}$.

现在假设原题结论不真,则对所有 $1\leqslant i\leqslant n$ 均有 $S_i < 0.01$,故 $\sqrt{S_i} < 0.1$ 或 $10S_i < \sqrt{S_i}$.这样就推得

$$10 = \sum_{i=1}^{n} 10S_i < \sum_{i=1}^{n} \sqrt{S_i} \leqslant \sum_{i=1}^{n} \frac{P_i}{4} = 10.$$

该矛盾说明至少有一个 $S_i \geqslant 0.01$.

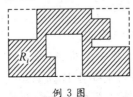

例 3 图

例 4 (1993秋·高中·二试)将凸 1993 边形 P 分成若干个凸七边形区域,每个凸七边形的顶点可以为 P 的顶点或位于 P 的内部,但不能是 P 的边上的内点.任何两个凸七边形或不相交,或相交于一点,或相交于一条完整的边.求证:存在 P 上相连的三条边同属于某个凸七边形.

证明 设 n,v,e 分别代表凸七边形的数目,P 内部顶点的数目以及 P 内部边的数目.因 P 的每条边为一个凸七边形的边,P 内部每条边为两个凸七边形的边,可得

$$7n=1993+2e.$$

又因为每个凸七边形的内角和为 5π,每个 P 内部顶点贡献 2π,故有

$$n\cdot 5\pi=1991\pi+v\cdot 2\pi \text{ 或 } 5n=1991+2v.$$

从以上两式中消去 n 可得

$$3972=10e-14v. \tag{$*$}$$

设 b 为 P 中与内部顶点有边相连的顶点数目.注意到每个 P 内部顶点至少属于 3 条边(否则存在四七边形),b 中每个顶点为 1 条 P 内部边的顶点,故有

$$2e\geqslant 3v+b.$$

结合($*$)式可得 $3972\geqslant 5(3v+b)-14v>5b$,故 $b\leqslant 794$.

另一方面,如果不存在 P 上相连的三条边同属于某个凸七边形,则有一半以上 P 的顶点与内部顶点相连,即 $b\geqslant 997$.两者推出矛盾,证毕.

例 5 (1997秋·高中·二试)在正三角形内作平行于各边的直线将大三角形分成 n^2 个全等小三角形.相邻平行线之间的小三角形处于同一条带状区域中(例如最下面一行的 $2n-1$ 个小三角形).问:(1)当 $n=9$ 时,最多可选取多少个小三角形,其中任何两个都不在同一条带状区域中?(2)当 $n=10$ 时呢?

解 设 $f(n)$ 为选取小三角形的最大值,以下给出两种方法.

解法一 我们将证明 $f(8)\leqslant 5$.

首先将大三角形分成 A,B,C,D 区域如图①所示,假如可选取 6 个不同带状区域中的小三角形,则下面 4 行至多选 4 个,不难看出 A 中无法选 3 个,于是 A 中选 2 个,同理 B,D 中各选 2 个,故 C 中选 0 个.

在下面 4 行所选的 4 个小三角形中,P 或 Q 必为其一,不妨设为 P,则图中带"×"的小三角形不能再选,R,S 必选,此时只剩下带"√"的 3 个小三角形,但还需选 3 个,无法做到.因此 $f(8)\leqslant 5$.

于是 $f(9)\leqslant 6$,$f(10)\leqslant 7$.图②即为 $n=10$ 的一种选法,去掉最下面一行,即为 $n=9$ 的选法.

解法二 我们将证明 $f(n)=\left[\dfrac{2n+1}{3}\right]$.

对于平行于大三角形底边的 n 条带状区域,从下到上设序号分别为 $1,2,\cdots,n$.类似地,平行于左边、右边的带状区域,从包含 $2n-1$ 个小三角形开始,到包含 1 个小三角形,设序号分别为 $1,2,\cdots,n$.每个小三角形表示成 3 个序号,例如图①中的 $P(4,1,5)$,$R(1,5,4)$.

易知与大三角形同方向的每个小三角形序号之和为 $n+2$,反方向为 $n+1$.现选取 k 个不同带状区域中的小三角形,记 S 为序号之和,则有 $S\leqslant k(n+2)$.另一方面,每个方向

的序号和不少于 $1+2+\cdots+k=\dfrac{k(k+1)}{2}$，故有

$$\frac{3k(k+1)}{2}\leqslant S\leqslant k(n+2),\ k\leqslant\frac{2n+1}{3}.$$

因此 $f(n)\leqslant\left[\dfrac{2n+1}{3}\right]$. 不难给出取等号的例子，请读者自行完成. 故 $f(9)=6,f(10)=7$.

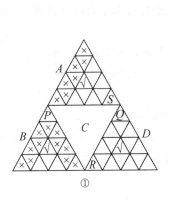
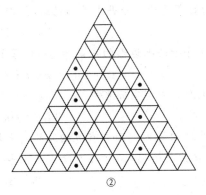

例 5 图

例 6 (2013 春·高中·二试)在平面直角坐标系中，某三角形 T 的顶点均为整点.

(1)如果 T 的内部恰好有两个整点，求证：过这两个整点的直线要么与 T 的一边平行，要么与 T 的一顶点相交.

(2)如果 T 的内部至少有两个整点，求证：存在其中两个整点，使得过这两个整点的直线要么与 T 的一边平行，要么与 T 的一顶点相交.

笔者注 此题目由初中组二试和高中组二试各一道题整合而成.

证明 （1）**证法一** 几何证法.

先证一个引理.

引理 设点 X,Y 为 $\triangle ABC$ 的两个内点，XY 不与任何边平行，则存在一条线段平行于 XY，长度与 XY 相等，其中一个端点为三角形顶点，另一个端点在其内部.

引理的证明 从三个顶点处分别作 XY 的平行线，三者中处于中间那一条，设经过顶点 A，与 BC 边交于点 D. 由 $XY/\!/AD$ 以及 XY 位于三角形内可知 $XY<AD$. 在 AD 上取点 Z 满足 $AZ=XY$，则 AZ 即为所求.

回到原题，设 X,Y 为 T 内的整点，若 XY 平行于 T 的任一边，则结论成立；否则根据引理存在 T 的顶点 A 及内点 $Z,AZ/\!/XY,AZ=XY$，因 A,X,Y 均为整点，故 Z 亦为整点，但 T 内只有两个整点，故 $Z=X$ 或 $Z=Y$，说明 XY 所在直线与 T 的一顶点相交.

证法二 利用皮克定理.

设 X,Y 为 T 内的整点，XY 不与任何顶点相交，则 XY 所在直线与 T 的两条边相交. 设第三条边为 AB，由皮克定理知 $\triangle ABX$ 与 $\triangle ABY$ 的面积相等，故 X,Y 到 AB 边的距离相等，$XY/\!/AB$.

（2）**证法一** 几何证法.

设 $\triangle ABC$ 的顶点均为整点，D,E,F 分别为三边的中点，如图①所示. 若 $\triangle AEF$ 包含整点 X，延长 AX 至点 $Y,AX=XY$，则 Y 在 $\triangle ABC$ 内且为整点，结论得证. 否则，假设

△AEF 内无整点，类似地，△BDF，△CDE 内均无整点，于是所有整点位于 △DEF 内.

若存在整点 X,Y 的连线与某边平行，则结论得证. 否则，根据(1)中引理，在 △DEF 中存在线段平行于 XY，长度与 XY 相等，端点之一为 D,E 或 F，不妨设为 DZ，其关于 EF 的中点对称的线段为 AP，则 P 为整点但落在 △AEF 内，如图②所示，与假设不符，得证.

证法二 利用皮克定理.

设 △ABC 的顶点均为整点，在其内部的所有整点中，点 X 到边 BC 的距离最近，除 X 之外点 Y 的距离最近. 有以下三种情形.

（ⅰ）点 X 在 YB 或 YC 上. 此时 XY 所在直线经过点 B 或 C.

（ⅱ）点 X 在 △YBC 内. 延长 YX 至点 Z 使得 X 为 YZ 的中点，若点 Z 在 △YBC 内，则 Z 为整点且到 BC 的距离更近，与假设不符. 因此点 Z 只能在 BC 上或 △ABC 之外，于是 △YBC 的面积不小于 △XBC 面积的 2 倍. 但另一方面，YB,YC 以及 △YBC 内除点 X 之外没有其他整点，设 BC 边上有 s 个整点，由皮克定理得

$$\frac{s+1}{2}+1 \geqslant 2\left(\frac{s+1}{2}+0\right).$$

但当 $s \geqslant 2$ 时上式无法成立.

（ⅲ）点 X 在 △YBC 之外. 此时除 BC 外，在 △YBC 和 △XBC 内以及边上不可能有其他整点，由皮克定理知 △YBC 与 △XBC 面积相等，故 $XY /\!/ BC$.

综上所述，结论得证.

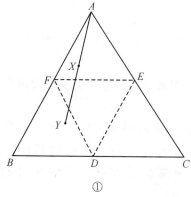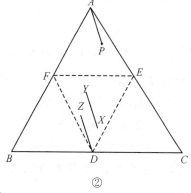

例 6 图

皮克定理(Pick's Theorem)及其证明

皮克定理:若平面上某多边形 P(不一定为凸)的顶点均为整点，所有边经过 s 个整点，内部包含 i 个整点，则 P 的面积等于 $\frac{s}{2}+i-1$.

我们将证明分为 4 步.

1. 当 P 为矩形，四边与 x 轴、y 轴平行时.

设矩形的边长为 a 和 b，则 $s=2(a+b)$，$i=(a-1)(b-1)$，有

$$\frac{s}{2}+i-1=ab.$$

2. 当 P 为直角三角形,直角边分别与 x 轴、y 轴平行时.

如图①所示,$BC=a$,$AC=b$,$\angle C$ 为直角.将 $\triangle ABC$ 补成矩形 $ACBD$,设 AB 边上除 A,B 外有 s_1 个整点,则

$$s=a+b+s_1+1,\quad i=\frac{(a-1)(b-1)-s_1}{2},$$

$$\frac{s}{2}+i-1=\frac{1}{2}ab.$$

3. 当 P 为一般三角形时.

有两种情况.第一种情况如图②所示,补充 3 个直角三角形从而变成矩形,设 P 的三边除顶点外分别有 s_1,s_2,s_3 个整点,3 个直角三角形分别有 i_1,i_2,i_3 个内部整点,面积分别为 A_1,A_2,A_3,则由第 2 步中的计算可知

$$A_1=\frac{x+b-y+s_1+1}{2}+i_1-1,$$

$$A_2=\frac{a+y+s_2+1}{2}+i_2-1,$$

$$A_3=\frac{a-x+b+s_3+1}{2}+i_3-1.$$

故 P 的面积为 $ab-A_1-A_2-A_3=ab-a-b-\dfrac{s_1+s_2+s_3-3}{2}-i_1-i_2-i_3.$ 　　（＊）

另一方面,对于 P 有 $s=s_1+s_2+s_3+3$,

$$i=(a-1)(b-1)-s_1-s_2-s_3-i_1-i_2-i_3.$$

因此 $\dfrac{s}{2}+i-1$ 的结果与（＊）式相同.

另一种情况,如图③所示,补充 3 个直角三角形及 1 个矩形从而变成大矩形,计算过程类似第一种情况,请读者自行完成.

4. 当 P 为一般多边形时,将 P 进行三角剖分,只需证明每次增加一个三角形后,公式仍成立.如图④所示,设 $\triangle ABC$ 的折线 ACB 上有 s_2 个整点,AB 边内部有 x 个整点,$\triangle ABC$ 内部有 i_2 个整点.右边部分的边上有 s_1 个整点,内部有 i_1 个整点.于是 P 的面积为

$$\left(\frac{s_1+x}{2}+i_1-1\right)+\left(\frac{s_2+x}{2}+i_2-1\right)=\frac{s_1+s_2-2}{2}+x+i_1+i_2-1,$$

其中 A,B 在合并前被计算两次.定理得证.

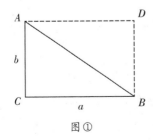

图①

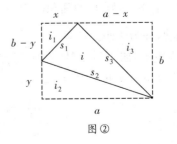

图②

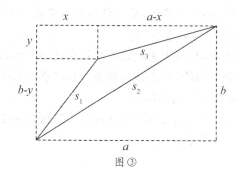

图③

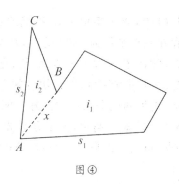

图④

1. (2015 春·初中·二试) 多边形的任何一条边所在直线均包含该多边形的至少一个其他顶点. 问:(1)该多边形的顶点数量是否可能小于等于 9;(2)是否可能小于等于 8?

2. (2008 秋·初中·二试) 小明说他得到一张地图,其中有 5 座城市,每两座城市之间都由一条公路相连,每条公路最多跟一条其他公路交叉且交叉不超过一次. 如果将每条公路染成红色或黄色,可以使从任何城市(视作一个点)出发的公路沿顺时针数起均为红、黄交替. 问:小明说的可能是真的吗?

3. (2010 春·初中·二试) 一条折线包含 31 条首尾相接的线段,这些线段互不相交且折线的首尾两点不同. 问:至少多少条直线可能包含这条折线上的所有线段?

4. (1993 秋·初中·二试) 在 8×8 表格的每个方格中画一条对角线,总共有 64 条对角线,构成集合 W.W 的一个连通分支指若干相连的对角线,这些对角线不与其他对角线相连. 问:(1)W 的连通分支数目能否大于 15;(2)能否大于 20?

5. (1983 春·高中·二试) 在圆周上以任意顺序写下从 1 到 1000 的所有自然数. 求证:一定可以用 500 条线段连接这 1000 个数,满足(1)任何两条线段都不相交;(2)每条线段所连的两个数相差不超过 749.

6. (2011 秋·高中·二试) 从平面上选出 $n(n \geq 3)$ 个点,其中每两点之间的距离各不相同,如果 A 是 n 个点中距离 B 最远的点,同时 B 又是距离 A 最近的点,则称 A 和 B 是"不同寻常的点对". 问:在这 n 个点中,不同寻常的点对最多可能有几对?

7. (2011 春·初中·二试) 两只蚂蚁沿着 7×7 棋盘的方格边爬行,每只蚂蚁恰好爬过 64 个顶点各一次,然后回到出发点. 问:两只蚂蚁都爬过的边至少有多少条?

8. (2008 春·初中·二试) 平面上有限多个点,任何 3 点不共线. 用 4 种颜色染这些点,每种颜色至少染一个点. 求证:存在互不相同的 3 个三角形,每个三角形的 3 个顶点为 3 种不同颜色,且内部不包括其他染色点.

（注:所求的 3 个三角形可以相交、共用顶点等.）

9. (1987 秋·初中) 点 M 同时处于平面上红、绿、蓝 3 个三角形的内部. 求证:总可以取 3 个不同色的顶点,使得 M 处于这 3 个顶点确定的三角形的内部或边上.

10. (2009 春·高中·二试) 将一个矩形区域分成若干个更小的矩形区域. 问:是否可能任何两个小矩形中心的连线都经过第三个小矩形的内部?

11. (1995 春·高中·二试)将平面上的一些整点染色,使得任何四个染色点不共圆. 求证:存在一个半径为 1995 的圆,其中不包含任何染色点.

12. (2010 秋·初中·二试)长、宽均为整数,且面积为偶数的某矩形被划分成若干个 $1×2$ 或 $2×1$ 骨牌区域,在每块骨牌上作一条对角线,使得任何两条对角线都没有公共端点. 求证:矩形的四个顶点中恰好有两个是这些对角线的端点.

13. (1982 春·高中)大正方形被等分成 k^2 个小正方形,一条折线经过所有小正方形的中心点(折线可以自交). 问:这条折线至少包含多少段?

 进阶试题

1. (1986 秋·高中)已知圆周上有 21 个点,其中任何两点之间的劣弧或半圆对应着一个不超过 $180°$ 的圆心角. 求证:在这些圆心角中,至少有 100 个不超过 $120°$.

2. (1989 春·高中·二试)已知平面上有 $N>1$ 条直线,其中任何两条不平行,任何 3 条不交于一点. 求证:可以对每个划分出的区域赋予一个非零整数,绝对值不超过 N,使得任何一条直线的两侧,每一侧所有区域的赋值之和均为 0.

(提示:利用每个区域的顶点数进行赋值.)

3. (2003 春·高中·二试)已知正方形被划分成若干小三角形,每个三角形的顶点都不落在正方形或其他三角形的边上(一般称为"三角剖分"). 考虑每个顶点处发出的边的总数. 问:这些数是否可能均为偶数?

(提示:观察从 n 边形 P 中去掉所有以 P 的边为边的三角形,得到新的多边形 Q,则 Q 的边数与 n 有什么关系?)

4. (1999 秋·高中·二试)求证:在任何凸 $10n(n \geq 1)$ 面体中,一定可以找到 n 个面,每个面所包含的边的数量相等.

第五讲 图论

图论研究若干给定的点以及连接这些点的线之间的关系.以下简单介绍图论中的基本术语.

给定若干顶点(或称节点)和边,每条边连接两个顶点,即构成图 G.取 G 中若干顶点及它们之间的边,构成 G 的一个子图.如果 G 的每条边从一个顶点指向另一个顶点,则称 G 为有向图.顶点 A 和 B 之间有边相连,则称 A 和 B 是相邻的.若从顶点 A 经过若干条边能抵达顶点 B,则称 A 和 B 是连通的,这些边构成从 A 到 B 的一条路径.如果路径上的顶点均不重复,则称为简单路径,如果路径上起点与终点重合,则称为回路或环.所有顶点均连通的图称为连通图.没有回路的连通图称为树图或简称"树".树中任何两个顶点之间有唯一路径且该路径为简单路径.在非连通图中,若干顶点互相连通,但与其他顶点不连通,称为一个连通分支.每个连通分支是一个子图.任何图 G 可以划分成若干互不相交的连通分支.从一个顶点 V 引出的边的数量 $\deg(V)$ 称为该顶点的度.G 中所有顶点的度数之和等于边数的两倍,若 G 为树,则边数等于顶点数减 1.

下面我们来看一些具体问题.

 典型例题

例 1 (1982 春·初中)某国共有超过 101 座城市,其中首都与 100 座城市之间有直达航班,而其余的每座城市都恰好与 10 座城市有直达航班.已知一名游客从任何城市出发,均可到达任何其他城市(可能需多次中转).求证:存在 50 条连接首都与其他城市的直达航班,取消这些航班游客仍可从任何城市出发到达任何其他城市.

证明 我们采用图论的方法,将每座城市视为顶点,每条直达航班为连接两顶点的边,整个图设为 G,则 G 为连通图,设 M 为首都以及连接该顶点的 100 条边,G' 表示 G 去掉 M 之后的图.如果 G' 仍为连通图,则结论已成立(可任选 M 中 50 条边);否则设 C_1,$C_2,\cdots,C_n$ 为 G' 中的连通分支.对于每个连通分支 C_i 而言,其至少有两个顶点与首都相连,这是因为去掉 M 后,C_i 中本来与首都相连的顶点现在与 9 个顶点相连,为奇数,而在 C_i 中连接奇数条边的顶点为偶数,不能少于 2.因此连通分支的个数不超过 50.在 G' 中添加首都到每个连通分支一条边(不超过 50 条),即可保证游客从任何城市出发可到达任何其他城市.

例 2　(2009 秋·高中·一试)某国家有两座首都 A 和 B,以及若干个城市,其中一些城市之间有公路相连.假设有些公路需收取费用,且任何一条从 A 到 B 的路线都经过至少 10 条收费公路.求证:存在一种方案使得这些收费公路分别隶属于 10 家公司(每条公路属于 1 家公司),任何人从 A 到 B 都需要向每家公司交费.

笔者注　原题答案较复杂,此处给出一种简洁的证明.

证明　我们先将每座城市标记为一个数字,首都 A 记为 0;其余每座城市的数字为从 A 出发到达该城市所有线路中经过收费公路最少的数目.于是 B 至少为 10;任何两座相邻的城市的数字要么相同,要么相差 1.如果一条收费公路连接两座城市 $n-1$ 和 n,就定义这段公路隶属于第 n 家公司(当 $n>10$ 时可以分配给任何公司);如果连接两座数字相同的城市,可将其分配给任何公司.

假设某人从 A 到 B,那么他必须先后经过数字为 $1,2,\cdots,10$ 的城市(可能重复经过).当他从 $n-1$ 到 n 时,就向第 n 家公司交了费.得证.

例 3　(2011 春·高中·一试)已知有 100 个小镇,其中某些小镇之间有直达公路,假设公路没有分岔,且从任何小镇出发沿公路可抵达任何其他小镇.求证:可以将其中一部分公路铺上石板,使得从每个小镇出发的石板路数目均为奇数.

证法一　采用归纳法证明原题结论对 $2n$ 个小镇均成立,当 $n=1$ 时,两镇之间有公路连接,将其铺上石板即可.假设结论对 $2n$ 个小镇成立,现考虑 $2n+2$ 个小镇.设整个图为 G(将小镇视为顶点,公路视为边).

从 G 中取一条最长的简单路径记为 S.当 $2n+2\geqslant 4$ 时,S 至少包含两条边,不妨设从 A 出发经 $B,C,\cdots$.现在从 G 中去掉 A 及其相邻的边,则其余顶点仍然连通;否则设 Z 与 B,C 等不连通,于是 $Z-A-C\cdots$ 的长度超过 S.矛盾.再从 G 中去掉 B 及其邻边,有两种情况.

(ⅰ)其余顶点相互连通,此时在 A,B 之间铺石板路,剩下的 $2n$ 个顶点由归纳法可知存在符合要求的铺设方式.得证.

(ⅱ)其余顶点不全连通.当 B 及其邻边被去掉时,G 至少被分成两个连通分支.A 点为其一,S 包含 C 的部分及相连的所有边和顶点为其二.如果存在其他的连通分支,则必为单个顶点,否则可以构造出经过 B 而长度超过 S 的路径.设 A_1 是另一个连通分支,在 A,B 之间及 A_1,B 之间铺石板路,再对 A,A_1 之外的 $2n$ 个小镇运用归纳假设,存在符合条件的铺路方式,以 B 出发的石板路数目为奇数,再加上从 B 到 A,A_1 的两条仍为奇数,符合要求.

最后考虑 B 只连接 A,C 的情况.在 A,B 之间铺石板路,但不在 B,C 之间铺路,再对 A,B 之外的 $2n$ 个小镇运用归纳假设即可.

综上所述,结论得证.

证法二　对于任何铺石板路的方案,设 F 为其中有奇数条石板路出发的顶点集,$|F|$ 为 F 的元素个数.因为每条石板路连接两个顶点,$|F|$ 必为 0 到 100 之间的偶数.

取所有方案中使得 $|F|$ 最大的一个,如果 $|F|<100$,则存在顶点 a,b 引出偶数条石板路.由于整个图为连通图,存在从 a 到 b 的简单路径 x.将 x 所经过的所有边的状态(石板路或非石板路)改变,于是 a,b 的奇偶性发生变化,而其他顶点的奇偶性不变,从而新方

案的 $|F|$ 值增加 2,与假设相矛盾.这就说明存在一种方案满足 $|F|=100$.证毕.

例 4 (1988 秋·高中·二试)某国家有 1988 座城市和 4000 条公路,每条公路连接两座城市,求证:存在一条环路经过不超过 20 座城市.

证明 将城市视为顶点,公路视为边,需证 G 若包含 1988 个顶点和 4000 条边,则其中必有长度不超过 20 的回路.

对任一顶点 $V \in G$,定义 V 的度 $\deg(V)$ 为与 V 相连的边数.从 G 中逐一删除所有度数不超过 2 的顶点 $V_1, V_2, \cdots, V_i$ 以及与它们相连的边.注意当删除 V_i 时,$\deg(V_i)$ 不包括之前已被删除的边.由于 $2 \times 1988 = 3976 < 4000$,剩下的顶点数目不为 0,且度数均大于等于 3.取其中一连通分支设为 G_0.

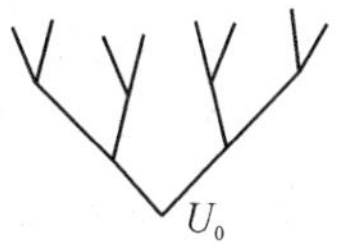

从 G_0 中任取顶点 U_0,以 U_0 为根作树子图 T,如图所示:取两个顶点与 U_0 相连,称为第一层树叶;再对每一个第一层树叶取两个顶点与之相连,称为第二层树叶;等等.由于每个顶点的度数不小于 3,这是可以做到的.此时有两种情形:

例 4 图

(ⅰ)在取第 $k \leqslant 10$ 层树叶 U_k 时,U_k 与某一低层树叶 U_j 相连,$0 \leqslant j \leqslant k$,于是存在包含 U_j, U_k 的回路,长度不超过 $10 + 1 + 9 = 20$.

(ⅱ)在 T 中截至第十层树叶,与低层树叶均无边相连,于是由 T 的作法可知,对每个 $0 \leqslant i \leqslant 10$,第 i 层树叶数目为 2^i,故顶点总数达到 $2^0 + 2^1 + 2^2 + \cdots + 2^{10} = 2^{11} - 1 > 1988$ 为不可能,得证.

 精选试题

1.(2019 秋·初中·一试)某网站有 2000 名会员,每名会员邀请 1000 名其他会员做自己的好友,但当且仅当双方被对方邀请时两名会员互为好友.问:这个网站至少有多少对好友?

2.(2015 秋·高中·一试)某国有 100 座城市,每两座城市之间都有双向直达航班,往、返票价相等.假设所有航班的平均票价为 1 元.老王从家乡城市出发,乘 m 次航班经过 m 座城市(包括家乡城市)回家,他最多愿意支付 m 元.问:(1)当 $m = 99$ 时,老王是否一定能够完成这一旅程?(2)当 $m = 100$ 时呢?

3.(1986 春·初中)有 20 支球队进行比赛,第一天,他们两两进行一场比赛,共 10 场比赛;第二天,他们又两两进行了一场比赛,共 10 场(对手可能与第一天的相同).求证:可以找到 10 支球队,他们互相之间都没有较量过.

4.(2010 春·初中·一试)在一次聚会中,每位客人都认识至少 3 个人.求证:总能选出 $n(n \geqslant 4$ 且为偶数)位客人围坐一圈使得相邻的客人均互相认识.

5.(1983 春·高中·一试)某国有 N 个城市,每两个城市之间都有一条单向直达航班,满足:从任何一个城市出发,游客都不可能再次回到该城市.求证:

(1)这样的航班线路图存在.在该图中,存在两个城市,从其中一个可以抵达所有其他城市;而从另一个没有飞往其他城市的航班.

(2)在这样的航班线路图中,有且只有一条路线可以经过所有城市.

(3)一共有 $N!$ 种这样的航班线路图.

6. (1991 春・高中・二试) 王国中有 n 座城市, 国王打算建设一个公路系统, 使得从任何城市到另一座城市, 至多只需中转一次. 假设每座城市最多与 k 座城市相连. 求证:

(1) 当 $n=8$ 时, 若 $k=3$ 则计划可以实现, 若 $k=2$ 则不能实现.

(2) 当 $n=16$ 时, 若 $k=5$ 则计划可以实现, 若 $k=4$ 则不能实现.

7. (2009 秋・初中・二试) 甲、乙两人在某国旅行, 该国有 2009 个岛屿, 其中某些岛之间有双向直达航线, 两人在旅行中玩以下游戏:

甲先选择一个岛屿, 两人从该处出发, 然后乙选择下一个要去的岛屿 (必须与当前岛屿有直达航线, 下同), 甲、乙轮流选择下一个要去的岛屿. 规定每个岛最多去一次, 无法做出下一个选择者为输家.

求证: 甲有必胜策略.

8. (2018 秋・初中・二试) 地图上有若干城市, 有些城市之间有公路连接 (至多一条), 每条公路只连两个城市, 公路之间不相交. 甲、乙两人在地图上玩以下游戏: 甲先将所有公路变成单行路, 然后将棋子车置于一城市中. 接下来乙和甲重复这样的步骤: 乙将车当前所在城市连接的一条公路改变方向, 然后甲任选一条公路, 移动车到下一座城市. 如果轮到甲时车无法移动, 则乙胜.

如果任何从城市 x 出发, 最终回到 x 的路线一定包含重复经过的公路, 我们称城市 x 是偏僻的. 求证:

(1) 如果每座城市都是偏僻的, 则乙不能保证获胜.

(2) 如果存在城市不是偏僻的, 则乙有必胜策略.

9. (2014 春・高中・二试) 某国家的每座城市都有各自的代码, 航班表记录了每两个代码之间是否有直达航班. 假设对任何两座城市 M, N, 总存在一套新的代码方案满足:

① 每座城市的新代码是原先某一座城市的代码;

② M 的新代码是原先 N 的代码;

③ 航班表的所有信息仍然正确无误.

问: 对任何两座城市 M, N, 是否一定存在交换 M 和 N 的原代码的新方案?

 进阶试题

1. (1995 春・高中・二试) 一次宴会共有 50 名客人参加. 求证: 其中必有两个人, 他们共同的熟人个数为非负偶数.

2. (2002 秋・高中・二试) 在一处电网中共有 n^2 个节点, 呈 n 行、n 列分布, 每个节点与上下左右相邻的节点间有电线连接. 现在某些电线可能被烧断, 为检查所有节点之间是否仍保持连通, 需每次选取两个节点测试其连通性. 问: 至少测试多少次可以达到目的? (1) 考虑 $n=4$; (2) 考虑 $n=8$.

(提示: 显然每个节点均需测试. 试找出一种方案, 每个节点测试一次, 可以达到目的.)

3. (2006 春・高中・二试) 在正十二面体 D (包含 20 个顶点, 30 条边以及 12 个五边形面, 每个顶点处引出 3 条边) 上有一只蚂蚁沿着边爬行. 一段时间后, 蚂蚁恰好沿每条边爬过两次. 但任何边都没有被蚂蚁连续爬两次 (包括首、末两条边). 求证: 存在一条边,蚂蚁两次爬行的方向相同.

（提示：假设对于 D 的每条边,蚂蚁两次爬的方向相反.观察发现在 D 的每个顶点处蚂蚁经过的方式只有两种.）

4. (1999 秋·高中·二试)平面棋盘上选定 $2n$ 个格,满足车从其中任一格移动到另一格无须翻越未选定的格.求证:这 $2n$ 个格可以划分成 k 个矩形,$k \leqslant n$.

（提示：归纳法.）

5. (2017 秋·高中·二试)某城市被东西向和南北向的道路分成 $n \times n$ 块街区,王先生每天从西南角出发,沿着向东或向北的方向步行直到抵达城市的东北角,再沿着向西或者向南的方向步行回到西南角,出于好奇心,王先生每天所选的均为包括之前从未走过的路径长度最长的一条线路.求证:经过 n 天后,王先生走遍城市的每条街道.

（提示：用一条对角线连接城市的西北角与东南角.与对角线相邻的 $4n$ 条街道称为 n-边,与 n-边相邻的 $4(n-1)$ 条街道称为 $(n-1)$-边,$\cdots$,与城市的西南角或东北角相邻的 4 条街道为 1-边.试证明:对于 $1 \leqslant k \leqslant n$,第 k 天的路线经过 $4(n-k+1)$ 条未走过的边,其中对于每个 $k \leqslant i \leqslant n$,包含 4 条 i-边,在第 k 天结束时,所有 j-边,$1 \leqslant j \leqslant k$,均被走过.）

与一些代数函数的极值问题不同,组合问题中求极值的对象往往难以建立与自变量之间的函数关系,因此解决这类问题通常经过两个步骤:

(1)通过观察当 n 较小时的情况,估计出当 n 较大时研究对象的极大值、极小值的范围.

(2)证明在第一步中得到的结果的充要性.

对于充分性的证明,经常采用直接构造法、归纳法等.对于必要性的证明,经常采用染色法、抽屉原理、极端原理、算两次、归纳法、局部调整法等.

典型例题

例 1 (2001 秋·初中·二试)小明向 $8×8$ 棋盘中不断放入车,使得从第二个车起,每次新放入的车恰好攻击棋盘上奇数个车.问:小明至多可以放入多少个车?

解 当棋盘 4 个角上有 3 个车时,剩下的角上不能再放入车,因此至多可以放 63 个车,以下给出两种方式,如图①②所示.

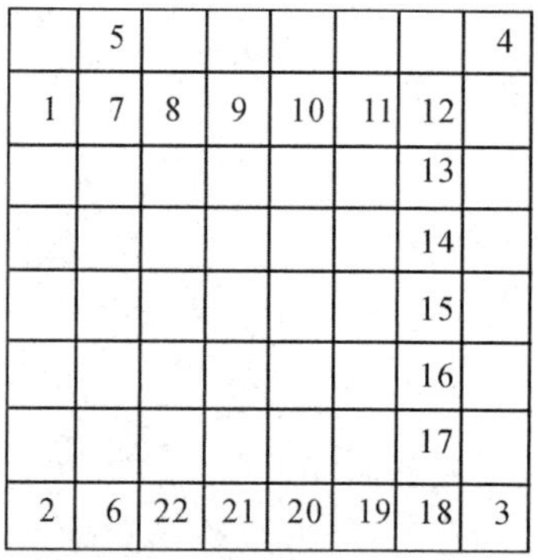

	5						4
1	7	8	9	10	11	12	
						13	
						14	
						15	
						16	
						17	
2	6	22	21	20	19	18	3

1	•	2	•	3	•	4	
							←56
							←48
							←40
							←32
							←24
							←16
5	6	•	7	•	8	•	9

从右到左填满5×6区域,最后填满上面5格和右边6格.

①

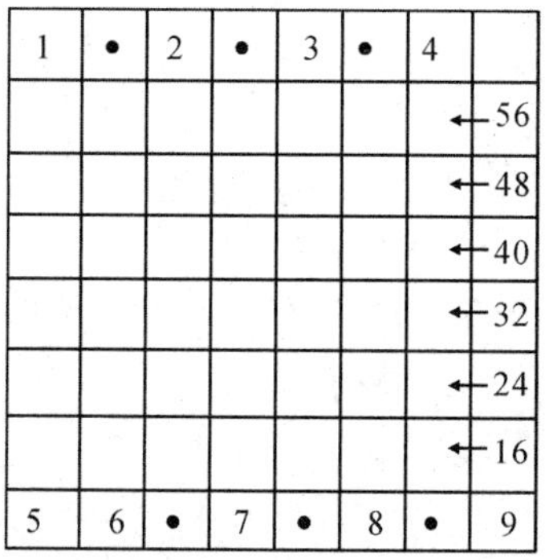

填放9后可按任意顺序填满"·"格,再从右到左、从下到上填满中央6×8区域.

②

例 1 图

例2 (1991秋·初中·二试)在9×9表格中,某些方格被染色,且任何两个染色格的中心距离均大于2(每个方格的边长为1).

(1)试举出一个例子,其中有17个格被染色.

(2)试证明染色格数目不可能超过17.

(1)**解** 如图①所示.

(2)**证明** 将表格划分成9个3×3区域,每个区域中最多存在两个染色格,在旋转、对称的等价意义下只有I,II两种形式如图②所示.以下为方便描述,将第i行、第j列方格记作(i, j).

证法一 考察表格四条边中间的格子,假设至少有一个被染色,不妨设为$(1, 5)$,于是$(3, 4)$或者$(3, 6)$必为染色格(如果某个3×3区域中只存在一个染色格,则结论已证毕),由对称性不妨设为前者.

接下来可以依次确定染色格$(1, 2)$,$(3, 1)$,$(5, 3)$,$(6, 1)$,$(4, 6)$,$(6, 5)$以及$(8, 3)$,$(9, 1)$,如图③所示,此时位于中间偏下的3×3区域中只能存在一个染色格,因此染色格总数不超过17.

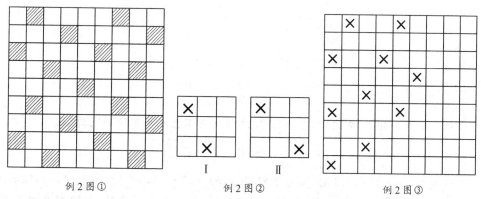

例2图①　　　　例2图②　　　　例2图③

最后假设四条边中间的格子均未被染色,将剩下的格子按照图④的方式划分成17个区域,每个区域中至多有一个染色格,因此染色格总数不超过17.

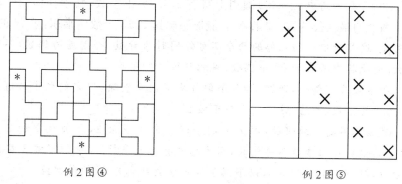

例2图④　　　　　　例2图⑤

证法二 我们证明如果中央3×3区域中存在两个染色格,则必有某一个3×3区域只包含一个染色格.

注意到I型或II型均有一个染色格在角上,由对称性不妨设$(4, 4)$被染色,考察左上角3×3区域:被染色的只能为$(1, 1)$,以及$(2, 3)$和$(3, 2)$中的一个,由对称性不妨设为前者.

于是可以依次确定染色格 $(1,5),(3,6),(1,8),(3,9),(5,7),(6,9),(6,5),(8,7)$, $(9,9)$,如图⑤所示,此时中间偏下的 3×3 区域中只能有一个染色格,因此染色格总数不超过 17,得证.

例 3 (2002 秋·高中·二试)凸 $N(N\geqslant3)$ 边形被一些对角线分成若干三角形,这些对角线在多边形的内部没有交点.将所有三角形染成红色或蓝色,具有公共边的三角形的颜色不同.试对于每个 N,求出不同颜色的三角形数目之差的最大值.

解 显然三角形数目为 $N-2$,设红色三角形(用×表示)有 j 个,蓝色三角形(用√表示)有 k 个,$j\geqslant k$.

我们先观察对于什么样的 N,可以有 $j-k>1$.

不难发现当 $N=6$ 时,$j=3,k=1$;当 $N=9$ 时,$j=5,k=2$,如图所示.

可以看出当 j 最大时,红色三角形应尽可能包含凸 N 边形的边,而蓝色三角形尽可能包含对角线,于是我们试图建立三角形数目与边之间的联系.

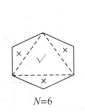
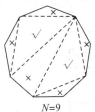

$N=6$　　　　　$N=9$

例 3 图

红色三角形共有 $3j$ 条边,均来自凸 N 边形及与蓝色三角形的公共边,故

$$3j\leqslant N+3k,\text{得 }j-k\leqslant\frac{N}{3}.$$

当 $N=3n,3n+1,3n+2$ 时,可分别解得 $(j,k)=(2n-1,n-1),(2n-1,n),(2n,n)$.由归纳法不难证出这些值均可取到,因此当 $N=3n,3n+1,3n+2$ 时,不同颜色的三角形数目之差最多为 $n,n-1,n$.

例 4 (2015 春·高中·一试)圆周上写有 2015 个正整数,其中任何两个相邻整数的差都等于两者的最大公约数.如果 N 总能够整除这 2015 个数的乘积,求 N 的最大值.

解 首先,这些数中任何相邻的两个不可能同时为奇数,否则差为偶数,不可能是其最大公约数.因此其中必有 1008 个偶数,乘积可被 2^{1008} 整除.

如果乘积不被 2^{1009} 整除,则这 1008 个偶数均不被 4 整除,但它们之中必有两个为相邻,于是差为 4 的倍数,矛盾,这说明乘积可被 2^{1009} 整除.

如果所有数都不是 3 的倍数,那么它们除以 3 余 1 或余 2,且余数 1 和 2 交替出现(否则差为 3 的倍数).但这是不可能的,因为总共有奇数个数.故乘积可被 3 整除.

综上分析,N 可以取 $2^{1009}\times3$,以下例子说明该数确实为 N 的最大值:

$$\underbrace{2,1,2,1,2,\cdots,2,1}_{1006\text{个“}1\text{”和}1006\text{个“}2\text{”}},2,3,4.$$

1.（2018秋·初中·二试）某岛上共有2018名居民，他们的身份为士人、附庸者或无赖，且每个人都知道其他人的身份．游客逐一询问他们：岛上的士人数量是否多于无赖？所有士人都如实回答，所有无赖都说谎话，而附庸者在回答时以当时听到的较多的答案作为自己的答案，如果数量相同就任选其一．如果游客得到的回答中，恰好有1009个是肯定的，1009个是否定的．问：岛上最多可能有多少名附庸者？

2.（2000春·初中·二试）在5×5棋盘上最多可以放入多少个马，使得每个马恰好攻击另外两个马？

3.（2004秋·初中·二试）在8×8棋盘上最多可以放入多少个马，使得每个马至多攻击到棋盘上的7个马？

4.（2001秋·高中·二试）在8×8表格中填入1至64，满足任何相邻的两数均位于相邻的两格中．问：对角线上8个数之和最小是多少？

5.（2005秋·高中·二试）在8×8棋盘中放入64个车，然后将这些车逐一移出棋盘，每次移出的车恰好攻击棋盘上的奇数个车（处于同行或同列，且中间没有其他棋子）．问：最多可以移出多少个车？

6.（2016春·初中·二试）将$5 \times 5 \times 5$正方体的每个面分成25个单位方格，然后将每个方格染成红色、白色或黑色中的一种，规定具有公共边的两个方格不能染成同色，无论它们是否落在同一个面上．问：黑色格至少有多少个？

7.（1984春·高中·二试）(1)在20×20棋盘每一格的中心位置有一枚棋子（视为一个点），对于给定的$d > 0$，将每一枚棋子移动到另一格的中心位置，使得棋子的移动距离均不小于d而移动之后每格中仍有棋子．试求出d的最大值以及相应的移动方案．

(2)在21×21棋盘中回答同样的问题．

8.（2003春·初中·二试）在9×9纸板上，将某些方格沿两条对角线同时切开，整块纸板没有分裂成两块或更多块．问：被切的方格至多为多少个？

9.（2018秋·初中·二试）有一艘大小为2×2的隐形飞船将在某时刻降落在7×7的空地上，恰好占据4个格．现在在某些格中安装探测器，当飞船落在有探测器的格中时，探测器会变亮．问：至少需安装多少个探测器，可以保证能够判断出飞船的位置？

10.（2019春·高中·二试）在一个正整数序列中所有数之和为2019，其中任何数或相邻若干数之和均不等于40．问：该序列中至多有多少个数？

11.（1985春·高中·一试）试从$1, 2, \cdots, 1985$中选出数目最多的一组数，其中任何两个数之差不是质数．

12.（1997春·高中·二试）用一架天平和20枚砝码可以称出从1至1997所有整数质量的物体（称重时砝码在天平一侧，物体在另一侧）．问：最重的那一枚砝码至少有多重？

(1)如果所有砝码的质量均为整数；

(2)如果砝码的质量可以不为整数．

13.(2014 春·初中·二试)用 27 块单位立方体积木黏合成 3×3×3 大立方体,现从中切除若干块积木,使得剩下部分仍然是一个整体(从任何积木出发,经过有接触面的积木,可到达任何其他积木),而且从上、下、左、右、前、后观看,仍然是 3×3 正方形.问:至多可以切除多少块积木?

进阶试题

1.(2010 春·初中·二试)在 10×10 棋盘上有一群跳蚤,每只跳蚤单独在一格中.现假设每分钟内,每只跳蚤朝相邻的一格跳去(上下或左右),而且在接下来的每分钟都朝同样的方向跳去,直到跳到最边上的一格,然后再按反方向跳去,如此往复,在一小时之内没有任何两只跳蚤在同一时间落在同一格中.问:棋盘上最多可以有多少只跳蚤?

(提示:每行或每列至多有两只跳蚤在做往复运动.)

2.(2017 秋·初中·二试)在 m×n 棋盘的每格放入一枚硬币,然后按以下方式操作:任选一行或一列中相邻的两格,将其中较少的一格中的所有硬币叠到较多的一格中,形成新的一叠.如果两格中硬币数目相同,则可以任选一叠放到另一叠上.重复进行这样的操作直到棋盘上没有任何两叠硬币位于相邻格子中.问:在下列情况中,棋盘上至少有多少叠硬币?

(1)$m=n=20$;

(2)$m=50,n=90$.

(提示:每格至多与 4 个格子相邻,至多可以合并 4 次.)

3.(1986 春·高中)某班有 30 名学生互相家访,规定在每一天中,访问其他同学的学生可以前往任意多的同学家中而不受限制;但如果一名学生被其他同学访问,那么这一天他就必须待在家里而不能访问其他同学.现考虑一套方案使得任何两名学生都至少互访一次.求证:

(1)这套方案可以在 7 天内完成;

(2)这套方案不可能在 6 天内完成.

(提示:对于学生 i,j,设 S_i,S_j 分别是两人出访的天数集合.当 S_i 和 S_j 满足什么关系,两人可以实现互访?)

4.(2017 春·高中·二试)36 名强盗被分成若干个团伙,每名强盗可以属于不同的团伙,但任何两个团伙的成员不完全相同,如果两个强盗不同属于任何一个团伙,则他们互相视为敌对关系,假设每名强盗在每个他不属于的团伙中都能找到至少一个敌人,那么所有强盗团伙的总数至多是多少?

(提示:将强盗分成若干组,从每组中选一人构成一个团伙,试用图论方法证明这样可以得到最多数量的团伙.)

第七讲 不变量

在一些涉及操作、变换、行棋的题目中，经常遇到这类问题：从某一状态开始，经过若干步能否达到另一给定的状态？试证明该操作在有限次之后结束，等等。如果使用常规手段，往往无从下手。但经过观察和尝试可以发现，随着状态的变化，某个隐含的量始终不变，或者有规律地变化，这类对象就被称为不变量：例如黑板上所有数的总和不变，或者平方和每次操作之后加一，所有棋子所处的行数与列数之和不变，持有奇数张牌的玩家数目严格减少等。

本讲通过一些典型问题的讲解，旨在向读者介绍常见的不变量类型及应用技巧。对于某些极值问题，也可用不变量计算精确的上、下界（如例 5,6，精选试题 13,15 等）。

典型例题

例 1 (1987 春·初中·二试)在 8×8 象棋盘的左下角 3×3 区域中放入 9 个卒，规定每一步选取 2 个相邻的卒 A 和 B（两格有公共点即视为相邻），然后令 A 跳到关于 B 的对称格，只要该格中没有其他卒。问：

(1)经过若干步之后，这 9 个卒是否可以占据棋盘左上角 3×3 区域；

(2)是否可以占据棋盘右上角 3×3 区域？

解法一 (1)不可能。将棋盘按黑白相间的方式染色，每次移动后，卒保持所在格的颜色不变，由于左下角 3×3 区域和左上角 3×3 区域的黑格数目不等，故不能实现。

(2)不可能。每次移动后，位于奇数列的卒仍然处于奇数列，位于偶数列的卒仍然处于偶数列。起初，有 6 个卒在奇数列，最终，需要 3 个卒在奇数列，故无法实现。

解法二 将棋盘上部分格子按如图所示方式标上★号，易知每次移动之后，★格中的卒仍在★格，而非★格中的卒仍在非★格，左下角、左上角及右上角的 3×3 区域分别包含 4,2,1 个★格，互不相等，故目标无法实现。

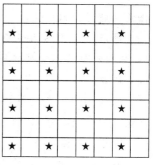

例 1 图

例 2 (1993 春·初中·二试)一条直线上最初有两个染色点,左边为蓝色,右边为红色,每次小明可以在直线上添加或去掉两个相邻的同色点(相邻指的是两者之间没有其他染色点).求证:经过若干次操作之后,小明不可能得到这样的结果,直线上只有两个染色点,左边为红色,右边为蓝色.

证明 考虑直线上左侧红色、右侧蓝色(不一定相邻)的染色点对,设其数目为 P,起始时 $P=0$,注意到无论是添加还是去掉两个相邻的同色点,P 总是增加或减少偶数值,因此最终不可能使 $P=1$,证毕.

例 3 (1992 春·初中·二试)圆盘被平分成 n 个扇形,其中某些扇形内有若干个卒,卒的总数为 $n+1$,每次选取同一个扇形中的两个卒,分别移至前后相邻的两个扇形中,不断进行这样的移动.求证:经过若干次移动后,不可避免地会出现这样的局面,圆盘中至少一半的扇形内有卒.

分析 由 $n+1>n$,故总有一个扇形包含 2 个或更多的卒,因此可以无限移动下去,关键是观察出如果两个相邻扇形中至少有 1 个卒,则不论怎样移动,这两个扇形中仍然有卒,也就是说,相邻扇形中都没有卒,这样的情况不可能增加,问题是如何证明其数量严格减少到 0.以下给出三种不同的证明方法.

证法一 如果在某一时刻,任何两个相邻扇形中都有卒,则显然至少一半的扇形中有卒.采用反证法,我们假设存在相邻扇形 x,y,其中一直没有卒.

按顺序将扇形编号,其中 x 为 1 号,y 为 n 号,x 和 y 之间为 2 号,3 号,…,$n-1$ 号,再将 $n+1$ 个卒编为 1 至 $n+1$ 号,用 a_j^i 表示第 i 个卒在第 j 次移动之后所处的扇形号码.考察

$$f_j = \sum_{i=1}^{n+1} (a_j^i)^2, j=1,2,3,\cdots.$$

假设在第 $j+1$ 次移动中,扇形 m 中的两个卒分别被移至 $m-1$ 和 $m+1$,则

$$f_{j+1} - f_j = (m-1)^2 + (m+1)^2 - 2m^2 = 2 > 0.$$

这说明 f_j 为严格递增函数.另一方面,根据假设 $a_j^i \leqslant n-1$,$f_j \leqslant (n-1)^2(n+1)$,因此这样的移动不可能无限进行下去,最终必将有卒移动到 x 或 y,于是 x,y 中包含卒,由 x,y 的任意性即可得出结论.

证法二 考虑相邻扇形之间的边界,如果两侧扇形中都没有卒,称其为隔离的.显然,任何移动都不会将非隔离的边界变成隔离,只需证明任何一个隔离的边界最终会变成非隔离.

假设 B 是一个边界,从 B 开始沿顺时针记下每个扇形中卒的数量,并将其写成 $n+2$ 进制中的一个数字(因为卒的总数为 $n+1$),然后将这些数字按顺时针排列成一个 n 位数($n+2$ 进制),称为 X.

在每次移动之后,要么有卒穿过 B,使得 B 变成非隔离;要么 X 的某一位减少 2 而左右相邻的两个数字各增加 1,于是 X 增大,如果始终没有卒穿过 B,那么 X 可以无限增大,但这显然是不可能的.

因此最终 B 变成非隔离,由其任意性可知所有边界都将变成非隔离,得证.

证法三 从所有扇形中划分出最少数量的互不相交的群组,其中每个群组包含 1 至 n 个相连的扇形(称为群组的长度),同一群组内不存在相邻没有卒的扇形.

如果圆盘有长度为 n 的群组,则至少一半扇形内有卒.如果只有一个群组且长度小于 n,或有两个以上群组,则群组之外的那些扇形中都没有卒.观察到以下现象:

(1)若扇形 A 属于群组 G,则任何移动后 A 仍属于 G.

(2)每个群组的长度不减少,当两个群组合并时,长度增加.

现证明每个群组的长度一定增加.设某群组长度为 k,考察

$$g_j = \sum_{i=1}^{k} 2^i b_j^i.$$

其中 b_j^i 表示按顺时针顺序第 i 个扇形在第 j 次移动后包含卒的数量.当移动扇形 m 中的两个卒时,有

$$g_{j+1} - g_j = 2^{m-1} + 2^{m+1} - 2 \cdot 2^m > 0.$$

故 g_j 严格增加,但这在 k 不变时是不可能永远保持下去的,得证.

例 4 (2005 春·初中·二试)一张规格为 10×12 的长方形白纸(不计厚度)沿单位方格之间的虚线折叠若干次之后变成单位正方形.问:按照以下方式剪一刀后,整张白纸变成多少块?(1)沿正方形对边中点的连线;(2)沿正方形相邻边中点的连线.

解 (1)不妨设长度为 12 的边沿水平方向.无论怎样折叠,水平方向的边始终沿水平方向,垂直方向的边始终沿垂直方向.如果沿水平方向剪一刀,则白纸变成 $10+1=11$ 块,沿垂直方向则变成 $12+1=13$ 块.

(2)对所有单位方格顶点进行标记:第一行为 $ABAB\cdots$,第二行为 $CDCD\cdots$,其他奇数行同第一行,偶数行同第二行.总共有 $6 \times 7 = 42$ 个 A 顶点,$6 \times 6 = 36$ 个 B 顶点,$5 \times 7 = 35$ 个 C 顶点,$5 \times 6 = 30$ 个 D 顶点.

无论将纸怎样折叠,A 顶点总落在 A 顶点上,这对于 B,C,D 也成立,因此最终得到的单位正方形中,所有 A 顶点重合在一个顶点处,所有 B 顶点重合在另一个顶点处,依次对应重合.如果裁剪的三角形部分包含 A 顶点,白纸变成 $42+1=43$ 块(每块含一个 A 顶点,另有一块不含 A 顶点);如果三角形部分包含 B,C 或 D 顶点,则白纸分别变成 37,36,31 块.

例 5 (2012 春·初中·二试)在 $n \times n$ 表格中,每格含有 $+$ 或 $-$ 号,每次允许将某一行或某一列符号全部改变.假设经过若干次变换,可以将所有格变成 $+$ 号,求证:这样的变换至多需要 n 次.

证法一 先证一个引理.

引理 表格经若干次变换后所有格变成 $+$ 号的必要条件是:任取两行、两列处于交叉位置的 4 个格中,有偶数个 $+$ 号.

引理的证明 如若不然,则存在两行、两列交叉的 4 格包含 1 个或 3 个 $+$ 号,每次变换要么不改变 $+$ 号的数量,要么增加或减少 2 个 $+$ 号.因此这 4 个格不可能全部变成 $+$ 号.

(**注** 该必要条件事实上也是充分条件,有兴趣的读者可以自行证明.)

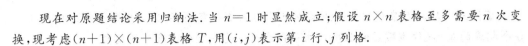

现在对原题结论采用归纳法.当 $n=1$ 时显然成立;假设 $n\times n$ 表格至多需要 n 次变换,现考虑 $(n+1)\times(n+1)$ 表格 T,用 (i,j) 表示第 i 行、j 列格.

任取带一号的格 (i_0,j_0),设 T 去掉 i_0 行及 j_0 列后剩下的 $n\times n$ 子表格为 T_1,由归纳假设,至多 n 次变换可将 T_1 全部变成十号,观察 i_0 行除 (i_0,j_0) 外所有格的符号,只能全为十号或全为一号,否则与引理中的必要条件相矛盾.同样地,j_0 列除 (i_0,j_0) 外也只能全为十号或全为一号.由于 (i_0,j_0) 为一号,i_0 行与 j_0 列两者其一全为一号,故再经过一次变换即可将 T 全部变成十号,证毕.

证法二 设 $r_i,1\leqslant i\leqslant n$,表示改变第 i 行符号;c_i 表示改变第 i 列符号.再设 kr_i 表示进行 k 次 r_i 变换,0 表示不作任何变换.

不难看出,任何变换进行 2 次等于不变换:$2r_i=2c_i=0$;任何变换与先后顺序无关.因此,如果经一系列变换后,表格全部变成十号,整个变换可表达为

$$k_1r_1+k_2r_2+\cdots+k_nr_n+l_1c_1+l_2c_2+\cdots+l_nc_n,\qquad(*)$$

其中 $k_1,\cdots,k_n,l_1,\cdots,l_n$ 取值为 0 或 1.如果在以上 $2n$ 个系数中,有不超过 n 个取 1,则结论得证;否则,有 $m\geqslant n+1$(个)为 1,注意到

$$r_1+r_2+\cdots+r_n=c_1+c_2+\cdots+c_n,\qquad(**)$$

以及 $-r_i=r_i,-c_i=c_i$ 恒等关系,$(*)$ 等价于

$$(1-k_1)r_1+(1-k_2)r_2+\cdots+(1-k_n)r_n+(1-l_1)c_1+(1-l_2)c_2+\cdots+(1-l_n)c_n,$$

其中 $1-k_1,\cdots,1-k_n,1-l_1,\cdots,1-l_n$ 中取 1 的数目为 $2n-m<n$,得证.

笔者注 第二种方法用到了代数中线性组合的基本思想.对于线性组合,我们以三维空间 $\mathbf{R}^3$ 中的向量为例,任何向量 $\langle x,y,z\rangle$ 可以由三个基本向量 $e_1=\langle1,0,0\rangle$,$e_2=\langle0,1,0\rangle$,$e_3=\langle0,0,1\rangle$ 线性地表示出来且方式唯一:

$$\langle x,y,z\rangle=xe_1+ye_2+ze_3$$

其中实数 x,y,z 视为系数,而 e_1,e_2,e_3 互相不能线性地表示,因此我们称 $\mathbf{R}^3$ 是由 e_1,e_2,e_3 生成的三维实线性空间.在线性空间中可以定义向量的加法和数乘:

$$\langle x_1,y_1,z_1\rangle+\langle x_2,y_2,z_2\rangle=\langle x_1+x_2,y_1+y_2,z_1+z_2\rangle,$$
$$k\langle x,y,z\rangle=\langle kx,ky,kz\rangle.$$

其中 k 为实数(或根据线性空间而取不同的设定).线性空间的生成元组不唯一,例如 $\mathbf{R}^3$ 也可由 $e_1,e_1+e_2,e_1+e_2+e_3$ 生成,但每组生成元的数目是相同的,均等于该线性空间的维数.

在本例中,由于一系列变换后的结果与变换的顺序无关,我们可以将每一种一系列变换记作:施行 k_1 次 r_1,k_2 次 $r_2,\cdots,k_n$ 次 r_n,l_1 次 $c_1,\cdots,l_n$ 次 c_n,并写成

$$\langle k_1,\cdots,k_n,l_1,\cdots,l_n\rangle=k_1r_1+\cdots+k_nr_n+l_1c_1+\cdots+l_nc_n.$$

由于 $2r_i=2c_i=0$,上式中每个 k_i,l_i 只取 0 或 1(这与 $\mathbf{R}^3$ 的系数为实数不同,一个类似的例子是行李箱的密码锁,每个数位拨动 10 次等于没有拨动,所以系数只取 0 到 9).

如此生成的线性空间是 $2n$ 维吗?答案是否定的,因为有 $\sum\limits_{i=1}^n r_i=\sum\limits_{i=1}^n c_i$,任取其中一个 r_i 或 c_i,可以由其他 $2n-1$ 个线性地表示,但去掉这个 r_i 或 c_i 后,剩下的 $2n-1$ 个不能互相表示,于是构成一个生成元组,因此该线性空间是 $2n-1$ 维,共有 2^{2n-1} 个向量(因为每个

维度的系数有两种,即 0 和 1).从以上分析中可以看出,所有行变换、列变换得到的不同结果的数目为 2^{2n-1} 种(与初始状态无关).

例 6　(1988 春·高中·一试)在无穷网格构成的象棋盘上,用卒摆出正方形网状:每个卒的上、下、左、右方向的第四个格子中有卒,但在附近的其他格子中没有卒,现在有一个马在空格区域移动(按照国际象棋的规则).求证:不存在这样的方法,使得马走遍没有卒的空格,且每个格只经过一次.

分析　将棋盘按黑白相间的方式染色,假设所有卒在黑格中,注意到马走的路线中黑格和白格的数目最多相差 1,但是因为大量黑格被卒占据,直观上看马应该无法走遍其余白格,为证明这一推测,我们考察一充分大的正方形区域.

证明　由分析,设 A 是棋盘中 $(4k+1)\times(4k+1)$ 区域,四个角上均有卒,k 值待定,再设 B 为 A 外面一圈宽度为 2 的区域如图所示.

在 A 中共有 $(k+1)^2$ 个黑格被卒占据,剩下 $\dfrac{(4k+1)^2+1}{2}-(k+1)^2=7k^2+2k$ 个黑格以及 $8k^2+4k$ 个白格.

另一方面,在 B 中一共有 $\dfrac{(4k+5)^2-(4k+1)^2}{2}=16k+12$ 个黑格.

如果马可以走遍 A 区域中的所有白格,那么马也同时走过同等数量的黑格,因为从 A 无法直接走到 B 的外面,这些黑格要么属于 A,要么属于 B,于是必须有 $(7k^2+2k)+(16k+12)\geqslant 8k^2+4k$.

取 $k\geqslant 15$,则上式不成立,这个矛盾说明走法不存在.

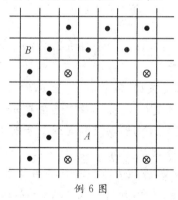

例 6 图

笔者注　1.棋盘上有 $\dfrac{1}{8}$ 比例的黑格被卒占据,在 $N\times N$ 区域中马需要走的白格数比黑格数多 c_1N^2,其中 c_1 是与 N 无关的常数;为走遍该区域,马只能利用 $(N+4)\times(N+4)$ 区域中的黑格,而这仅比原先区域多出 c_2N 个黑格,其中 c_2 是与 N 无关的常数.无论 c_1,c_2 为何值,当 N 充分大时,必有 $c_1N^2>c_2N$,这体现了有限与无穷的区别.

2.如果每个卒的上、下、左、右的第三个格子中有卒,则符合原题要求的走法是存在的,具体可参见 https://mathoverflow.net/questions/332779/knights-tour-problem,作者 Glorfindel.

例 7　(2010 秋·初中·二试)王先生邀请 n 名代表参加一次圆桌会议,每天王先生给所有代表分配入座位置.从第二天起,代表们可以在当天入座位置的基础上交换,规定:

①当前处于相邻位置的代表可以交换位置;

②如果两名相邻位置的代表在第一天的座位相邻,则他们不能交换位置;

③每天可以交换任意多次位置.

如果在某一天,代表们重现了之前某天的入座顺序(在旋转意义下等价),则会议在当天结束.问:王先生如何安排,可以使会议天数最长?

分析　设代表们为 1 号,2 号,$\cdots$,n 号,我们引入回转数的概念:当所有代表入座后,王先生沿顺时针方向绕圆桌移动,并将 1 号,2 号,$\cdots$,n 号帽子依次发给对应的代表.当 n 号代表获得帽子时,王先生绕圆桌转过的圈数即为回转数,例如代表们的入座按顺时针方向依次为 1,4,7,2,3,6,5,则回转数为 4,王先生发帽顺序为 $(1,2,3)$,$(4,5)$,(6),(7).

当某一天的入座方式确定后,回转数将不随位置的交换而改变,因此是不变量.王先生让代表们入座的回转数在前 $n-1$ 天分别为 $1,2,\cdots,n-1$,而到第 n 天时,代表们才可以重现之前某天的入座方式从而结束会议.下面我们按照这一思路完成解答.

解　王先生可以使会议维持 n 天.

将代表们按第一天的入座方式编号为 $1,2,\cdots,n$.接下来的每天中,i 和 $i+1$(包括 1 和 n)如果相邻,则不能交换位置,如分析所述,定义回转数.

①当交换位置的两数不含 1 时,不难发现王先生每圈发的帽子不变;

②当 1 与 $h(h \neq 2,n)$ 交换时,若 1 在前,发帽顺序为

$$(1,2,\cdots)\cdots(h,h+1,\cdots)\cdots.$$

而若 h 在前,发帽顺序为

$$(1,2,\cdots,h)\cdots(h+1,\cdots)\cdots.$$

其他号码不变.因此回转数不改变.

现在王先生让代表们在第 k 天($1 \leq k \leq n-1$)按 $k,k-1,\cdots,2,1,k+1,k+2,\cdots,n$ 的方式入座.由于第 k 天的回转数是 k,代表们不可能在前 $n-1$ 天重现之前某天的入座方式.在第 n 天,先让 2 号沿顺时针方向移动直到遇到 1 号或 3 号,对于后一情形,让 2 号、3 号继续沿顺时针方向移动,最终设法形成 $2,3,\cdots,h,1,\cdots$,其中 $h<n$(否则与第一天相同).再让 1 号沿逆时针方向移动,穿过 $h,h-1,\cdots,3$ 与 2 号相邻,现在设法让 3 号沿顺时针方向移动到 2 号的另一侧,类似地,如果形成 $3,4,\cdots,l,2,1$,其中 $l<n$,则令 2 号、1 号沿逆时针方向移动到与 3 号相邻的位置,继续这一过程.最后,$l=n$,形成某个第 k 天入座的方式.如图所示为 $n=6$,回转数等于 3 的一例.

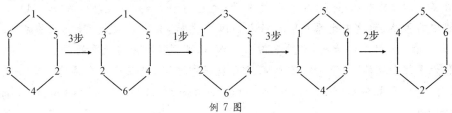

例 7 图

1 (1994春·高中·一试)10枚硬币放成一圈,起初均为正面朝上,现允许两种操作:①将任意相邻的4枚硬币翻面;②将任意相邻的5枚硬币中除中间之外的4枚翻面(即XXOXX,将4个X翻面).问:经过若干次操作,是否有可能将所有硬币都变成背面朝上?

2.(1984秋·高中·一试)某岛上有三种颜色的变色龙,其中灰色13只,棕色15只,红色17只.每当不同颜色的两只相遇时,它们同时变成第三种颜色(例如灰色和棕色的相遇,会变成两只红色的变色龙).问:是否有可能所有变色龙都变成同一种颜色?

3.(2010春·高中·一试)平面上有一线段 AB,每次将 AB 以 A 或 B 为轴,顺时针或逆时针旋转 45°.问:经过一系列旋转后,能否使 AB 回归原位,但两个端点交换位置?

4.(2000春·高中·二试)小明玩一个单人纸牌游戏.在一叠牌中,有些牌正面朝上,其余牌背面朝上.每次小明选取相邻的若干张牌(至少1张),其中首尾两张均正面朝上,然后将这些牌逐一翻面并按顺序放回原先的位置.如果所有牌均变成背面朝上,则小明输掉游戏.求证:在一段时间之后,小明必然输掉游戏.

5.(1984秋·高中·二试)在一个正十边形中考虑所有顶点以及对角线之间的交点,起初,在这些点处的赋值均为1,然后每次任选一条边或者对角线,将其中包含的所有顶点以及交点的赋值从1变成−1,如果是−1则变成1.问:经过若干次这样的变换,是否有可能使得赋值均变成−1?

6.(1990秋·初中·二试)规格为8×8棋盘的所有方格均为白色,现允许每次将其中1×3或3×1矩形部分的3个格变成相反的颜色,即白色变成黑色或黑色变成白色.问:经过若干次变换之后,是否可以将所有方格变成黑色?

7.(2001秋·初中·二试)黑板上有一行正数,小明每次选取相邻的两数,其中左边的数大于右边的数,将两数同时乘以2并交换顺序.求证:小明只能进行有限次这样的操作.

8.(1998春·初中·二试)圆桌前围坐着10名小朋友,每人面前有一把花生,花生的总数为100,当铃声响起时,每名小朋友将一半花生交给右手边的小朋友,如果为奇数则交出一半多半个,不断重复这一过程.求证:最终每人面前为10颗花生.

9.(1984春·高中·二试)一条走廊上有无穷多个房间按顺序编号为…,−3,−2,−1,0,1,2,3,….有限多名钢琴师住在其中一些房间中,每个房间的人数不限.在每一天中,都有住在 k 和 k+1 房间的两名钢琴师因为无法忍受对方练习发出的声音而搬到 k−1 和 k+2 房间.求证:经过若干天之后,不再有任何两名钢琴师住在相邻的房间中.

10.(2005春·初中·二试)将8×8棋盘按如图所示方式标号,然后放入8枚棋子,每行、每列各一枚.现在将每颗棋子移到号码更大的格中.问:是否可能仍然每行、每列各一枚棋子?

1	2	4	7	11	16	22	29
3	5	8	12	17	23	30	37
6	9	13	18	24	31	38	44
10	14	19	25	32	39	45	50
15	20	26	33	40	46	51	55
21	27	34	41	47	52	56	59
28	35	42	48	53	57	60	62
36	43	49	54	58	61	63	64

第 10 题图

11.（1987 秋·高中）正三角形被平行于各边的直线划分成全等的小正三角形. 最初, 其中一个小正三角形为黑色, 其余均为白色, 规定每次选取一条与大三角形某边平行的直线, 然后将所有与该直线相交的小三角形改变颜色. 问：通过一系列这样的操作, 能否将所有小三角形都变成白色？

12.（2009 春·高中·二试）在 10×10 棋盘中放满棋子, 然后每次选取一条含偶数枚棋子的对角线, 移除其中一枚棋子. 问：按照这样的操作, 最多可以移除多少枚棋子？

13.（1986 春·初中）一条山路上共有 1001 级台阶, 其中某些台阶上放有石块, 每级台阶最多一块. 西西弗斯①每次可以任选一块石头, 搬到当前位置之上最低级的没有石块的台阶上. 他的对手埃德每次选取相邻的两级台阶, 若其中较高的一级放有石块, 他就将石块推落到没有石块的较低的一级上. 最初, 所有 500 块石头分别位于最低级的 500 级台阶上, 西西弗斯和埃德轮流行动, 由西西弗斯先行, 他的目标是将一块石头搬到最高一级台阶上. 问：埃德能否阻止西西弗斯实现目标？

14.（2005 秋·高中·二试）黑板上最初没有任何数, 现在每次可以添加两个 1, 或将两个 n 替换成 $n-1$ 和 $n+1$. 问：至少需多少次可以让黑板上出现 2005？

15.（2014 春·初中·二试）圆周上有 10 个点, 按顺时针方向依次是 $A_1, A_2, \cdots, A_{10}$, 它们两两关于圆心对称. 最初, 在这些点处各有一只跳蚤, 每分钟有一只跳蚤从当前位置 X 跳到圆周上关于另一只跳蚤 Y 的对称点 X', 满足 $\overparen{XX'}$ 上除 Y 之外没有其他跳蚤, 假设一段时间后, 有 9 只跳蚤分别落在 $A_1, A_2, \cdots, A_9$, 而第 10 只位于 $\overparen{A_9A_{10}A_1}$ 上. 问：它是否一定落在 A_{10}？

16.（2016 春·高中·二试）白纸上最初写有字母组合 abc, 现在用红笔或蓝笔在纸上填写更多的字母组合, 最终目的是得到一个回文组合（即从左向右读和从右向左读完全相同的字母组合, 例如 $abccba$）. 规定使用红笔时每次可以在当前字母组合的开头、结尾或中间任何一处写入 abc, bca 或 cab；使用蓝笔时每次可以写入 acb, bac 或 cba. 问：

---

① 西西弗斯(Sisyphus)是希腊神话中的悲剧人物, 他因为受到众神的惩罚, 每天都要将巨石推上山顶, 但巨石过于沉重, 每次未到山顶就滚下山去, 西西弗斯不断重复, 永无止境地做这件事, 他的生命就在这无望的劳作中消耗殆尽.

(1)仅使用红笔,能否得到一个回文组合?

(2)如果同时使用红笔和蓝笔可以得到回文组合,那么两种笔的使用次数(包括最初用红笔写下 abc)是否一定相等?

　进阶试题

1.(1981 春)在平面直角坐标系的第一象限内,在由整点围成的方格组成的棋盘上玩这样的游戏:初始时在某些方格内放入棋子,如果某格内有棋子但右边和上边相邻格内没有棋子,则可以移去该格的棋子并在右边和上边格内放入棋子.

(1)如图所示,如果初始时棋盘上有 6 枚棋子位于图中阴影格内,那么经过有限步之后,是否可能使这 6 格中没有棋子?

(2)如果初始时棋盘上只有 1 枚棋子且位于左下角的阴影格内,那么(1)中的目标能否实现?

(提示:对方格进行适当的赋值.)

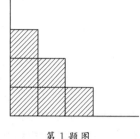

第 1 题图

2.(2012 秋·高中·二试)有 100 万名士兵站成一列,军官将他们分成 100 组,每组由若干名相邻士兵组成,人数未必相同.军官让这些组改变排列顺序,但保持每组中所有士兵的相对位置不变,当所有士兵重新站成一列后,军官以同样方式将他们重新分成 100组,再让这些组改变排列顺序并重新站成一列,并重复以上过程.

(笔者注　例如,5 名士兵分成两组时,队列可以按 12 345 → 34 512 → 51 234 → 23 451…方式变化.)

现在令第一次划分中处于第 1 组的所有士兵记录下自己首次重新回到第 1 组位置的时间.求证:最多可能有 100 种不同的记录.

3.(2015 秋·高中·二试)有 N 名身高互不相同的小朋友从左到右站成一排,老师按以下方式调整站位:先将所有人分成数量最少的若干个组,每组包含相邻的若干名小朋友(至少 1 人)且身高依次增加,然后让每组在原处按身高依次降低的顺序重新站位,以上称为一次调整.求证:经过至多 $N-1$ 次调整,所有小朋友从左到右身高依次降低.

(提示:试证明对任意 $1 \leqslant k \leqslant N$,经过至多 $N-1$ 次调整,第 k 高的小朋友将站在前 k个位置中.)

4.(2003 秋·高中·二试)在 $m \times n$ 表格的每格填入＋号或－号,如果下列操作无法将所有符号都变成＋号,则称表格是不可约的.

(1)每次可以将某一行或某一列的符号全部改变.求证:表格不可约当且仅当其包含一个不可约的 2×2 子表格.

(2)每次可以将某一行或某一对角线(位于角上的格可视为长度为 1 的对角线)的符号全部改变.求证:表格不可约当且仅当其包含一个不可约的 4×4 子表格.

第八讲 存在性问题

证明或者反证存在具有某种结构特征的状态,是组合数学中的一类典型问题.解决这类问题,常用以下方法:染色法(例1)、不变量、算两次、反证法(例2)、抽屉原理(例3)、分析法(例4)、归纳法(例5)、极端原理(例6)等.需要注意的是,大多数较难的题目一般需综合运用各种方法,但必须先透过现象看出本质,再考虑用合适的方法去解决问题.

 典型例题

例1 (2001春•初中•一试)在 15×15 棋盘上有 15 个马,每行及每列各有一个,现将每个马移动一步.求证:存在某一行或某一列包含至少两个马.

证明 将棋盘上的方格按黑白相间的方式染色,设第 1 行、第 1 列为黑格,于是第 i 行、第 j 列为黑格当且仅当 $i+j$ 为偶数.

由于 15 个马恰好每行每列各一个,它们所在方格的行、列数之和为 $2 \times (1+2+\cdots+15)=240$,因此其中白格的数目必为偶数,黑格的数目为奇数.

现在每个马移动一步后,白格的数目变成奇数而黑格的数目变成偶数,此时它们所在的行、列不可能恰好为 1 至 15,结论得证.

例2 (1987秋•初中)将 2000 个苹果放在若干个篮子里.求证:可以从某些篮子中去掉若干个苹果,再去掉若干个篮子,使得剩下的每个篮子里有同样多的苹果,且苹果总数不少于 100.

证明 用反证法,假设无法做到.那么含有至少 1 个苹果的篮子至多有 99 个,含有至少 2 个苹果的篮子至多有 49 个,一般地,含有 k 个苹果的篮子至多有 $\left\lceil \dfrac{100}{k} \right\rceil - 1$ 个,其中 $\lceil x \rceil$ 表示不小于 x 的最小整数.于是原先苹果总数不超过

$$S = (99-49) \times 1 + (49-33) \times 2 + \cdots + (2-1) \times 49 + (1-0) \times 99 < 2000.$$

这个矛盾说明题目结论成立.

笔者注 如果我们要求剩下的苹果总数不少于 n,就必须有

$$S_n = \sum_{i=1}^{n} \left(\left\lceil \frac{n}{i} \right\rceil - 1 \right) < 2000.$$

采用积分的方法,可以得到更佳的估计:

$$S_n < \sum_{i=1}^{n} \frac{n}{i} < n\left(1 + \int_1^n \frac{1}{x} \mathrm{d}x\right) = n(1+\ln n).$$

本题中 n 可以达到 290.

例 3 （1983 春·初中·二试）求证：在任何给定的 17 个互不相同的正整数中，一定可以选出其中 5 个，使得要么这 5 个数两两互质，要么每两个数之间的较大者均可被较小者整除.

证明 将 17 个数从小到大排列，然后按如下方式给每个数编号：第一个数编号为 1，以后每个数如果不能被前面任何的数整除，则编号为 1；如果被至少一个前面的数整除，且这些数中编号最大的为 k，则将该数编号为 $k+1$.

根据抽屉原理，在 17 个数中要么出现编号为 5 的数，要么所有数的编号均不超过 4. 如果为后者，则存在某个编号至少对应 5 个数，这些数两两互质；否则，编号为 5 的数被前面某个编号为 4 的数整除，而这个数又被之前某个编号为 3 的数整除，等等.

故可以选出编号为 1 至 5 的数，满足第二个条件. 证毕.

例 4 （2009 秋·初中·二试）小明用 1000 块单位立方体拼出 $10 \times 10 \times 10$ 大立方体 V. 每块单位立方体相对的两面颜色相同，三组分别为红、蓝、白；在 V 中处于相邻位置的单位立方体，其接触面的颜色相同. 求证：V 包含两个面，其中的颜色全部相同.

证明 我们用坐标 (x, y, z)，$1 \leq x, y, z \leq 10$，代表每个单位立方体. 对于 (x_0, y_0, z_0)，其所在的 x 列指的是 10 个立方体 (i, y_0, z_0)，$1 \leq i \leq 10$.

类似地，可以定义其所在的 y 列或 z 列. 此外，假设观察者从 y 轴负方向向正方向看，则"右边"指 x 轴正方向，"下边"指 z 轴负方向，等等.

如图①所示，不妨设 $(1,1,1)$ 左、右面为红色，前、后面为蓝色，上、下面为白色. 不难看出，$(1,1,1)$ 的 x 列左、右面均为红色，y 列前、后面均为蓝色，z 列上、下面均为白色. 我们称 $(1,1,1)$ 的 x 列为红色，其 y 列为蓝色，等等. 其他立方体的 x, y, z 列具有类似的特征.

考察 $(1,1,1)$ 的 x 列前、后面颜色，有两种情况.

（ⅰ）不全为蓝色，设 $(i,1,1)$ 前、后面为白色，则其 z 列为蓝色，且其中每个立方体 $(i, 1, k)$ 的 x 列必为红色（若为白色，$(1,1,k)$ 上、下、左、右面均为白色，矛盾），故 $(i,1,1)$ 的 z 列前、后面为白色，类似可证每个 $(j,1,1)$ 的 z 列前、后面为蓝色或白色，于是 V 的前面为若干条竖向的蓝色或白色带状，如图②所示.

我们断言 V 的左面、右面每个 1×1 面的颜色均为红色. 如若不然，设 $(10, y, z)$ 右面为蓝色或白色，则 $(1, y, z)$ 右面为蓝色或 (i, y, z) 右面为白色，分别与 $(1, y, z)$ 前面为蓝色以及 (i, y, z) 前面为白色相矛盾，断言得证.

（ⅱ）全部为蓝色，再考察 $(1,1,1)$ 的 z 列，若不全为蓝色，则类似（ⅰ）中的推理可知 V 的前面为若干条横向的蓝色或白色带状，于是 V 的上面、下面每个 1×1 面均为红色. 若 z 列前、后面均为蓝色，则每个 $(x,1,z)$ 的 x 列为红色，z 列为白色，故 V 的前面、后面每个 1×1 面均为蓝色.

综上分析，结论得证.

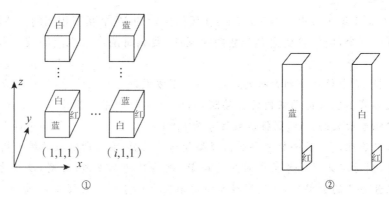

例 4 图

例 5 (1986 秋·初中)将 8×8 棋盘每格染成蓝色或红色.求证:存在至少一种颜色,皇后从该色的任何一格前往另一格,途中不需要落在另一颜色格中.

证法一 我们将证明题目结论对任何 $8 \times n$ 棋盘均成立,对 n 采用归纳法.当 $n=1$ 时,题目结论显然成立,假设结论对 $8 \times n$ 棋盘成立;现考察 $8 \times (n+1)$ 棋盘,如果 x 色格满足条件,则称棋盘为 x 色连通.

设棋盘第一列为 L,右边 $8 \times n$ 部分为 B.由归纳假设,不妨设 B 为蓝色连通.若 L 全为红色,则棋盘为红色连通,得证;否则设 $s \in L$ 为蓝色.如果 s 所在行中还有蓝格,那么皇后可通过该行以及 s 前往 L 中其他蓝格,得证.因此我们假设 s 所在行的其他格为红色,于是 B 亦为红色连通,根据同样的推理可知 L 中红格所在行的其他格为蓝色.

在 L 中取相邻异色格 a,b,于是 a 右侧 c 格与 b 同色,皇后可通过 c 以及 b 前往 L 列,该色连通,证毕.

证法二 设 (i,j) 为第 i 行、第 j 列格.注意到若任何一行或一列为同色,则棋盘对于该颜色连通,以下假设每行、每列均包含红格和蓝格.

先沿行的顺序推测棋盘为红色连通,如若不然,则存在 i 使得皇后无法从第 i 行前往第 $i+1$ 行.再沿列的顺序推测棋盘为蓝色连通,如若不然,则存在 j 使得皇后无法从第 j 列前往第 $j+1$ 列.观察 (i,j),$(i+1,j)$ 及 $(i+1,j+1)$ 三格,其中必有两格为同色,说明必有一个假设不成立.该矛盾就说明棋盘对某一颜色是连通的.

例 6 (2011 秋·高中·二试)圆周上的 100 个红点将圆周分成长度为 $1,2,\cdots,100$ 的弧(以任意顺序排列).求证:总可以找到两条相互垂直的弦,弦的端点均为红点.

分析 考察以红点为端点的弦或者弧.如果弦 AB 为直径,任取红点 C 均有 $AC \perp BC$.否则根据圆内角、圆外角公式,需找到两段弧 $\overset{\frown}{AB},\overset{\frown}{CD}$ 满足 $\overset{\frown}{AB}+\overset{\frown}{CD}=180°$.

如果两者没有重叠部分,则 $AC \perp BD$,如图①所示;

如果一弧落在另一弧中,则 $AD \perp BC$,如图②所示.

由于弧长 $1,2,\cdots,100$ 涵盖了 100 以内的所有整数值,我们应当考虑那些非常接近半圆的弧并试图在这些弧和短弧之间建立配对.

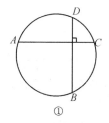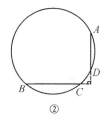

例 6 图

证明　圆周长等于 $1+2+\cdots+100=5050$. 如果存在两个红点关于圆心对称,则任取第三个红点与这两点相连所得的弦相互垂直.以下假设任何弦(均指以红点为端点)不为直径.

如果点 A,B 之间没有其他红点,则称 $\overset{\frown}{AB}$ 为"基本弧";如果点 C,D 之间有其他红点且 $\overset{\frown}{CD}<180°$,则称 $\overset{\frown}{CD}$ 为"复合弧".

对于每一红点 P,考察以 P 为端点的最长的复合弧,有两种情形:

(i)有两个长度为 $2525-x,x\leqslant 50$ 的复合弧.于是在这两个复合弧之外的长度为 $2x$ 的弧上没有红点,因此长度为 x 的基本弧一定落在其中一个复合弧之外.

如果基本弧与复合弧没有公共端点,则由图①方式可得到相互垂直的弦;如果基本弧以 P 为端点,则另一端点关于圆心的对称点为复合弧的端点,与假设不符.

(ii)对每一红点 P,均有唯一的最长复合弧,由于每个红点至多可作为两条最长复合弧的端点,而这些最长复合弧的总数至少为 50,且长度在 2476 与 2524 之间(不可能为 2475,否则在另一侧亦为 2475,于是情形(i)发生),共 49 种,故存在 $x,1\leqslant x\leqslant 49$,有两条长度为 $2525-x$ 的最长复合弧.

如果长度为 x 的基本弧与其没有公共端点,则得到图①或图②.否则,唯一的特殊情况是 $\overset{\frown}{P_1Q_1},\overset{\frown}{P_2Q_2}$ 的长度为 $2525-x$,而 $\overset{\frown}{P_1P_2}$ 长度为 x,如图③所示,此时 $\overset{\frown}{P_1Q_2}$ 与 $\overset{\frown}{P_2Q_1}$ 长度均为 $2525-2x$,长度为 $2x\leqslant 98$ 的基本弧处于其中一条之外且没有公共端点(因 $\overset{\frown}{P_1P_2}$ 及 $\overset{\frown}{Q_1Q_2}$ 上没有其他红点),按图①方式可得到相互垂直的弦.

综上所述,结论得证.

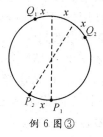

例 6 图③

1. (2013 秋·高中·一试)在 8×8 棋盘上有 8 个车,任何 2 个车不在相互攻击的位置.求证:总可以将每个车按马的方式移动一步(允许落在当前有车的位置),使得任何 2 个车仍然不在相互攻击的位置.

2. (1982 秋·初中)(1)将圆周的十等分点两两相连形成 5 条弦.问:是否一定有 2 条弦的长度相等?

(2)将圆周的二十等分点两两相连形成 10 条弦.问:是否一定有 2 条弦的长度相等?

3. (1998 秋·高中·一试)在 8×8 棋盘中,有 n 个格被染成红色.求证:

(1)当 $n=11$ 时,一定可以选取两个红格,使得马从其中一格到另一格至少需移动 3 次.

(2)当 $n=10$ 时,(1)中结论仍然成立.(**笔者注:**原题中没有此问,系由笔者提出.)

(3)当 $n=9$ 时,(1)中结论不成立.

4. (2013 春·初中·二试)在 19×19 棋盘中放入一些棋子.问:是否有可能每个 10×10 区域包含的棋子数目各不相同?

5. (2001 春·初中·二试)在 8×8 象棋盘上有一个黑卒和一个白卒,每个卒每次可以横向或纵向移动一格,我们希望构造一种移动的方式,使得这一对卒在棋盘上的每一种位置状态都恰好出现一次.问:

(1)如果两个卒必须交替移动,那么目标能否实现?

(2)如果两个卒不需要交替移动,那么目标能否实现?

6. (1983 秋·初中)在 $N×N$ 棋盘上摆放 N^2 个马.问:在下列情况下,是否可以重新摆放这些马,使得原先处于互相攻击状态的马均位于有公共点的相邻格中?(1)$N=3$;(2)$N=8$.

7. (2014 秋·初中·二试)环形公路旁等距分布着 25 个岗哨,每个岗哨里有一名警察,警察的肩章号码从 1 至 25 各不相同.现在令这些警察换岗,使得每个岗哨里仍为一名警察,且沿公路的顺时针方向从某岗哨开始,警察的肩章号码依次为 1,2,…,25.如果警察们移动的总距离为所有移动方式中的最小者,求证:必有一名警察没有移动位置.

8. (2013 春·高中·二试)在圆周上写下 1,2,…,100 共 100 个数,使得任何相邻数之差不少于 30,不多于 50.问:这是否可以做到?

9. (1999 春·初中·二试)圆盘被 n 条直径等分成 $2n$ 个扇形区域,现在将其中 n 个扇形涂成蓝色,并从某一个开始按逆时针方向依次标记为 $b_1,b_2,…,b_n$;再将其余 n 个扇形涂成红色,并从某一个开始按顺时针方向依次标记为 $r_1,r_2,…,r_n$.求证:存在一条直径,其分出的每个半圆中,扇形的标号包括 1 到 n.

10. (1985 春·初中·二试)某班级 32 名学生共分成 33 个兴趣小组,每组 3 人且任何 2 个小组的成员不完全相同.求证:存在 2 个小组,它们恰好有 1 名公共成员.

11. (2017 春·初中·二试)在 1×n 棋盘上有一枚棋子,每次可以向左或向右跳 8,9 或 10 格,试找出一个 $n≥50$,使得无论从哪里出发,该棋子均无法走遍整个棋盘且每格恰好经过一次.

12. (2009 春·初中·二试)城堡的周围一圈有 9 座塔,在夜间由若干名武士把守,每当整点的钟声响起,每名武士均移动到下一座塔,且移动的方向(顺时针或逆时针)始终不变.已知:

①在整个夜晚,每名武士都把守过每一座塔;

②在某一小时中,每座塔被至少 2 名武士把守;

③在某一小时中,恰好有 5 座塔各由 1 名武士把守.

求证:在某一小时中,有一座塔无人把守.

13. (1988 春·高中·二试)用 2000 块规格为 $2 \times 2 \times 1$ 的砖块拼成 $20 \times 20 \times 20$ 的立方体.求证:在立方体的某个面上,存在这样一个位置,将一根针(忽略其直径)从该处垂直插入,则针可以刺穿立方体但不戳破任何一块砖块.

14. (1989 春·高中·二试)现有 101 个矩形,每个矩形的长、宽均为整数且不超过 100.求证:在这些矩形中存在 3 个矩形 A,B,C,使得 A 可以置入 B,B 可以置入 C.

15. (2010 春·高中·二试)有 5000 名电影爱好者参加一次大会,每人都看过至少一场电影.现将这些爱好者分成若干个讨论组,每组中要么所有组员都看过同一部电影,要么每名组员看过一部同组其他人都没看过的电影.特别地,任何人可以单独组成一个讨论组.求证:存在一种划分的方式使得讨论组的总数为 100.

16. (2011 秋·初中·二试)正 45 边形的每个顶点都染成红、黄、蓝三色之一,每种颜色的顶点各有 15 个.求证:总可以选出每种颜色各 3 个顶点,使得由这 3 组同色顶点构成的 3 个三角形互相全等.

17. (2007 秋·初中·二试)小明将英文字母表中的每个字母对应于一个含有该字母的英文单词(至少包含一个字母),然后他按照以下顺序生成文件:第 0 份文件仅包含字母 a,第 1 份文件仅包含字母 a 对应的单词,以后第 n 份文件中每个字母被替换成其对应的单词,从而生成第 $n+1$ 份文件.假设第 40 份文件开头部分为 "till whatsoever star that guides my moving…".求证:这一部分将在该文件的后面再次出现.

 进阶试题

1. (1999 秋·高中·二试)(1)将 $1,2,\cdots,100$ 分成两组,每组中所有数之和相等.求证:可以从每组中去掉两个数,使得每组中剩下的所有数之和仍然相等.

(2)将(1)中的 100 改成 $n,n>4$.问:结论是否一定成立?

(提示:如果其中一组包含 x 与 y,另一组包含 $x-1$ 与 $y+1$,则分别去掉 $x,y,x-1$,$y+1$ 后,每组数之和仍然相等.)

2. (1983 春·高中·二试)对正 n 边形的 k 个顶点进行染色,如果对于任意正整数 m,都有:如果 M_1 是正 n 边形中 m 个相邻的顶点,M_2 是另外 m 个相邻的顶点(M_1 和 M_2 可以有重叠的部分),则 M_1 和 M_2 中染色点的个数至多相差 1,我们就称该染色方案为"几乎均匀的".求证:对任何正整数对 (k,n),$k \leqslant n$,都存在几乎均匀的染色方案,且在旋转等价的意义下,该方案唯一.

3.（2012 春·高中·二试）起初,桌上有一堆石子,总共有 100 枚.小明每次将其中一堆石子分成两堆,直到所有石子被分成 100 堆,每堆 1 枚.求证:

(1)总有某一时刻,其中 30 堆共包含恰好 60 枚石子;

(2)总有某一时刻,其中 20 堆共包含恰好 60 枚石子;

(3)存在一种分法,使得任何时刻都没有 19 堆共包含恰好 60 枚石子.

(提示:如果有 k 堆共包含 $2k+20$ 枚石子,则称为"好组合".试证明某一时刻存在 $k=20$ 的好组合.)

4.（1993 春·高中·二试）在一本植物指南中,每种植物由 100 种特征所刻画,每种特征表现为"有"或"无".如果两种植物在 51 种或更多的特征中表现不同,那么就说两者是相异的.

(1)求证:在这本指南中不可能存在超过 50 种两两相异的植物.

(2)问:是否可能有 50 种两两相异的植物?

5.（1996 秋·高中·二试）数学彩票印有从 1 至 100 共 100 个号码,每注选择 10 个号码,开奖时公布 10 个号码,如果投注不包含任何公布的号码,则视为中奖.求证:

(1)如果投 13 注,则存在策略保证出现中奖注.

(2)如果投 12 注,则不能保证中奖.

(提示:考虑一个简化版问题:30 个号码,公布 3 个号码,投 6 注能保证出现中奖注.)

6.（2005 春·高中·二试）在三维空间中的 200 个点之间两两连线,任何线段的内点均不与其他线段相交,每条线段(不含端点)被染成 k 种颜色中的一种.现在小明打算用这 k 种颜色再对 200 个顶点进行染色,使得任何一条线段的两个端点的颜色不同时为线段内点的颜色.问:在下列情况中,小明的计划一定可以实现吗?(1) $k=7$;(2) $k=10$.

第九讲 操作与对策

我们小时候都听过狼、羊跟白菜过河的问题.为了避免狼吃掉羊,或羊吃掉白菜,关键的操作是第一步,船夫只能带羊过河,而在岸上留下狼跟白菜.有一个相对复杂很多的问题:在一座洞穴的大门上,有沿着圆周等距分布的四个孔,每个孔里有一个开关,阿里巴巴每次选两个孔,相邻或相对,伸手摸到里面的开关,他可以保持或改变任意开关的状态,操作之后,如果开关的状态全为"开"或全为"关",则大门打开,否则所有开关将沿圆周快速旋转然后停在新的位置.阿里巴巴无法预知每次摸到的是哪两个开关,问:他能否保证在有限次操作后打开大门?

如果说过河问题的诀窍在于第一步,那么阿里巴巴开门问题的诀窍在于最后一步,请读者思考.更复杂的情况,请看进阶试题7.

像以上这类涉及操作、变换的问题在组合题目中占有相当大的比例,这一专题也是环球城市数学竞赛的一大特色.为方便学习、借鉴,笔者将其核心部分分成不变量、存在性问题、操作与对策三讲,本讲侧重于目标实现过程中的操作方法.

解决操作类问题,除常见的递推法、归纳法、调整法、不变量、极值原理等,还有整体分析(如例4,6)、图论(如进阶试题4)等辅助手段.此外,正如前面的两个例子,从某些开局和终局的分析中,也可能找出有价值的线索.

典型例题

例1 (2017春·初中·一试)有100名身高各不相同的学生站成一排,每次挑选其中50名相邻的学生,让他们以某种顺序重新排列在原来的区间中.求证:经过6次这样的重排,可以将所有学生排列成从左到右身高依次递减的顺序.

证明 设这些学生的身高为1到100.第一次,令从左边数第1至50名学生按照从高到矮的顺序(下同)排列;第二次,重排第51至100名学生;第三次,重排第26至75名学生;第四至第六次将前三次重排重复一遍即可.

如果学生x的身高为$1 \leqslant x \leqslant 25$,则第三次重排后$x$处于第51至100位,于是经过第五次重排可以恰好站在第$101-x$位.

同理可证当$76 \leqslant x \leqslant 100$,第四次重排后$x$处于第$101-x$位.

最后,若$26 \leqslant x \leqslant 75$,则第六次重排可以将其移至正确位置.

例 2　(2011 秋·高中·二试)对于一个正整数,如果其十进制表示中每一位均为非零,则称这个正整数是"好数";如果它至少有 k 位,且所有数字都从左到右严格递增,则称这个好数是"特殊数".起初,黑板上有一个好数,每次允许在当前数的左边、右边或任意两个相邻数字之间写入一个特殊数;或者在当前数中擦去一个特殊数(必须由相邻的若干数字组成).求最大的 k,使得经过有限次操作之后,黑板上的好数可以变成任何其他好数.

解　最大的 $k=8$.

显然若 $k=9$,唯一的特殊数是 123456789,增删这个数并没有实质改变.当 $k=8$ 时,我们将证明,经过一系列操作后,可以在当前数的任何位置增加或去掉任何一个 $1\sim9$ 的数字,从而可以将黑板上的好数变成任何其他好数.

由于所有操作均为可逆的,只需给出增加数字 $1\sim9$ 的操作步骤.

①增加 1 或 9:先写入 123456789,再擦去 23456789 或 12345678 即可.

②增加 2:先写入 23456789,再在 2 和 3 之间增加 1,最后擦去 13456789.

③增加 8:先写入 12345678,再在 7 和 8 之间增加 9,最后擦去 12345679.

④增加 3:先写入 23456789,去掉 2,在 3 和 4 之间增加 1,2,最后擦去 12456789.

⑤增加 7:先写入 12345678,去掉 8,在 6 和 7 之间增加 8,9,最后擦去 12345689.

⑥增加 4:先写入 23456789,去掉 2,3,在 4 和 5 之间增加 1,2,3,最后擦去 12356789.

⑦增加 6:先写入 12345678,去掉 7,8,在 5 和 6 之间增加 7,8,9,最后擦去 12345789.

⑧增加 5:先写入 23456789,去掉 2,3,4,在 5 和 6 之间增加 1,2,3,4,最后擦去 12346789.

例 3　(2002 秋·高中·二试)设 n,k 为正整数,在一堆卡片的每一张上写有 $1,2,\cdots,n$ 中的一个数,所有卡片上的数之和为 $k\cdot(n!)$.求证:可以将这堆卡片分成 k 组,每组卡片上的数之和为 $n!$.

证明　我们对 n 采用归纳法,当 $n=1$ 时结论显然成立;假设 $n-1$ 时结论成立,即:每张卡片数字取自 1 至 $n-1$,总和为 $k\cdot(n-1)!$,可以分成 k 组使得每组卡片数字之和为 $(n-1)!$.现考虑 n 的情况.

设想这些卡片可以被装入若干袋子,每袋数字之和取自 $n,2n,\cdots,(n-1)n$ 这些 n 的倍数,再将和除以 n 的商标记在袋子上,那么我们就完全可以将每个袋子看作一张新卡片,每张写有 $1,2,\cdots,n-1$ 中的一个数(即袋子上的标记),总和为 $k\cdot(n-1)!$.由归纳假设可分成 k 组,每组的和为 $(n-1)!$,最后倒出袋中卡片,每组卡片的数字之和即为 $n!$.

下面证明所有卡片可以按上述方式装袋.任取 n 张卡片设数字为 $a_1,a_2,\cdots,a_n$.对 $1\leqslant m\leqslant n$,令 $b_m=a_1+a_2+\cdots+a_m$.如果存在 m 满足 $b_m\equiv0(\bmod\ n)$,则取最小的 m 值并将 a_1 至 a_m 装袋,有 $n\leqslant b_m\leqslant(n-1)n$.否则,$b_1,b_2,\cdots,b_n$ 除以 n 的余数取自 $1,2,\cdots,n-1$,由抽屉原理可知,必存在 $1\leqslant i<j\leqslant n,b_i\equiv b_j(\bmod\ n)$,于是,

$$a_{i+1}+a_{i+2}+\cdots+a_j\equiv0(\bmod\ n).$$

将以上 $j-i$ 张卡片装袋,继续这一过程直到最后剩下不超过 n 张卡片,其数字之和为 n 的倍数且不超过 $(n-1)n$,全部装入一袋即可,得证.

例 4 （2003 春·高中·二试）在 4×4 表格中,每格标记＋号或－号,选取其中一格,改变该格以及所有相邻格(具有公共边)的标号,以上称为一次操作.问:通过这样的操作,一共可以得到多少种不同的表格?

解 一共可以得到 2^{12} 种不同的表格.

所有不同的表格的总数为 2^{16}.从一种表格开始,我们把它经过一系列操作可以得到的所有表格看成一个轨道.同一轨道中的表格之间经操作可相互转化,不同轨道中的表格不能相互转化,因此不同轨道之间没有交集.如果一系列操作 f 将表格 A 变成 B,$f(A) = B \neq A$,则在另一轨道中同样有 $f(C) = D \neq C$,因此每个轨道中的表格数目相同,若轨道个数为 d,则每个轨道含有 $\dfrac{2^{16}}{d}$ 种表格.

对于任何一种表格,总可以经过一系列操作使得前三行所有格为＋号:从左到右先处理第一行,再处理第二行、第三行.于是得到一个只有第四行可能出现－号的表格,称为"代表格",共有 $2^4 = 16$ 种代表格.

假设两种代表格最左边格的标记不同.观察图①中带圆圈的 8 个格,任何操作均会改变其中偶数个格的标记,因此如果改变代表格左下角的标记,必有前三行中的标记相应改变,于是它不再是代表格.这说明两种代表格不在同一轨道.

类似地,假设两种代表格左边第二格的标记不同.观察图②可知两者之间无法转化,因此处于不同的轨道.对于右边第一格、第二格,只需观察以上两图关于中间竖线作的对称图即可得到同样结论.

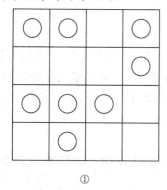

①

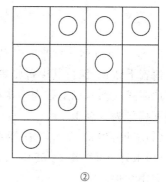

②

例 4 图

综上所述,16 种代表格均不能相互转化,而其他每一种表格可由这些代表格之一变成,故总共有 16 个轨道,每个轨道含 2^{12} 种表格.

笔者注 对任何一格操作两次等同于不操作;一系列操作的结果与顺序无关.因此任何一系列操作都对应于表格的某子集 S,对 S 的每一格操作一次,这样的子集共有 2^{16} 个.用线性空间的思想(请阅读第七讲例 5 之后的讨论),设 $e_i (1 \leqslant i \leqslant 16)$ 表示对第 i 格操作一次,则任何一系列操作都可以表示为

$$\sum_{i=1}^{16} k_i e_i, k_i = 0 \text{ 或 } 1.$$

而图①②说明

$$v_1 = e_1 + e_2 + e_4 + e_8 + e_9 + e_{10} + e_{11} + e_{14} = 0,$$

$$v_2 = e_2 + e_3 + e_4 + e_5 + e_7 + e_9 + e_{10} + e_{13} = 0.$$

此外,图③④可类似定义 $v_3 = v_4 = 0$. 任何一系列操作如果等价于不操作,则均可以表示为

$$\sum_{i=1}^{4} k_i v_i, \quad k_i = 0 \text{ 或 } 1.$$

(请读者写出 v_3, v_4 并自证上式等于 0 当且仅当 $k_1 = k_2 = k_3 = k_4 = 0$.) 该线性空间被称为零空间,维数为 4. 将所有得到的表格看成象空间,维数为 12,所有的操作也可看成由 e_1 至 e_{16} 生成的空间,维数为 16,直观上说在 16 个维度中,有 4 个维度变成 0,剩下的 12 个维度保持在象中,因此有 $4 + 12 = 16$,即

零空间的维数＋象空间的维数＝变换所构成空间的维数.

这就是线性代数中著名的秩—零化度定理.

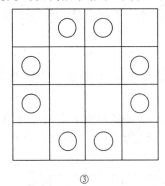
③

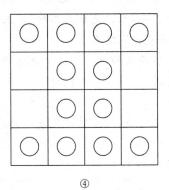
④

例 4 图

例 5 (1990秋・初中・二试)一叠牌共有 n 张,从上到下编号为 1 至 n. 现从中抽取相邻的若干张牌,保持其中每张牌的相对位置,再插回这叠牌中(可以是两张牌之间、牌堆的顶部或底部),以上称为一次操作. 我们的目标是经过若干次操作,将这叠牌变成从上到下编号为 n 至 1.

(1)求证:当 $n = 9$ 时,5 次操作可以实现目标.

(2)求证:(ⅰ)当 $n = 52$ 时,27 次操作可以实现;(ⅱ)17 次操作无法实现;(ⅲ)26 次操作无法实现.

证明 (1)两种操作方法如下.

[1] $\quad$ 1 $*$ 2 3 4 5 (6 7) 8 9 $\qquad$ 1 $*$ 2 3 4 5 (6 7 8 9)

[2] $\quad$ 1 6 $*$ 7 2 3 4 (5 8) 9 $\qquad$ $*$ 1 6 7 8 (9 2) 3 4 5

[3] $\quad$ 1 6 5 $*$ 8 7 2 3 (4 9) $\qquad$ 9 $*$ 2 1 6 7 (8 3) 4 5

[4] $\quad$ (1 6 5 4) 9 8 7 2 $*$ 3 $\qquad$ 9 8 $*$ 3 2 1 6 (7 4) 5

[5] $\quad$ 9 8 7 (2 1) 6 5 4 3 $*$ $\qquad$ 9 8 7 $*$ 4 3 2 1 (6 5)

(2)(ⅰ)一般地,当 $n = 2k$ 或 $2k + 1$ 时,$k + 1$ 次操作可以实现目标,设 $n = 2k + 1$. 对于 $n = 2k$,忽略第 $2k + 1$ 张牌即可.

使用(1)中第一种方法:

[1]　　　1　＊　2　3…(k＋2　k＋3)…2k＋1

[2]　　　1　k＋2　＊　k＋3　2　3…(k＋1　k＋4)…2k＋1

[3]　　　1　k＋2　k＋1　＊　k＋4　k＋3　2…(k　k＋5)…2k＋1

　　　　　　…　　　　　…

[k−1]　　1　k＋2　k＋1…5　＊　2k　2k−1…2　3　(4　2k＋1)

[k]　　　(1　k＋2　k＋1…5　4)2k＋1　2k　2k−1…2　＊　3

[k＋1]　　2k＋1　2k　2k−1…(2　1)　k＋2　k＋1…5　4　3　＊

使用(1)中第二种方法：

[1]　　　1　＊　2　3…　…k＋1　(k＋2　…　…　2k＋1)

[2]　　　＊　1　k＋2…　…2k　(2k＋1　2)　3…　k＋1

[3]　　　2k＋1　＊　2　1　k＋2　…　2k−1　(2k　3)　4　…　k＋1

　　　　　　…　　　　　…

[k]　　　2k＋1　2k　…　k＋4　＊　k−1　…　k＋2　(k＋3　k)　k＋1

[k＋1]　　2k＋1　2k　…　k＋3　＊　k　k−1　…　2　1　(k＋2　k＋1)

（ⅱ）我们引入"错序"的概念：如果上边的编号小于下边，则称相邻的两张牌为错序.当 $n=52$ 时，起初有 51 个错序，最终要变成 0 个错序，因此需要减少 51 个错序.每次抽取若干张牌，至多可以减少 2 个错序；再插回牌堆，至多可以减少 1 个错序.故每次操作最多减少 3 个错序，需操作至少 17 次.

但第一次操作只能减少 1 个错序：如果从中间抽牌，可以减少 2 个错序，但其前后两张牌形成 1 个错序；如果从顶部或底部抽牌，则只能减少 1 个错序.因此 17 次操作无法减少 51 个错序，无法实现目标.

（ⅲ）借用（ⅱ）中"错序"的概念，我们进一步证明，每次操作最多减少 2 个错序，且第一次及最后一次操作仅减少 1 个错序，故 $n=2k$ 或 $2k＋1$ 时至少需 $k＋1$ 次操作.

假设某次操作减少 3 个错序，则其必从中间抽牌并减少 2 个错序，然后插回中间并减少 1 个错序，不妨设这次操作为

$$\cdots a(b\cdots c)d\cdots e\ \ast f\cdots.$$

由抽牌减少 2 个错序可知 $a<b,c<d,a>d$，故 $b>c$，由插牌减少 1 个错序可知 $e>b$，$c>f,e<f$，故 $b<c$，矛盾，说明每次操作只能减少 2 个错序.

再考察第一次操作：若从牌堆顶部或底部抽牌，则减少 1 个错序；若从牌堆中间抽牌，则减少 2 个但增加 1 个错序.若插回牌堆顶部或底部，错序数目不变；若插回中间，则减少 1 个但又增加 1 个错序.总之，第一次操作仅能减少 1 个错序.类似可证最后一次操作（可视为从 n 到 1 开始的操作的逆操作）亦只能减少 1 个错序.因此需要 $k＋1$ 次操作才能减少 $2k−1$ 或 $2k$ 个错序.令 $k=26$ 即可.

例 6　(2018 春·高中·二试)在 10×10 表格中写有 100 个互不相同的实数(每格含 1 个数).任取一个四边与表格平行的矩形区域,将其中每格的数与关于矩形中心对称的格的数交换(可以看成绕矩形中心旋转 180°),以上称为一次变换.问:至多 99 次变换之后,能否保证每行中的数从左到右递增,每列中的数从下到上递增?

分析　先将表格中的最小数移至左下角并固定,接下来每次将尚未固定的最小数换到表格的左下部分.为了保证已经固定的格子不受影响,需令这些格呈阶梯形分布.由于每次固定至少一格,经 99 次变换后右上角为剩下的最大数,从而实现目标.

解　可以做到.将表格从下到上记为第 $1, 2, \cdots, 10$ 行,从左到右记为第 $1, 2, \cdots, 10$ 列, $a_{i,j}$ 表示第 i 行、第 j 列格子.

第一步,如果最小数不在 $a_{1,1}$ 中,设位于 $a_{i,j}$,则对以 $a_{1,1}$ 和 $a_{i,j}$ 为对角的矩形进行变换,于是最小数被换到 $a_{1,1}$,将 $a_{1,1}$ 染成绿色.再按如下方式进行变换:

选取所有非绿色格中的最小数,设位于 $a_{p,q}$.如果 $a_{p,q}$ 的下面、左面相邻均为绿色格或表格的边界,则不作任何操作,将 $a_{p,q}$ 直接染成绿色.否则,设第 q 列最下面一个非绿色格在第 p' 行, $p' \leqslant p$,第 p' 行最左面一个非绿色格在第 q' 列, $q' \leqslant q$.选以 $a_{p',q}$ 和 $a_{p,q}$ 为对角的矩形进行变换,于是当前最小数被换到 $a_{p',q'}$.将 $a_{p',q'}$ 染成绿色.重复以上过程.

在任何时刻,绿色格满足以下性质:

①每当一格被染成绿色时,其包含的数小于所有非绿色格的数.

②绿色格的左下方均为绿色格,每行绿色格中的数从左到右递增,每列绿色格中的数从下到上递增.

我们用归纳法证明以上性质.当绿色格数量 $n = 1$ 时,最小数在左下角,成立.假设数量为 n 时成立,现考虑新染成绿色的 $a_{i,j}$.由选取的方式可知 $a_{i,j}$ 包含的数小于所有非绿色格的数,①成立.对于②,如果存在 $a_{i',j} \neq a_{i,j}$ $(i' \leqslant i, j' \leqslant j)$ 未被染色,那么 $a_{i',j}$ 一定是绿色(由 $a_{i,j}$ 染色可知),而当 $a_{i',j}$ 被染色时, $a_{i',j}$ 已经为绿色,矛盾.由于 $a_{i,j}$ 中的数大于所有其他同行或者同列绿色格中的数,因此第 i 行从左到右保持递增,第 j 列从下到上保持递增.

由绿色格的分布可知,每次选取的矩形中没有绿色格,故其中的数不再变化.因每次变换至少增加 1 个绿色格,至多需 99 次变换可以保证除 $a_{10,10}$ 之外每行、每列递增,而 $a_{10,10}$ 为表格中最大数,故结论对整个表格成立,证毕.

霍尔婚姻定理(Hall's Marriage Theorem)及其证明

在组合学中有这样一个问题:有一群女孩(数目为有限),每名女孩认识若干名男孩.问:在什么条件下能保证每名女孩嫁给一名她认识的男孩?

1935 年,数学家菲利浦·霍尔解决了该问题并提出以他的名字命名的著名定理——霍尔婚姻定理.

我们首先用图论的语言描述这个问题.设 A, B 为两个顶点集, A 中顶点代表女孩, B 中顶点代表男孩, $a \in A$ 与 $b \in B$ 之间有边相连,当且仅当女孩 a 认识男孩 b.如果存在 A 和 B 的某子集的一一对应关系,满足处于对应关系的两顶点之间均有边相连,则称为从 A 到 B 的完全配对.

对于 $a \in A$,定义 $S(a)$ 为 B 中与 a 相连的顶点集, $|S|$ 表示 S 的元素个数.不难发现,存在从 A 到 B 的完全配对的必要条件是:对于每个 $1 \leqslant k \leqslant |A|$,任何 k 元子集 $A_k \subset A$,与

A_k 中至少一个顶点相连的 B 中顶点数目不能少于 k 个. 否则, 某 A_k 无法找到 B 中的 k 个元素构成一一对应关系. 霍尔定理说, 该条件不仅是必要条件, 也是充分条件.

霍尔定理: 存在从 A 到 B 的完全配对的充要条件, 是对于每个 $1 \leqslant k \leqslant |A|$, A 的任何 k 元子集 A_k 均有 $\left| \bigcup\limits_{a \in A_k} S(a) \right| \geqslant k$.

由霍尔定理可知, n 名女孩每人均嫁给一名认识的男孩的充要条件是: 对每个 k, 任何 $k \leqslant n$ 名女孩所认识的男孩数不少于 k. 限于篇幅, 在此只给出一种基于归纳法的证明.

证明　对 $|A|$ 采用归纳法. 当 $|A| = 1$ 时结论显然成立, 假设结论对 $|A| \leqslant n - 1$ 均成立, 现考察 $|A| = n$ 的情形.

(ⅰ) 对于任何 $k < n$, $A_k \subset A$, 若 $\left| \bigcup\limits_{a \in A_k} S(a) \right| \geqslant k + 1$ 均成立. 此时任取 $a_0 \in A$, $b_0 \in S(a_0)$, 令 a_0 与 b_0 对应, 在剩下的 $n - 1$ 个顶点中, 任何 A_k 相连的顶点至多减少 b_0, 故仍有 $\left| \bigcup\limits_{a \in A_k} S(a) \right| \geqslant k$, 结论由归纳假设得证.

(ⅱ) 存在 $k < n$, $A_k \subset A$, 使得 $\left| \bigcup\limits_{a \in A_k} S(a) \right| = k$. 此时由归纳假设可知, 存在 $B_k \subset B$ 与 A_k 完全配对, 对于 $A \backslash A_k$ 中的 $n - k$ 个顶点, 设 $1 \leqslant h \leqslant n - k$, 任何 h 个顶点必然与 $B \backslash B_k$ 中至少 h 个顶点相连, 否则这 h 个顶点连同 A_k 与 B 中不足 $h + k$ 个顶点相连, 不符合归纳假设, 于是再对 $A \backslash A_k$ 运用归纳假设, 与 $B \backslash B_k$ 的某子集建立一一对应, 这就完成了 A 到 B 的完全配对.

例7　(1992秋·高中·二试) 在 $m \times n$ 表格的每格中均有一个元素, 现允许每次要么重新排列任意多个元素, 但保持每个元素所在行不变, 要么重新排列任意多个元素, 但保持每个元素所在列不变.

试求出 k, 使得表格经过 k 次重新排列, 可以变成任何排列方式; 与此同时, 表格经过 $k - 1$ 次重新排列, 无法实现所有排列方式.

解　$k = 3$. 首先我们给出 $k \leqslant 2$ 无法实现的例子, 设 $m = n = 2$, 考虑如图所示的变换.

例7图

由于 b, c 需交换行、列位置, 故至少两次重排是必需的, 但两次不足以实现目标. 假设第一次保持行不变, 则必须互换 a, b 的同时互换 c, d, 第二次必须保持列不变从而互换 b, d 及 a, c, 但此时 a, d 位置不符, 因此至少需要重排 3 次. 对于一般的 $m \times n$ 表格, 只需取其中 2×2 部分并参照以上例子即可.

下证 3 次重排可以变成任何排列方式 P. 首先将 P 中位于第一行的元素在当前表格中标记为 1, 第二行的元素标记为 2, 依次类推直到第 m 行. 于是在当前表格中任意地分布着 n 个 1, n 个 2, $\cdots$, n 个 m. 我们按如下方式进行重排.

第一步: 保持元素的行不变, 使每列中包含 $1, 2, \cdots, m$ 各一个. (待证)

第二步: 保持元素的列不变, 将每列中的 i 移至第 i 行 $(1 \leqslant i \leqslant m)$.

第三步: 将每行元素按 P 要求进行排列.

关键是证明第一步可以实现,需以下引理:

引理 可以从 m 行的每行中选出一个元素,使得这 m 个元素恰好为 $1,2,\cdots,m$.

引理的证明 设 $A=B=\{1,2\cdots,m\}$ 为两个顶点集,$a\in A$ 和 $b\in B$ 有边相连当且仅当表格第 b 行中包含元素 a.引理结论等价于存在从 A 到 B 的完全配对.

我们只需验证霍尔定理的前提条件:对于 $1,2,\cdots,m$ 中的任何 r 个数(元素),包含这些数的行的数目大于或者等于 r.由于每个数出现 n 次,r 个数共出现 rn 次,而表格每行有 n 个位置,要全部包括这些数至少需要 r 行,故满足前提条件,引理得证.

根据引理,在第一步重排中,可以从每行选出一个元素,这些元素为 $1,2,\cdots,m$,移至所在行的第一列,再从剩下的每行元素中选出互不相同的元素移至第二列,继续该过程直到第 n 列,于是在第一步重排后,每列均包含 $1,2,\cdots,m$.证毕.

本节开头阿里巴巴开门问题的答案如下:

当圆周上开关的状态为"开,关,开,关"时,阿里巴巴操作对位的开关即可将四个都变成"开"或者"关".因此,他先选邻位、对位各一次均变成"开",此时门不开说明状态为"开,开,开,关",阿里巴巴再选对位的"开,开"(否则选到"开,关"则改"关"为"开"即可)变成"开,关",此时状态为"开,开,关,关",再选邻位的"开,关"(否则将两个"开"变成"关"或者两个"关"变成"开"即可)变成"关,开"即可得到"关,开,开,关"的状态.

 精选试题

1.(2001 春·初中·一试)王母娘娘给孙悟空 100 个桃子,其中 50 个是仙桃,剩下 50 个是凡桃,只有王母娘娘知道每个桃子的种类.每天孙悟空将桃子分成两堆(数目可以不同),如果两堆包含同样多的仙桃,或包含同样多的凡桃,那么王母娘娘就会放过孙悟空.问:孙悟空能否保证在 25 天内得到宽恕?

2.(2014 春·高中·一试)阿里巴巴和四十大盗准备渡海,他们只有一条可载 2～3 人的小船,规定每次乘坐的 2 人或 3 人必须互为好友.所有人站成一排,任何相邻的两人都是好友.阿里巴巴站在第一位,他同时也是第三位的好友.问:是否所有人都能顺利渡海?

3.(1992 秋·初中·二试)在 $n\times n$ 棋盘上,起初主对角线上的每格包含数字 1,其他方格均为 0,现定义"车路"为一条首尾相连、每一段均与棋盘的边平行、自身不相交的折线(可以看成是车从一格出发,不重复地经过若干格最终回到初始位置).规定每次可以将某条车路所包含的每个格数字增加 1.问:经过若干次操作后,是否可以将所有方格的数字都变得相等?

4.(2011 春·高中·一试)假设有一种蠕虫每小时生长 1 米,当长到 1 米时就变成成熟个体而不再生长.允许将一只成熟蠕虫切割成两只长度之和为 1 米的蠕虫,切的时间忽略不计.如果起始时有一只成熟蠕虫,问:在不到一小时的时间内能否得到 10 只成熟蠕虫?

5.(2009 春·初中·二试)在 101×101 棋盘上,除中心格之外,每格都有一个符号 S 或 T;如果卒抵达 S 格,则必须沿原先的行进方向继续移动到下一格;如果卒抵达 T 格,则向左或向右转到下一格(任选左或右).现在卒沿着垂直于棋盘边界的方向移入边上或角上的某格,并按以上规则移动.问:是否存在一种 S,T 标注方式,使得无论卒从哪里进入棋盘,它都无法抵达中心格?

6. (2008 春·初中·二试)共有 99 名女生围成一圈,每人拿着一块巧克力.在每一轮中,每位女生将巧克力传给旁边的女生,如果一位女生得到两块巧克力就吃掉一块.问:至少需要多少轮,使得全场只剩下一块巧克力?

7. (2017 秋·初中·二试)现有标号为 $1 \sim 100$ 的门和标号为 $1 \sim 100$ 的钥匙,每扇门和打开该扇门的钥匙为一一对应关系且两者的标号至多相差 1.问:(1)尝试 99 次是否可以保证找出每扇门与钥匙的对应关系?(2)尝试 75 次呢?(3)尝试 74 次呢?

8. (1987 春·高中·二试)有 n 名房东参加房屋交易会,规定每人每天要么不参加交易,要么和另一名房东交换房屋.每名房东拥有一套房屋.求证:最终的结果可以通过两天的交易完全实现.

9. (1988 秋·初中·二试)凸 n 边形的一个剖分指的是某些在内部互不相交的对角线将凸 n 边形分成若干三角形区域.现在按照如下规则对某些对角线进行操作:如果 BD 分出两个三角形区域 ABD 和 BCD,那么可以将 BD 改换成 AC,从而得到新的三角形区域 ABC 和 ACD,并记为一次调整.如果对于任何两种剖分 x 和 y,从 x 经过至多 $P(n)$ 次调整后总可以变成 y.求证:(1) $P(n) \geqslant n-3$;(2) $P(n) \leqslant 2n-7$;(3)当 $n \geqslant 13$ 时,$P(n) \leqslant 2n-10$.

10. (1983 秋·高中)在无穷平面上,设 (i,j) 代表以 (i,j) 为中心的单位方格.设 A 由某些方格组成,在 A 之外的每个方格中都有一名士兵.规定在每一回合中,每个士兵要么不动,要么移动到周围 8 格之一,允许士兵落在当前被占据的方格,只要保证该回合结束时每格至多包含一名士兵.问:在下列情况中,经过有限回合之后,能否使所有方格都包含士兵?(1) $A = \{(100x, 100y) : x, y \in \mathbf{Z}\}$;(2)假设棋盘上有 100 个皇后,$A$ 为所有被皇后攻击到的方格.

(例如:当 A 只包含一格时,令其所在行中左边每个士兵向右移动,其他士兵均不动,则一个回合即可达到目的.)

11. (2002 春·高中·二试)有 n 名观众坐在一行从左到右标号为 1 到 n 的座位上,每位观众的座位均与其门票上的号码不符,侍者每次可以交换两名相邻观众的座位,但任何人一旦坐到正确的座位便不再移动.问:侍者是否可以让所有观众坐到正确的座位上?

12. (2002 春·初中·二试)若干块多米诺骨牌首尾相接排成一线,其排列方式满足相邻骨牌的尾号、首号相同.取出其中首尾两端号码相同的一串骨牌,整体翻转 180° 并放回原位置,以上称为一次翻转.现用另一套完全相同的骨牌按同样规则排成一线,且两套牌的首尾两端的号码分别相同.求证:对第一套牌进行若干次翻转,可将其变成第二套牌的排列顺序.

13. (1994 春·初中·二试)在数轴的每个整点处有一个开关,起初所有开关的状态均为"关".有一段模板,从左端数第 $a_1, a_2, \cdots, a_m$(均为正整数)位处各有一个凸起部分,使得每次将模板左端对准 $x = k \in \mathbf{Z}$ 处并按下时,可以将 $k+a_1, k+a_2, \cdots, k+a_m$ 处开关同时改变状态.求证:经过若干次操作,可以使数轴上恰好两个开关的状态变成"开".

14.（2015 秋·初中·二试）圣诞老人有 n 种糖果，每种包含 k 颗，他将这些糖果装入 k 个袋子中，每袋随机包含 n 颗，然后发给 k 名小朋友，当所有小朋友都知道自己袋中的糖果后，他们之间可以进行交换：两名小朋友每次交换一颗，得到自己袋中没有的糖果. 求证：经过一系列交换，最终可以使每人袋中包含所有 n 种糖果.

15.（2005 秋·初中·二试）有 1000 个盛着果酱的坛子，每坛果酱不超过总量的 $\frac{1}{100}$. 每天取其中 100 个坛子，吃掉每个坛子中等量的果酱. 求证：经过有限天后，可以吃掉所有坛子中的果酱.

16.（2007 春·高中·二试）魔术师和观众玩一个游戏，观众将一副牌（52 张）以任意顺序摆成一圈，留出一个空位，魔术师坐在密室中，每次向观众说出一张牌，然后观众检视这张牌的位置：如果与空位相邻，则将其移至空位，原先的位置变成空位；如果与空位不相邻，则不做任何操作. 魔术师可以按任意顺序说出每张牌任意多次，但不知道哪张牌曾被移动以及移动过多少次. 最后，魔术师喊"结束". 问：（1）魔术师是否有一种策略，保证在游戏结束时所有牌都不在原位置？（2）是否可以保证黑桃 Q 不与空位相邻？

17.（2001 秋·高中·二试）桌上 23 个箱子里装着 $1,2,\cdots,23$ 个球，老师将写有 $1,2,\cdots,23$ 的标签以某种顺序贴到箱子上，然后对小朋友说："每次，你可以任选两个箱子，从球多的箱子中移球到球少的箱子使得后者的球数变成原来的两倍，我希望最终每个箱子中的球数与标签上的数相等." 问：小朋友能否完成老师布置的任务？

 进阶试题

1.（2015 春·高中·二试）国王邀请 2015 名术士参加宴会，这些术士有两种身份：正直的术士永远说真话；邪恶的术士有时说真话，有时说假话. 每名术士都知道所有人的身份，但国王不知道. 现在国王向每名术士提出一个需要回答"是"或"否"的问题，这些问题可以互不相同，当他得到所有答复之后，将其中一名术士驱逐出宴会，此时门口的一台仪器会显示此人是正直的还是邪恶的（被驱逐的术士将不允许回到宴会）. 国王重复以上环节，即提出问题（不需要和之前的问题相同），得到答复，驱逐一名术士，直到国王宣布停止，在最后一次得到答复后可以跳过驱逐环节. 试为国王找到一种策略，在至多驱逐一名正直的术士的代价下，将所有邪恶的术士驱逐出宴会.

（提示：国王如何找到一名未被驱逐的正直的术士？）

2.（2001 春·高中·二试）将若干个盒子围成一圈，每个盒子中有若干筹码（可以为零）. 取出某盒中所有筹码，沿顺时针方向在接下来的每个盒子中放入一个筹码，直到放完，以上称为一次事件.

（1）如果在第一次事件之后，接下来每次必须从上一事件中放入最后一个筹码的盒子开始. 求证：经过若干事件之后，筹码的分布回到初始状态.

（2）如果每次事件允许选择任意盒子，问：经过若干事件之后，筹码的分布是否可能达到任何状态？

3.(2010 春·高中·二试)黑板上有一个自然数,小明在其中某些相邻数字之间添上加号,然后计算各部分之和.例如当自然数为 7345 时,可以是 7+34+5＝46 或是 734+5＝739.小明再对得到的和进行同样操作.求证:无论最初的自然数是多少,至多经过 10 次操作,可以将其变成一位数.

(提示:假设小明先在所有数字之间写满加号,以某种恰当的方式每次擦去一个加号,在各部分之和增长的过程中,设法找到绝大多数数位为 0 的一个.)

4.(2016 春·初中·二试)桌上共有 m 节好电池和 $n > 2$ 节坏电池,这些电池从外观上无法分辨.现在有一把手电筒,正常照明需要两节好电池.问:(1)当 $m = n + 1$ 时,为使得手电筒正常工作,至少需要进行多少次尝试?(2)当 $m = n$ 时呢?

5.(1987 秋·高中)在由无穷平面构成的"城市"中,有无数条南北方向以及东西方向的道路(看作无穷直线),每两条相邻平行道路之间的距离为 1.这些道路将城市分成无数个 1×1 大小的街区.在沿着东西方向的某条道路上,每隔 100 个路口站一名警察,警察可以在道路上行动.在城市的某处,有一名强盗(强盗同样可以在道路上行动),但其初始位置和最大速度未知.如果一名警察和强盗同时站在一条道路上,则无论相距多远,警方都可宣布发现强盗.问:警方是否有一种策略可以保证在有限时间内发现强盗?

(提示:当两名警察分别站在强盗所在的前后两条平行道路时,强盗就被困住而无法行动了.)

6.(2018 秋·高中·二试)某班学生被分成人数相等的 $n \geq 2$ 个小组,起初每人有 1 枚硬币.甲、乙两人玩以下游戏:甲先从每组选一人,然后由乙在这 n 个人之间重新分配硬币,规定在分配之后所有人中至少有一人的硬币数发生了改变(每人的硬币数始终为非负整数).不断重复以上过程,直到某时刻每组中至少有一人没有硬币,甲宣布获胜.求证:(1)当每组人数为 $2n$ 时,甲有必胜策略.(2)当每组人数为 $2n-1$ 时,甲有必胜策略.

(提示:取每组中硬币数第 i 少的共 n 名学生,设他们的硬币总数为 x_i.若 $x_1 = 0$ 则甲胜.甲总能设法使某个 x_i 减少而另一个 $x_j (j > i)$ 增加,从而在有限步内获胜.)

7.(2009 秋·高中·二试)在一座洞穴的入口处有一张圆桌,桌上沿着边缘等距离放置着 n 个看似完全相同的木桶(这些桶的中心构成正 n 边形).每个桶内刻有一个桶外不可见的标记,要么向上,要么向下.现在阿里巴巴每次可以选择其中任意多个桶并翻转,桶内的标记也随之翻转,然后圆桌会快速转动,当圆桌停下来时,阿里巴巴无法分辨刚才选过哪些桶.如果阿里巴巴翻完桶后,恰好使得所有桶中的标记均向上或均向下,则洞穴打开.试求出所有 n 的值,对于这些 n,阿里巴巴可以保证在有限步之内打开洞穴.

(提示:试用归纳法证明当桶数为 n 的洞穴可以被打开时,桶数为 $2n$ 的洞穴亦可被打开.)

第十讲 游戏

在英语中，game 既可表示"游戏"，也可译为"博弈"。有些博弈问题的侧重点不在于甲、乙方谁将获胜，而在于优势方的最大收益是多少。这里"最大"指的是劣势方总可以阻止对方获得更多的收益，换句话说也可以理解成双方都采取最佳策略，最终达到的平衡状态，被称为纳什平衡(Nash Equilibrium)。笔者将这类问题归为游戏，而在下一讲中侧重于胜负的博弈问题。

求解游戏中的收益，本质上是极值问题，可看作己方在实现目标的各种决定下，由对方选取的最坏情况，也就是在若干极大值中取极小值。该极值一旦确定，便与对方的选择无关。在一些单人游戏中(如进阶试题 3,4)，最佳策略的选取与运气、概率无关，读者应注意这个关键点。

典型例题

例 1 (1987 秋·高中)在正方形游泳池的正中心有一个男孩，池边有他的老师，老师跑步的速度是男孩游泳速度的 3 倍，但老师不会游泳，男孩跑步的速度比老师快。假设男孩上岸的时间忽略不计。问：男孩能否逃出游泳池？

解 可以。设游泳池的边长为 2，男孩最初位于正中心 O 点处，如果老师的起始位置不是在角上，那么男孩可以游向对边中点，老师无法追上。因此我们必须假设老师位于角 T 处，如图①所示，以下给出两种解法。

解法一 男孩先向南游 x 距离，到达 A 处；在此期间老师必须全速向南跑并到达 T_1 处，如图②所示，否则男孩可以继续向南游到池边而老师尚未抵达。此时男孩转而向西游，并于 B 处上岸。老师有两种选择：折返并跑向 B 需要经过的路程为 $3x+2+1+x=3+4x$；继续向前跑并到达 B 需要经过的路程为 $(2-3x)+2+(1-x)=5-4x$。

解不等式组

$$\begin{cases} \dfrac{3+4x}{3} > 1, \\[2mm] \dfrac{5-4x}{3} > 1. \end{cases}$$

可得 $0 < x < \dfrac{1}{2}$，例如取 $x = \dfrac{1}{4}$，则老师无法追上男孩。

解法二 （由 Math Stack Exchange 网站的 Jared 提供）

设男孩径直朝 C 方向游，OC 与正南方向的夹角为 θ，如图③所示. 为使得老师无法追上男孩，需

$$\frac{3+\tan\theta}{3}>\frac{1}{\cos\theta},\ 3\cos\theta+\sin\theta>3.$$

取 θ 使得 $\cos\theta=\frac{3}{\sqrt{10}}$，$\sin\theta=\frac{1}{\sqrt{10}}$，此时 $3\cos\theta+\sin\theta=\sqrt{10}$ 为最大值，当老师的速度小于 $\sqrt{10}$ 时均无法追上男孩.

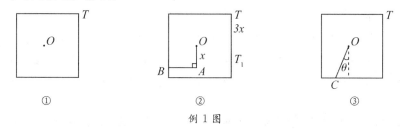

例 1 图

例 2 （2000 春·初中·二试）甲、乙两人分 100 枚硬币，在每一回合中，甲选取若干枚硬币作为一堆，乙决定这一堆归甲还是乙. 重复这一过程直到硬币全部被分完，或其中一人得到 9 堆硬币，此时剩下的所有硬币归另一人所有. 问：甲至少可以得到多少枚硬币？

解 甲至少可以得到 46 枚硬币.

思路是将 100 枚硬币尽可能平均地分成 18 堆，甲可以得到其中较少的 9 堆，由于 $100=5\times8+6\times10$，甲先每次选 5 枚硬币作为一堆，如果乙不要前 8 堆，则甲改为 6 枚硬币作为一堆，不论乙取 9 堆还是给甲 1 堆，甲都得到 46 枚，由于乙最多得到 9 堆 6 枚硬币，共 54 枚，甲保证能获得剩下的 46 枚.

例 3 （2012 秋·初中·二试）甲、乙两人玩以下游戏，甲先选一个正整数 a，其各位数字之和等于 2012，乙的目标是确定这个数 a，他只知道该数的各位数字之和等于 2012. 每一次，乙选一个正整数 x，然后甲告诉乙 $|x-a|$ 的各位数字之和. 问：乙至少要猜多少次，才能保证可以确定甲所选的数 a？

解 乙至少猜 2012 次才可以保证确定 a. 以下记 $S(n)$ 为 n 的各位数字之和.

先证充分性. 乙先猜 $x=1$，如果 a 的末 k 位为 0，则 $S(a-1)=2011+9k$，于是乙可以确定 a 中从右边数起最后一个非零数字的位置. 设 $a_1=a-10^k$，$S(a_1)=2011$，乙第二次猜 x 满足 $a-x=a_1-1$，然后从 $S(a-x)=S(a_1-1)$ 确定 a_1 中最后一个非零数字的位置，再设 $a_2=a_1-10^m$，$\cdots$，直到 2012 步之后得到 $S(a_{2012})=0$ 并确定 a.

再证必要性. 假设 a 的各位数字均为 0 或 1，$a=10^{k_{2012}}+10^{k_{2011}}+\cdots+10^{k_1}$，其中 $k_{2012}>k_{2011}>\cdots>k_1$，无论乙第一次猜的 x 为何，总有可能 $x<10^{k_1}$，则 $S(a-x)=S(10^{k_1}-x)+2011$，该数与 k_{2012}，k_{2011}，$\cdots$，k_2 无关，此时乙至多可以确定 k_1. 类似地，乙前 i 次猜的数可能均小于 10^{k_i}，乙至多可以确定 k_1，k_2，$\cdots$，k_i. 于是在 2011 步之后，乙无法判定 k_{2012}. 必要性得证.

例 4　（2003 秋·高中·二试）甲、乙两人玩一个游戏．最初，甲持 1000 张牌，牌上写着偶数 2, 4, 6, …, 2000；乙持 1001 张牌，牌上写着奇数 1, 3, 5, …, 2001．在第一回合，甲先出一张牌，然后乙出一张牌，牌号较大者得 1 分，然后两张牌均弃置．在接下来的回合，两人交替先出牌，直到 1000 回合后游戏结束，乙剩一张牌．假设两人都按最佳策略出牌．问：他们各得到多少分？

解　甲得 499 分，乙得 501 分．我们采用归纳法证明当牌数为 $4n+1$ 时，甲可以保证得到 $n-1$ 分而乙保证得到 $n+1$ 分．

当 $n=1$ 时，甲持 2, 4，乙持 1, 3, 5．如果甲出 2，则乙出 3，再出 5；如果甲出 4，则乙出 5，再出 3．于是甲得 0 分，乙得 2 分．

假设牌数为 $4k+1$，$1 \le k \le n-1$ 时结论均成立，现考察 $4n+1$ 张牌的情形．在第一回合，甲的最佳策略是出 2，因为无论甲出哪张牌，乙只有两种策略可能为最佳：出 1，或出比甲大的最小的牌．若为后者，甲出任何牌都没有区别；但前者对甲而言，出 2 的损失最小．

甲出 2 之后，乙应该出 3，因为在该回合之后 1 和 3 地位相同．在第二回合，如果乙不出 $4n+1$，则甲出比乙大的最小的牌，此时甲、乙各得 1 分，而剩下的 $4n-3$ 张牌为交错结构，由归纳假设得证．

如果乙在第二回合出 $4n+1$，则甲出 4，下一回合再出 $4n$，乙出 1 或 5．只要乙在偶数回合出最大的牌，甲就出最小的牌，并在下一回合出最大的牌，这样甲可以保证在第 2 至 $2n-1$ 轮中每隔一轮得 1 分，共 $n-1$ 分．而乙用最小的牌赢得第一回合，下一回合再出 1，由归纳假设可得 $n+1$ 分（最佳策略不是唯一的）．证毕．

精选试题

1.（1995 秋·高中·一试）平面上给定一个正方形，以及只有甲可以看见的点 P．乙每次作一条直线 l，然后甲告诉乙 P 位于 l 的哪一侧，或 P 在 l 上．问：乙至少作多少条直线才可以确定 P 是否位于正方形内？

2.（1981 春）甲、乙两人在无穷平面上玩"狼抓羊"游戏：开始时，平面上摆放着 n 枚棋子代表羊以及 1 枚棋子代表狼（每枚棋子均视为一个点），甲先移动狼，然后乙移动 1 只羊，以下甲、乙按同样方式交替行动，每次将 1 枚棋子（甲只能选狼）向任何方向移动至多 1 个单位距离．当狼和羊重合时视为狼抓到羊．问：是否对于所有的初始状态，狼都能抓到至少 1 只羊？

3.（2012 秋·高中·二试）甲、乙两人玩以下游戏．甲先将 1001 颗花生分成三堆并告诉乙，然后乙选一个整数 N，$1 \le N \le 1001$．接下来甲从三堆花生中移出一部分成为新的一堆（称为第四堆）中，使得这四堆里的某一堆或某几堆花生总数恰好等于乙所选的数 N．最后，乙从甲处得到等同于甲所移动的花生数量．乙希望得到尽可能多的花生；甲希望损失尽可能少的花生．问：无论甲怎样分堆，乙都至少可以保证得到多少颗花生？

4.（2010 秋·高中·二试）两名体力值均为 100 的魔法师进行决斗：甲先对乙施加魔法，自己失去体力值 a，然后令对方失去体力值 b；乙再对甲施加魔法，…，直到一名魔法师将对方的体力值降到 0 或以下而自己的体力值仍大于 0，则他宣布获胜．假设魔法的种类不同，但都满足 $0<a<b$，且甲、乙两人可供选择的魔法种类相同，使用的次数不限.

问：(1)当魔法的种类为有限时，乙是否有可能保证获胜？(2)当魔法的种类为无限时呢？

5.(2004秋·高中·二试)有一堆石子，甲、乙两人轮流从中取石子，规定甲每次取1枚或10枚；乙每次取 m 枚或 n 枚.无法按规则取石子者为输家.如果无论最初有多少石子，甲先取一定可以获胜.问：m 和 n 分别是多少？

6.(2013秋·初中·二试)平面上 8×8 表格以国际象棋盘的方式染色.甲先暗中选定其中一格的一个内点，乙每次在平面上作一个多边形(可以为凹多边形，但不允许自身相交)，然后问甲该点是否在这个多边形之内.问：如果乙想要确定甲选定的点所在的格是白色还是黑色，至少需要向甲提问几次？

7.(2018春·初中·二试)某海岛上有好人和坏人两种居民，好人永远说真话，坏人永远说假话.现在10名岛民围坐在圆桌前，每个人被看作一个点，他们的位置构成正十边形.你(也看作一个点)可以站在圆桌外的任意位置，问他们这样的问题："从我到距离最近的坏人的距离是多少？"然后，每位岛民给出自己的答案.假设在任何时刻你和每位岛民的距离均为已知，且10人中至少有一个坏人.问：你需要问多少次才可以保证找出所有坏人？

8.(2014春·高中·二试)给定一个三边不等的三角形，甲、乙两人玩以下游戏：甲每次选取平面上一点，乙决定将其染成红色或蓝色.如果平面上出现一个三角形，三个顶点均同色，且与给定的三角形相似，则甲获胜.问：甲至少选取多少个点才可以保证获胜？

9.(2001春·初中·二试)甲、乙两人玩猜数游戏.甲先选择一个两位数，然后乙每次猜一个两位数，如果乙正好猜中答案，或其中一位相同而另一位相差1，则甲回答"很好"；否则甲回答"继续努力".例如甲选65，乙只有猜 65,64,66,55 或 75 时甲会回答"很好".

(1)求证：没有策略可以保证乙猜18次后推断出答案.

(2)试给出一种策略，保证乙猜至多24次后可以推断出答案.

(3)问：(2)中的24次能否减少到22次？

 进阶试题

1.(2019春·初中·二试)有100堆石子，每堆400枚，小明每次选两堆，各取一枚石子，并得到 x 积分的奖励，其中 x 为两堆石子数之差且为非负数.当所有石子被取光后，计算小明得到的积分之和.问：最多得多少分？

(提示：将每次取石子之后较多的一堆石子数记录在甲本中，较少的一堆石子数记录在乙本中.甲本中的数之和最多是多少？乙本中的数之和最少是多少？)

2.(2016秋·高中·二试)甲、乙两人玩以下游戏.甲先选定一个整系数多项式 $P(x)$，在每一回合中，乙选取一个整数 a，然后甲回答等式 $P(x)=a$ 的互不相同的整数解的个数.规定乙不能重复选取他曾经选过的整数，当甲的回答与之前说过的相同时乙宣布获胜.问：至多经过多少回合，乙就可以保证获胜？

(提示：整系数多项式满足以下性质，对于整数 x,y，如果 $|P(x)-P(y)|=1$，则必有 $|x-y|=1$.)

3.(2007秋·高中·二试)桌上共有100个盒子,每个盒子中有一个红球或蓝球.老王用筹码猜球的颜色:他先猜1号盒子,下注的筹码数可以是从0到当前所有筹码之间的任何数值,然后打开盒子,如果猜对则返还赌注并赢取同样数量的筹码,如果猜错则输掉赌注.接下来,老王以同样方式赌2,3,…,100号盒子或输光所有筹码.假设老王事先知道一共有 k 个蓝球.问:在下列情况下,他可以保证将筹码数赢到初始时的多少倍?

(1)$k=1$;

(2)$1<k\leqslant100$ 为整数.

(提示:设 $f(n,k)$ 为当前有 n 个红球和 k 个蓝球时,老王保证赢到的倍数.试求出 $f(n,k)$ 与 $f(n-1,k),f(n,k-1)$ 之间的关系.)

4.(2014秋·高中·二试)在某国中,金和铂(白金)均为流通货币,可以自由兑换.两者之间的兑换比率由正整数 g 和 p 决定:如果 $x:y=p:g(x,y$ 不一定是整数),则 x 克金可以兑换 y 克铂.某一天当 $g=p=1001$ 时,国家宣布从第二天起,每天 g 或者 p 会减少1,这样到2000天后两数同时变成1,但并没有宣布 g 和 p 减少的先后顺序.在同一天,有一位银行家拥有1千克金砂和1千克铂砂,他可以在每天按现时的比率兑换任意质量的金砂和铂砂.银行家的目标是最终拥有至少2千克金砂和2千克铂砂.问:他是否一定可以实现这一目标?

(提示:当银行家采用最佳方案时,不论 $g:p$ 每天如何变化,银行家的收益应该相等.)

第十一讲 博弈

在一个公平的组合博弈(Impartial Combinatorial Game)中,两名选手轮流行动,每人每回合有有限种行动方式,博弈在有限回合之后结束,无法行动者判负.先手和后手之一,存在某种策略(称为必胜策略),不依靠运气而保证获胜,这就是博弈论中著名的策梅洛(Zermelo)定理.该定理由归纳法即可证明.

有些博弈问题可以用常规的组合方法解决,如染色法(例 1),对称性(例 2);也有一些博弈问题与数论、不等式(如例 4)相关联.近些年来,合作类博弈问题(例 5,6)越来越频繁地出现在各类竞赛中,也值得引起关注.

典型例题

例 1 (1987 春·高中·二试)甲、乙两人在 8×8 象棋盘上玩以下游戏:甲先将"马"放入任何一格,然后乙和甲按正常走法轮流移动马,规定马不能落在已经走过的格中,无法移动的玩家判负.问:谁可以使用策略取胜? 其必胜策略为何?

解 乙可以获胜.将棋盘分成 8 个 2×4 区域,每个区域用如图所示方式标注,每当甲移动马到区域中 x 格时,乙相应地将马移到另一个 x 格,因此乙总可以立于不败之地.

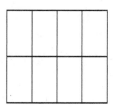

例 1 图

笔者注 对于一般 $m×n$ 棋盘,$m,n \geq 3$,若 mn 为奇数则甲胜,否则乙胜.有兴趣的读者可以采用类似的方法完成证明.

例 2 (2012 春·高中·一试)在 8×8 象棋盘上,起初第 7 行、第 2 列处有一白车,第 4 行、第 3 列处有一黑车.白方和黑方轮流按规则移动自己的车,但不能重复落在双方车曾经占过的格子,也不允许落在当前对方车的攻击范围内,无法移动的一方判负.问:谁有必胜策略?

分析 如果黑车起始位于第 2 行、第 7 列,则显然黑方每次将车移动到白车关于棋盘中心对称的位置,可保证获胜,对于题目中给出的起始位置,黑方只要将第 4 行看成第 2 行,第 3 列看成第 7 列即可.

解 黑方有必胜策略.将棋盘的 8 行分成 4 对:(1,8),(2,5),(3,6),(4,7);再将 8 列分成 4 对:(1,8),(2,3),(4,5),(6,7).两格处于相对位置,当且仅当它们不同行、不同列且所在的两行、两列均属于一对,例如起始位置即为相对.每当白车移动后,黑方将车移动到相对格.

不难看出,黑车总按规则移动,且只要白车不落在占过的格子,黑车也不会落在占过的格子,此外相对格之间不在对方攻击范围内.最终白方将无法移动而告负.

例 3 (2005 春・高中・二试)甲、乙两人分配 25 枚硬币,硬币的面值为 $1,2,\cdots,25$ 元,甲先选一枚硬币,乙决定其归属.接下来在每一轮中,由当前获得钱数较多者选一枚硬币,然后另一人决定其归属(如果两人钱数相同,则两人所处角色和上一轮相同),直到分完所有硬币,钱多者获胜.问:谁有必胜策略?

解 乙有必胜策略.当甲选硬币 a 并展示给乙时,乙问自己:"获得 a 并选下一枚硬币者,是否有必胜策略?"

因为游戏在有限步内结束,每步只有有限种选择,或者上述"获得 a 并选下一枚硬币者",或者另一人具有必胜策略.如果为前者,则乙选择得 a;如果为后者,则乙让甲获得 a;乙可以确保自己获胜.

笔者注 解答中并没有给出具体的获胜策略.事实上,当甲选择不同硬币时,乙的决定是不同的,且并没有简单规律可循.一个更直观的例子是甲、乙两人下围棋,甲有权力选择执黑或执白.由于围棋为有限回合游戏,必有一方有必胜策略.如果黑胜,则甲选先行;如果白胜,则甲选后行.至于获胜一方的行棋策略,则无关紧要.

例 4 (2019 春・高中・二试)有一堆卡片,对于 10 个未知数 $x_1,x_2,\cdots,x_{10}$ 中的任何 5 个,都有唯一一张卡片上面印有它们的乘积,例如 $x_2x_3x_7x_8x_{10}$.甲、乙两人用这些卡片玩以下游戏:甲先展示并取走一张卡片,乙再展示并取走一张卡片,以下两人重复该过程直到取光所有卡片,然后乙对这 10 个未知数进行赋值.唯一的限制是必须满足 $0\leqslant x_1\leqslant x_2\leqslant\cdots\leqslant x_{10}$.问:是否有一种策略,可以保证乙的所有卡片上的乘积之和大于甲的所有卡片上的乘积之和?

分析 先考虑一个简单情况,共有 4 个未知数 a,b,c,d 及对应的 6 张卡片:ab,ac,ad,bc,bd,cd.乙在赋值时需 $0\leqslant a\leqslant b\leqslant c\leqslant d$.

甲必须取最大乘积 cd,否则乙取 cd 并令 $a=b=0,c=d>0$ 即获胜;乙取 bd.此时甲应取 ad 或 bc,因为两者均优于 ab,ac;乙取另一个.最后甲取 ac,乙取 ab.

(i)如果甲取的是 ad,则甲、乙的和之差为
$$M=(cd+ad+ac)-(bd+bc+ab)=(a+d)(c-b)+ad-bc.$$
为使该数小于 0,乙可取 $a=1,b=c=2,d=3$.

(ii)如果甲取的是 bc,则甲、乙的和之差为
$$M=(a+d)(c-b)+bc-ad.$$
此时乙取 $a=b=c=1,d=2$ 可使 $M<0$.乙在甲的两种取法下均能获胜.以上分析及甲面对 ad,bc 的两难处境均可推广到 10 个未知数的情况.

解　乙有策略可以保证自己的卡片上的乘积之和较大.

将所有未知数分成三组：x_1,x_2,x_3 为 I 组，最终赋值均为 0；

x_4,x_5,x_6,x_7 为 II 组，不妨重新设这 4 个未知数为 a,b,c,d；

x_8,x_9,x_{10} 为 III 组，最终赋值均为 t,t 远大于其他数.

乙在采用以上策略的同时，甚至可以将其告诉甲. 事实上，在任何此类博弈游戏中，输家得知赢家的必胜策略并不能改变自己的命运. 于是所有卡片可被分成三类：

① 包含 3 个 t 及 II 组的 2 个：共 $C_4^2=6$ 张，乘积中除 t^3 外分别为 ab,ac,ad,bc，bd,cd.

② 包含 2 个 t 或 1 个 t 且乘积不为 0：共 $C_3^2 C_4^3+C_3^1 C_4^4=15$ 张.

③ 乘积为 0（即包含 I 组未知数）：可忽略不计.

现在甲必须在第 ① 类中取走 3 张，否则不妨设甲取 2 张，乙取 4 张，乙令 $a=b=c=d=1$，当 t 足够大时，$t^3 \cdot 4>t^3 \cdot 2+t^2 \cdot 15$，乙胜.

进一步地，只要乙在第 ① 类中按照之前分析的策略选取并赋值，必有 $M<0$，取 t 足够大，有 $t^3 \cdot M+t^2 \cdot 15<0$，乙胜.

例 5　（2007 秋·高中·一试）观众从号码 1 至 29 的牌中选出两张，然后助手从剩下 27 张中选出两张，由主持人以任意顺序交给密室中的魔术师，后者仅凭两个号码以及事先和助手的约定，猜出观众所选的两张牌. 试解释以上情况如何实现.

解法一　两人约定：当观众选相邻（29 与 1 相邻）号码的牌时，助手选接下来的两张牌. 当观众选不相邻的牌时，助手选每张牌的后一张，例如魔术师看到 7,8，就猜 5,6；看到 1,10，就猜 29,9，等等.

解法二　设观众选的牌号为 a,b. 助手选择 x,y：

$$x=\frac{1}{2}(a+b)\equiv 15(a+b),\quad y=\frac{1}{3}(a+2b)\equiv 10(a+2b)(\bmod\ 29).$$

显然 x,y,a,b 各不相同（当 $a\neq b$ 时），由

$$a\equiv 4x-3y,\quad b\equiv 3y-2x(\bmod\ 29),$$

魔术师即可猜出答案.

例 6　（2004 春·高中·二试）魔术师和助手为观众表演一个把戏，观众先将黑桃、红心、方块、草花各 9 张共 36 张牌按任意顺序排列并交给助手. 助手检视所有牌的花色后，将所有牌背面朝上置于桌上，但不改变牌序，然后将某些牌上下翻转.

随后魔术师入场，观察第一张牌的背面（每张牌的背面有一箭头图案可以为向上或向下，已由助手决定），并立即猜测这张牌的花色然后展示给观众，魔术师接着观察第二张牌，猜花色，然后展示. 继续这一过程直到最后一张牌. 在节目开始前，两人可以约定一种信息传递的方式，但信息仅限于每张牌背面箭头的方向，助手不能改变牌序.

问：是否存在一种方式，(1) 魔术师保证猜对 19 张牌的花色？(2) 魔术师保证猜对 20 张牌的花色？

解法一　(1) 每两张牌的背面可以给出 4 种信号，由此助手通过第 $2i-1,2i$ 张牌（$1\leqslant i\leqslant 17$）暗示第 $2i$ 张牌的花色. 当魔术师展示第 34 张牌时，他已经知道最末两张牌的花色：如果相同，则无须暗示；如果不同，则助手用第 35 张牌暗示其顺序.

(2)助手先检视除第1张牌外的17张奇数位置牌的花色.根据抽屉原理,必有某花色出现5次及以上,助手用第1,2张牌暗示该花色,然后魔术师用它猜第3,5,7,…,35张牌.

类似(1),助手再通过第 $2i-1,2i$ 张牌($2 \leqslant i \leqslant 18$)暗示第 $2i$ 张牌的花色,魔术师至少可以猜对 $5+17=22$ 次.

解法二 (1)助手用第1,2张牌的背面暗示第2或第3张牌的花色;用3,4暗示4或5;…;用31,32暗示32或33;用33,34暗示34.当展示34时,魔术师已经知道35和36的花色:如果相同,则无须暗示;如果不同,则助手用35来暗示其顺序.于是魔术师在猜2~33时至少猜中16次,同时又猜中34,35,36,共19张.

(2)助手使用(1)方法直到魔术师猜20,21,至此已猜中10次,此后助手用21,22暗示22,用23,24暗示24,…,直到34,最末的两张牌同(1),以上猜中至少19次.

在助手用1,2暗示2,3时,如果2,3花色相同,则魔术师额外猜中一次.类似的情况也在3,4暗示4,5时发生.如果2,3花色不同,4,5花色也不同,那么助手可以选择让魔术师猜中2还是3,4还是5,这样就有4种可能,足以暗示另一张牌的花色.

助手可以这样暗示第25张牌的花色:猜中2,4表示为黑桃,猜中2,5表示为红心,猜中3,4表示为方块.猜中3,5表示为草花,再用6,7和8,9暗示27,…,用18,19和20,21暗示33.如果出现2,3同花色,则顺延用4,5和6,7暗示25,等等.魔术师可以额外再猜中至少5次,总共24次.

精选试题

1.(1997春·高中·二试)甲、乙两人在无穷平面上玩以下游戏:甲先将一个点染成红色,乙再将10个点染成蓝色.之后甲、乙轮流按同样的方式行动,规定不允许染已经被染色的点.如果平面上出现三个红点构成正三角形,则甲胜.问:乙能否阻止甲获胜?

2.(2001春·高中·一试)甲、乙轮流在 3×100 棋盘上放置多米诺骨牌:甲先行动,每次放置一枚 1×2 骨牌;乙再放置一枚 2×1 骨牌.骨牌之间不允许重叠,无法继续放置者为输家.问:谁是赢家?必胜策略是什么?

3.(2011秋·初中·二试)甲、乙两人在规格为 $2012 \times k(k \geqslant 2)$ 的棋盘上玩以下游戏:先将一个卒置于棋盘最左边一列的某位置,然后甲、乙轮流移动这个卒,每次卒可以向上、向下或向右移动一格,但不能移到已经走过的格.当卒抵达棋盘最右边一列时,游戏结束.该游戏有两个版本:在版本A中,将卒移至最右边一列的玩家获胜;在版本B中,该玩家判负.但只有当卒抵达右边第二列时,两名玩家才得知他们玩的是哪个版本.问:哪名玩家具有必胜策略或二者都没有?

4.(2008秋·高中·二试)最初,桌上有 n 堆花生,每堆包含一粒,甲、乙两人轮流将其中两堆合并成一堆,规定被合并的两堆花生数必须互质,无法行动者判负.问:对于每个 $n>2$,谁有必胜策略?

5.(2018春·高中·一试)甲、乙两人在 8×8 棋盘上玩以下游戏,先将棋子置于角上的方格中,然后甲、乙轮流移动棋子:甲每次按皇后的方式移动一次,乙每次按国王的方式移动两次,规定棋子不能落到任何停留过的格,无法按规则移动棋子者判负.问:谁有必胜策略?

6.(2015秋·初中·二试)用火柴棍拼成9×9网格,其中单位格的每条边由一根火柴构成.甲、乙两人轮流从网格中抽火柴,每次抽走一根.如果构成单元格的四条边中至少一根火柴被抽走,则称一个单位格被破坏,当网格中最后一个单位格被破坏时,该玩家为赢家.问:谁有必胜策略?

7.(1995秋·初中·二试)甲、乙两人玩以下游戏:起初盒子中有n个筹码,1×1000棋盘上没有筹码.甲每次取不超过17个筹码置于棋盘的空格中,每格一个筹码;乙每次从棋盘上取任意多个相邻的筹码放回盒子中.除第一次行动时甲必须从盒子中取筹码之外,以后甲每次可任选筹码进行放置.甲、乙轮流行动.如果在某一时刻所有n个筹码在棋盘上排列成相邻的一行,则甲获胜;乙的目标是阻止甲获胜.

(1)求证:当$n = 98$时,甲能保证获胜.

(2)求最大的n值,使得甲能保证获胜.

8.(2013秋·高中·二试)桌上有11堆石子,每堆包含10枚.甲、乙两人玩以下游戏:甲每次选其中1堆,然后取走其中$1 \sim 3$枚;乙每次选其中$1 \sim 3$堆,然后从每堆中取走1枚.甲、乙轮流行动,甲先行动,直到某一方无法按规则行动而被判负为止.问:谁有必胜策略?

9.(2004春·高中·二试)甲、乙两人玩一个游戏:最初,黑板上有一正整数$x = 2004!$,甲先选正整数$d \leq x$,d包含至多20个不同的质因子,然后将x替换成$x - d$,乙再按同样的方式行动,甲、乙轮流继续这一过程,直到某人将当前数替换成0并宣布获胜.问:谁有必胜策略?

10.(2007秋·初中·二试)甲、乙两人轮流向$1 \times n$棋盘填入棋子($n > 1$).甲每次填黑子,乙每次填白子,规定每格只能填一枚棋子,相邻格中不能有相同颜色的棋子,无法行动的玩家判负,甲先行,问:谁有必胜策略?

11.(2019春·高中·一试)魔术师和助手玩一个把戏,助手先将13个空盒子放成一排,然后让观众任选其中两个盒子,各投入一枚硬币,助手根据硬币的位置,打开一个空盒子.最后魔术师入场,根据被打开的空盒以及之前和助手的约定,选取并同时打开4个盒子,其中包含两枚硬币.问:这是怎么做到的?

12.(2008春·高中·二试)圆桌前围坐着11名男巫,每人额头上贴着写有正整数的卡片,这些数互不相同且均小于1000,每名男巫可以看到其他人额头上的数,但看不到自己额头上的数.现在一声令下,每人举起左手或右手,然后同时说出自己额头上的数.问:这些男巫事先应制订怎样的策略,保证每个人都能猜对?

13.(2007秋·高中·二试)观众将n枚硬币摆成一排,每一枚硬币正面或背面朝上,然后选其中一枚作为"幸运硬币"并告诉魔术师的助手,助手将其中一枚硬币翻面,然后离场.最后魔术师入场,根据硬币的正反面信息以及事先与助手的约定,猜出幸运硬币.

(1)求证:若对于$n = n_1$和$n = n_2$,魔术师均有猜对的策略,则对于$n = n_1 n_2$,魔术师也能保证猜对.

(2)试求出魔术师有成功策略所对应的所有n值.

14. (2014 春·初中·二试)法官让囚犯甲写下 100 个正整数(允许相同),然后由甲写一份清单给另一位素不相识的囚犯乙,后者必须由这份清单确定甲所写下的 100 个数,否则两人都将被杀头.规定清单中的每个数要么是甲所写的 100 个数之一,要么是其中若干个之和,但甲不能在清单中标记以示区别.当乙正确判断出所有数时,法官从甲、乙身上剃掉 x 根头发以代替杀头之罪,其中 x 为清单中数的个数.问: x 至少是多少?

 进阶试题

1. (2009 春·高中·二试)设 $n>1$ 为给定的正整数,甲、乙两人在圆周上玩以下游戏:甲先选一点并染成红色,乙再选另一点染成蓝色,以后两人轮流选未染色点,甲染红色,乙染蓝色,当圆周上有 n 个红点和 n 个蓝点时,游戏结束.定义"红弧"为:两个端点均为红色,中间没有其他染色点的弧.设 a 为最长的红弧长度,如不存在则记 $a=0$.类似地,设 b 为最长的蓝弧长度.若 $a>b$,甲胜;若 $a<b$,乙胜;若 $a=b$ 则为平局.问:甲和乙谁有必胜策略?

(提示:考虑甲第一次染点之后,乙在圆周上的所有 n 等分点处染色.)

2. (1983 春·高中)甲、乙两人在包含整点的无穷平面上玩以下游戏:甲先选一个未染色的点并染成红色;乙再选一个未染色的点染成蓝色.之后甲和乙轮流将一个未染色的点染成红色或蓝色,规定:如果平面上出现一个平行于坐标轴、四个顶点均为红色的正方形,则甲获胜;乙的目标是阻止甲获胜.问:

(1)甲能够获胜吗?

(2)如果每次轮到乙时,乙都可以将 2 个未染色的点染成蓝色,那么甲能获胜吗?

(提示:甲先试图将某 15×15 网格,即 15 条平行于 x 轴的直线与 15 条平行于 y 轴的直线的所有交点,全部染成红色.)

3. (2006 秋·初中·二试)一副扑克牌共 52 张被观众以任意顺序摆成一行,助手可以看到牌序但魔术师不知道,助手和魔术师事先没有任何约定.现在助手每次说出两张牌及其中间其他牌的张数,例如"红桃 3 和方块 10 之间有 16 张牌",如此为传递一次信息.问:助手最少向魔术师传递多少次信息,可以使魔术师完全确定所有牌的顺序(从前到后,或从后到前)?

(提示:除第一次及最后一次外,助手每传递两次信息可以确定 3 张牌的位置.)

4. (2013 春·高中·二试)国王打算裁减议员数量,他令所有 1000 名议员站成一排,面朝前方,每人头戴一顶帽子,帽子号码为从 1 到 1001,国王将未戴的一顶藏起来.然后,从队列最后开始,每人喊一个帽号,直到最前面的议员为止,每个号码最多喊一次.最后,国王辞退那些喊的号码与自己所戴帽号不符的议员.所有议员在事前可以商讨对策.问:(1)他们能否保证超过 500 人将留在议会?(2)他们能否保证至少 999 人将留在议会?

(**注** 每人只能看见前面议员戴的帽子,站队的顺序及帽子的分布在事前未知.)

(提示:考虑帽号排列中的逆序对,即 $i<j$ 但 j 号帽排在 i 号的前面.)

5. (1998 春·高中·二试)魔术师和助手玩两个把戏,每次由观众从一副扑克牌(52张)中任选 5 张交给助手.

(1)助手将 5 张牌排成一行,其中 4 张正面朝上,另一张牌翻面,然后离开.魔术师入场,从排列中猜出翻面牌的花色和号码.求证:两人可以事先约定一个策略从而实现这个魔术.

（2）助手将其中 4 张牌排成一行并带走剩下的那张,其他同（1）.问:两人是否仍可以事先约定一个策略从而实现这个魔术?

（提示:运用霍尔定理.）

6.（2018 春·高中·二试）国王打算奖赏 n 名大臣,他让大臣们站成一列,面朝同一方向,每人头戴一顶黑色或白色帽子,每人只能看见站在自己前面的大臣的帽子颜色.国王令所有大臣,从站在队列最后面的开始,每人说出自己帽子的颜色并报出一个自然数,直到站在队列最前面的报完为止,每人说过的话均被所有人听到,最后,国王统计猜对自己帽子颜色的人数,然后给所有人相同天数的带薪假.

所有大臣在排队之前可以商量出一种策略,但在他们当中有 k（$k<n$）名健忘的大臣,健忘的大臣在猜帽子颜色或报数时不一定会按照商定的策略进行.此外,所有人都知道在他们之中混有 k 名健忘者,但无法分辨出这些人.

问:无论健忘的大臣如何分布以及表现,大臣们商定的策略都可以保证多少人猜对颜色?

（提示:正常的大臣应尽可能猜对自己帽子的颜色;当正常的大臣受到健忘的大臣误导时,应设法使健忘的大臣猜对自己帽子的颜色,从而使猜对的人数不受到影响.）

第十二讲 专题部分及其他

本讲收录了表格、比赛与考试、天平称重三个小专题,以及其他未归类的组合杂题.

 表格类

例 1 (2017 春·高中·一试)在 1000×1000 表格中填入数,使得任何包含 n 个格的矩形区域中所有数之和均相等.求所有的 n 值使得表格中每个格的数都必须相等.

解 $n=1$.显然当 $n=1$ 时每个格的数都必须相等.如果 $n>1$,设 p 为整除 n 的最小质数.在表格第 1 行的 $1,p+1,2p+1,\cdots$ 位置填入 1;在第 2 行的 $2,p+2,2p+2,\cdots$ 位置填入 1;等等.一般地,在第 i 行的 $i,i\pm p,i\pm 2p,\cdots$ 位置填入 1.最后在所有其余格内填入 0.任何包含 n 个格的矩形区域中包含 $\dfrac{n}{p}$ 个 1,故和均相等.因此满足要求的仅有 $n=1$.

例 2 (1980 春)在 $N \times N$ 表格中填入 N^2 个数,使得任何两行数均不相同(只要有一列对应的数不同,这两行就被视为不同).求证:可以去掉表格的某一列,然后表格的任何两行数仍然互不相同.

证法一 我们用归纳法证明以下结论对所有 $2 \leqslant m \leqslant N$ 成立,于是 $m=N$ 即为所求.

对于表格中的前 m 行,存在 $m-1$ 列使得这些行在这 $m-1$ 列中的数互不相同.

当 $m=2$ 时,显然存在某一列使得第一行与第二行在该列中的数不同.假设结论对 m 成立,记 C 为使得前 m 行互不相同的那 $m-1$ 列.现在考察第 $m+1$ 行,有两种情形:
(i)其在 C 中与前 m 行均不相同,此时 C 已经符合要求,任意添加一列至 C 即可;
(ii)其在 C 中与第 P 行相同,此时存在 $1 \leqslant i \leqslant N, i \notin C$,使得第 $m+1$ 行与第 P 行在第 i 列的数不同,于是 $C \cup \{i\}$ 符合要求.

证法二 假设结论不真,则去掉表格的任何一列都会造成某两行或更多行相同.将所有 N 行看作 N 个顶点 $1,2,\cdots,N$.对于每个 j,$1 \leqslant j \leqslant N$,存在第 x 行与第 y 行可通过去掉第 j 列变得相同.连接顶点 x 和 y.于是 N 个顶点之间存在 N 条边,其中必存在回路.设回路的顶点依次为 $V_1,V_2,\cdots,V_k$,其中 V_i 行和 V_{i+1} 行之间通过去掉第 C_i 列变得相同($V_{k+1}=V_1$),由边的取法可知所有 C_i 均不相同.因 V_1 与 V_2 行通过去掉第 C_1 列变得相同,故它们在第 C_k 列的数相同.类似地,V_2 与 $V_3,\cdots,V_{k-1}$ 与 V_k 在第 C_k 列的数相同,这就推出 V_1 行与 V_k 行在第 C_k 列的数相同,同时 V_1 行与 V_k 行通过去掉第 C_k 列变得相同,说明这两行完全相同,与前提不符.这个矛盾就说明存在一列,去掉该列之后所有行仍然互不相同.

例 3　（2010 秋·高中·二试）在 1000×1000 表格中填入 0 或 1.求证:要么可以去掉其中 990 行,剩下每列中都包含 1,要么可以去掉其中 990 列,剩下每行中都包含 0.

分析　我们的目标是找到 10×1000 子表格,其中每列都有 1;或者 1000×10 子表格,其中每行都有 0.粗略地设想,如果表格中 1 较多,则必有一行至少包含 500 个 1,取这一行作为 10×1000 子表格的一行,如此已经有 500 列包含 1.再考察尚未包含 1 的 500 列,理想的情况是能够继续找到一行至少包含 250 个 1,以后每取新的一行可以使得未包含 1 的列数减半,注意到 $2^{10} = 1024 > 1000$,如果能顺利取满 10 行构成 10×1000 子表格,则不存在未包含 1 的列.如果以上进程不成功,则说明 0 的分布更符合要求,于是我们转而考虑找 10 列使得其中每行都包含 0.

证明　如果某一列与所有已选行的交叉位置均为 0,则称之为"坏列";如果某一行与所有已选列的交叉位置均为 1,则称之为"坏行".最初,设所有行、列均为坏的.

先假设表格中 1 的数目至少为一半.于是存在某行,1 的数目至少为一半,选这一行,剩下的坏列至多为 500 个.在这些坏列组成的子表格中,若存在某行,1 的数目至少为一半,就选这一行,剩下的坏列至多为 250 个.继续这一进程,有三种可能发生的情况:

（ⅰ）选完 $m < 10$ 行时,表格中已没有坏列.再任取 $10 - m$ 行组成 10×1000 子表格,每列都包含 1.

（ⅱ）一直选到第 10 行,剩下的坏列数小于 $\dfrac{1000}{2^{10}} < 1$,说明没有坏列,结果同（ⅰ）.

（ⅲ）选完 $m < 10$ 行后,在剩下的坏列组成的子表格中,每一行 0 的数目超过一半.于是我们转而选取列:每次选一列使得坏行数目至少减半.如果发生类似（ⅰ）或（ⅱ）的情况,则结论得证.

否则,设取完 $n < 10$ 列后,在剩下的坏行组成的子表格中,每一列 1 的数目超过一半.现在考察取完 m 行、n 列之后所有坏列、坏行的交叉位置组成的子表格:按照行统计,则 0 多;按照列统计,则 1 多.这是不可能的.该矛盾说明选行、列时同时发生（ⅲ）是不可能的.

当表格中 0 的数目至少为一半时,其推理是完全类似的.得证.

笔者注　一般地,若表格规格为 $k \times k$,$2^{n-1} < k \leqslant 2^n$,则题目结论对 n 行或 n 列成立.亦可用归纳法证明,有兴趣的读者可自行完成.

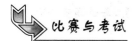 **比赛与考试**

例 4　（1991 春·高中·二试）某比赛中总共有 32 名拳击手,每人每天最多打一场比赛.已知所有拳击手的实力均不相同,且强者一定战胜弱者.当一天的比赛全部结束后,组织者可以根据结果来设计下一天的赛程(到第二天时不可更改).求证:通过 15 天的比赛,可以完全确定每名选手的排名.

证明　对于两名拳击手 X,Y,用 $X > Y$ 表示 X 的实力强于 Y.我们需要以下引理:

引理　设 A,B 两组分别有 k,l 名拳击手且分别已被完全排序,即已知

$$A_1 > A_2 > \cdots > A_k, \quad B_1 > B_2 > \cdots > B_l.$$

若 $k + l = 2^n$,则通过 n 天的比赛,可以完全确定两组合并后的排序.

引理的证明　采用归纳法. 当 $n=1$ 时 $k=l=1$, 显然 1 天内可以确定排序. 假设 $k+l=2^n$ 时, 通过 n 天比赛可以确定排序. 现考虑 $k+l=2^{n+1}$ 的情形, 不妨设 $k \leqslant l$. 在第一天, 对于每个 $1 \leqslant i \leqslant k$, 令 A_i 与 B_{2^n-i+1} 进行比赛, 有两种情况:

（ⅰ）所有的 A_i 均战胜了 B_{2^n-i+1}. 此时, 特别地, 有 A_k 战胜 B_{2^n-k+1}. 于是只需对 $(A_1, A_2, \cdots, A_k)$ 和 $(B_1, B_2, \cdots, B_{2^n-k})$ 进行排名. 注意到这两组一共有 $k+2^n-k=2^n$ 名选手, 由归纳假设知经过 n 天比赛可以完成.

（ⅱ）至少有一个 A_i 败给了 B_{2^n-i+1}. 设 i 是其中下标最小者, 即 $A_1, A_2, \cdots, A_{i-1}$ 取胜及 $A_i, A_{i+1}, \cdots, A_k$ 失败. 此时只需分别对 $(A_1, A_2, \cdots, A_{i-1})$ 和 $(B_1, B_2, \cdots, B_{2^n-i+1})$ 以及 $(A_i, A_{i+1}, \cdots, A_k)$ 和 $(B_{2^n-i+2}, B_{2^n-i+3}, \cdots, B_l)$ 进行排名. 注意到

$$(i-1)+(2^n-i+1)=(k-i+1)+(l-2^n+i-1)=2^n,$$

由归纳假设知经过 n 天比赛可以完成. 引理得证.

现在回到原问题的证明. 第 1 天将 32 人分成 16 组, 每组 2 人, 并决出每组的排名; 第 2, 3 天将 16 组合并成 8 组, 每组 4 人, 并决出每组的排名; 再用 3, 4, 5 天决出合并为 4 组, 2 组, 1 组的排名, 总共需要 $1+2+3+4+5=15$ 天.

笔者注　此问题的解答用到了归并排序 (Merge Sort) 的思想. 当需要对 N 个数进行排序时, 先将所有数两两分成一组进行排序, 再将排好序的两组合并成一组. 继续这一进程, 每组包含 $2, 4, 8, \cdots$, 直到 N 个数, 这种排序算法效率很高, 当 N 很大时, 计算量的增长速度大约为 $N \cdot \log N$. 该算法最初由冯·诺伊曼在 1945 年提出.

例 5　(2000 秋·初中·二试) 在今年春季的环球城市数学竞赛中, 高中组竞赛共有 6 道题目, 假设每道题恰好被 1000 名选手解出, 但任何两名选手都没能解出所有 6 道题目. 问: 参赛选手至少有多少名?

解　至少有 2000 名.

显然不可能有任何选手解出 5 道题. 如果有选手解出 4 道题目, 那么对于剩下 2 道题目, 每名选手至多只解出 1 道, 这样, 参赛选手不可能少于 2001 人.

如果每名选手解出 3 道题目, 共有 $C_6^3=20$ 种组合方式. 我们选其中 10 种组合, 使得任何两种都不包含 1 至 6 中的所有数, 且每个数均出现在 5 种组合中. 例如:

$(1,2,3), (2,3,4), (3,4,5), (1,4,5), (1,2,5), (1,3,6), (3,5,6), (2,5,6), (2,4,6), (1,4,6).$

令解出每种题目组合的选手恰好为 200 名, 于是共有 2000 选手, 每道题有 1000 人解出.

例 6　(1990 春·初中·一试) 在 61 枚外观相同的硬币中, 有 2 枚假币. 假币的质量相同, 但与真币不同; 所有真币的质量相同. 现使用天平称 3 次, 试判断出假币与真币孰轻孰重.

解法一　去掉 1 枚硬币, 剩下的平分成三堆, 其中必有两堆质量相等. 使用天平 2 次可以称出等重的两堆, 设为 A 和 B, 另一堆记为 C. 再将 A 平分成两堆并称重, 有以下两种情形:

（ⅰ）两小堆等重，于是 A,B 中无假币；如果 $A>C$，则假币轻；如果 $A<C$，则假币重.

（ⅱ）两小堆质量不等，于是 A 中有假币；如果 $A>C$，则假币重；如果 $A<C$，则假币轻.

解法二　去掉 1 枚硬币，剩下的平分成两堆（各 30 枚）并称重，设 $A\geqslant B$. 再将 A 平分成三堆 C,D,E 并称量 C 和 D，D 和 E. 有以下两种情形：

（ⅰ）$A=B$. 此时 A 和 B 中各包含 1 枚假币，于是 C,D,E 中有一堆包含假币，这一堆和另外两堆不等重，通过后两次称重即可做出判断.

（ⅱ）$A>B$. 此时若 $C=D=E$，则 A 中不含假币，B 中含 1 或 2 枚假币，且假币轻；若 C,D,E 的质量不全相等，则 A 中含 1 或 2 枚假币，B 中无假币，且假币重.

笔者注　此问题可推广至 $6k+1$ 枚硬币. 采用第一种方法，取三堆，各 $2k$ 枚硬币，称量 2 次可以找出等重的两堆，再将其中一堆平分并称重，即可推断出假币与真币的质量大小.

例 7　（1995 春・初中・二试）一组地质学家在探险时携带了 80 盒罐头，其质量分别为 1 克，2 克，…，80 克. 经过一段时间后，所有罐头上的标签都变得模糊不清，但厨师说他记得每盒罐头的质量；而且只需要一台可以显示两侧质量差值的天平，称重 4 次，就能检验他的记忆是否准确.

求证：(1)厨师的话是对的；(1)称重 3 次无法检验.

证明　(1)引进一盒虚拟的质量为 0 的罐头，然后将 81 盒罐头的质量转换成三进制数，从 0000 到 2222 不等.

在第 i 次（$1\leqslant i\leqslant 4$）称重时，将厨师所认为质量第 i 位为 2 的罐头全部放在天平左边的托盘上，将第 i 位为 0 的罐头全部放在右边的托盘上. 每次称重两边均为 27 盒罐头.

在第一次称重中，天平应该显示所有 27 盒罐头组合中，质量最大可能值减去最小可能值（该差值为 $54\times 27=1458$）. 这个数可以确定左边 27 盒罐头的第一位数均为 2，右边 27 盒罐头的第一位数均为 0，即所有罐头质量的第一位数均正确.

在第二次称重中，天平应该显示所有 27 盒罐头组合中，质量首位数包含 0，1，2 各 9 个的最大可能值减去最小可能值（该差值为 $18\times 27=486$），这个数可以确定所有罐头质量的第二位均正确.

类似地，第三、第四次称重显示的差值为 $6\times 27=162$ 和 $2\times 27=54$，可以确定所有罐头的第三位、第四位均正确.（只要有一次显示的不为期望值，就说明厨师的记忆有误.）

(2)在每次称量中，每盒罐头有 3 种可能：在左边托盘上，在右边托盘上，或不在天平上. 三次称重总共有 $3^3=27<80$ 种可能的状态，必有两盒罐头处于同一种状态，于是无法检验这两盒的质量.

精选试题

1.（1991 秋・高中・二试）(1)是否可以在 4×4 表格中填入 100 以内互不相同的正整数，使得每行每列数的乘积都相等？

(2)是否可以在 9×9 表格中填入 1000 以内互不相同的正整数，使得每行每列数的乘积都相等？

2. (2015 春·高中·二试)(1)在 $2 \times n(n > 2)$ 表格中写数,使得每列数之和互不相同.求证:总可以交换其中一些数的位置,使得每列数之和互不相同,同时每行数之和亦互不相同.

(2)在 100×100 表格中写数,使得每列数之和互不相同.问:是否总可以交换其中一些数的位置,使得每列数之和互不相同,同时每行数之和亦互不相同?

3. (2006 春·初中·二试)甲、乙各有一张相同的 5×5 表格,其中写有 25 个互不相同的数.甲从表中选出最大数,擦去所在行与列中的其他数,再从剩下部分选出最大数,擦去所在行与列中的其他数,依次进行,一共选出 5 个数.乙和甲类似,但区别是每次选最小数,最后也有 5 个数.问:(1)乙所选的 5 个数之和,是否可能大于甲选的 5 个数之和?(2)乙所选的 5 个数之和是否可能大于表格中其他任何一组 5 个不同行、不同列的数之和?

4. (1989 春·初中·二试)(1)在 $2n \times 2n$ 表格中填入 $3n$ 个五角星,每格最多填一个.求证:表格中存在 n 行、n 列包含所有的五角星.

(2)如果(1)中填入 $3n+1$ 个五角星,则有可能任何 n 行、n 列都不包含所有的五角星.

5. (2011 春·初中·二试)在 $n \times n$ 表格的每格中填入一个数,使得每一行中最大的两个数之和均为 a,每一列中最大的两个数之和均为 b.求证:$a = b$.

6. (2019 春·高中·二试)在 $n \times n$ 表格中填入 $1, 2, \cdots, n^2$,每格一个数,满足:①相邻数处于相邻格中(指具有公共边的两格;1 和 n^2 不相邻);②任何两个除以 n 的余数相同的数均处于不同行、不同列的两格中.问:对于哪些正整数 n,上述做法可以实现?

7. (2001 春·高中·二试)在 A, B 两张 $m \times n$ 表格中填入 0 或 1,使得两表中 1 的数量相同,且每张表每行、每列从左至右、从上到下的数字均不减小.对于每个 $k, 1 \leqslant k \leqslant m$,$A$ 表最上面 k 行数字之和不小于 B 表最上面 k 行数字之和.求证:对于每个 $l, 1 \leqslant l \leqslant n$,$B$ 表最左边 l 列数字之和不小于 A 表最左边 l 列数字之和.

8. (1986 秋·高中)在 8×8 表格中填入 $1, 2, \cdots, 32$,每个数填两次.求证:总能选出 32 个格,包含 $1, 2, \cdots, 32$,且这些格占据了表格的每一行及每一列.

9. (2010 秋·高中·一试)共有 55 名选手参加淘汰赛,每次只比赛一局,负者出局.规定每局比赛中两位选手的胜利场数最多只可相差 1.问:淘汰赛的最终胜利者最多胜利多少局?

10. (1996 春·初中·二试)有 8 名学生参加一次考试,共有 8 道题目.

(1)假设每道题目均有 5 人做出.求证:一定可以找出两名学生,使得每道题目都被他俩中至少一人做出.

(2)假设每道题目均有 4 人做出.试找出这样的情形:对于任何两名学生,总存在某道题目,两人均未做出.

11. (1981 春)某班级有 k 名学生.最初,每名学生都知晓一条不为他人所知的讯息.现在让学生之间两两进行交谈,在交谈中两人可以分享他们知晓的所有讯息.假设每次交谈持续 1 小时,结束后两人可以立即与下一名学生交谈.问:(1)当 $k=64$ 时最少需要多少时间,可以使得每名学生都知晓所有 k 条讯息?(2)当 $k=55$ 时呢?(3)当 $k=100$ 时呢?

12.(2013春·初中·二试)甲、乙两队进行乒乓球比赛,甲队共有 m 名选手,乙队共有 n 名选手,其中 $m \neq n$.现假设比赛场地只有一张球台,两队按以下方式进行比赛:先从两队各选一名选手到球台打一局,剩下的所有选手排成一列.在当前两名选手打完之后,队列中排在最前面的选手走上球台代替自己的队友和对手打一局,而被替代的选手重新加入到队列的最后面.按照以上方式不断进行比赛.求证:经过一段时间之后,两队中任何两名选手都同台打过球.

13.(2016秋·初中·二试)在一次测试中总共有 20 道选择题,每题有 k 个选项.对于其中任意 10 道题的总共 k^{10} 种答案组合中的任何一种,总能找到一名学生的答案与之相同.问:(1)当 $k=2$ 时是否一定有两名学生,其 20 道题的答案均不相同?(2)当 $k=12$ 时呢?

14.(2000秋·初中·一试)在 32 枚外观完全相同的硬币中有 2 枚假币,剩下的为真币.所有真币的质量相等;2 枚假币的质量也相等,但与真币的质量不等.问:如何使用天平(不超过 4 次),可以将所有硬币分成质量相等的两堆?

15.(2002春·初中·一试)(1)在外观相同的 128 枚硬币中,有两种质量不同的硬币各 64 枚.试用天平称 7 次找出 2 枚不同质量的硬币.

(2)在外观相同的 8 枚硬币中,有两种质量不同的硬币各 4 枚.试用天平称 2 次找出 2 枚不同质量的硬币.

16.(2012秋·高中·一试)在 239 枚外观相同的硬币中,有 2 枚假币.假币的质量相同,但与真币不同;所有真币的质量相同.试用天平称 3 次,分辨出假币与真币孰轻孰重.

 进阶试题

1.(1989秋·高中·二试)在 $m \times n (m < n)$ 表格中,某些方格标有星号,称为"星格",每列中至少有一个星格.求证:存在一个星格,其所在行中的星格数大于其所在列中的星格数.

(提示:如果某星格所在行中有 a_i 个星格,所在列中有 b_i 个星格,考虑 $\frac{1}{a_i}$ 及 $\frac{1}{b_i}$ 并证明存在某个 i 满足 $\frac{1}{a_i} < \frac{1}{b_i}$.)

2.(1996春·高中·二试)在 $2^n \times n$ 表格中填入 1 或 -1,使得任何两行均不相同.现在将表格中的某些数变成 0.求证:(1)总可以选取表格中的若干行,使得这些行中的所有数之和等于 0;(2)总可以选取若干行,使得这些行相加等于零行,即 $(0, 0, \cdots, 0)$.

(提示:每行变换之后总可以表示成 $r_1 - r_2$ 的形式,r_1 和 r_2 中不出现 -1.)

3.(2000春·高中·二试)在一次单循环比赛中,规定胜一场得 1 分,负一场得 0 分,平一场得 0.5 分.在所有比赛结束之后,回顾这些比赛:如果总分低的选手战胜了总分高的选手,那么称这场比赛为"冷门".求证:

(1)冷门比赛的场数严格少于总比赛场数的 $\frac{3}{4}$.

(2)结论(1)中的比例 $\frac{3}{4}$ 不能再减少.

（提示：考虑积分靠前的半数选手从积分靠后的半数选手身上拿到的分数，从而证明非冷门比赛不少于总场数的 $\frac{1}{4}$.）

4.（2008 秋·高中·二试）一次小测试共有 30 道判断题，每题 1 分，小明答完所有题后立即得知分数．现在允许小明重做这些题，每次做完后都立即得知分数．问：（1）是否有一种策略，保证他在第 30 次作答时获得满分？（2）是否有一种策略，保证他在第 25 次作答时获得满分？假设小明最初不知道任何题目的答案．

（提示：试用 4 次作答确定 5 道题的正确答案，或甚至用 3 次作答确定 4 道题的正确答案．）

5.（1992 春·高中·二试）在 201 枚硬币中，有 100 枚银币和 101 枚金币质量互不相等．现在已知所有银币之间的质量关系以及所有金币之间的质量关系，但不知道任何银币与金币之间的质量关系．试用天平称量 8 次找出质量处于中间（即第 101 位）的那一枚硬币，并证明更少的称重次数无法保证完成任务．

（提示：先考虑一个类似问题：有金币和银币各 2^{n-1} 枚，已知所有金币之间的质量关系及所有银币之间的质量关系，试用天平称 n 次找出第 $2^{n-1}+1$ 重的硬币．）

其他未归类的难题

6.（1997 秋·高中·二试）甲发明了一套俄文（共 33 个字母）密码系统，在加密过程中每个字母被一个长度不超过 10 的单词所代替．如果任何加密后的文字都有唯一的解码方式，则称这个密码系统是“好的”．假设乙用计算机检验了所有长度不超过 10000 的加密文字，发现均有唯一的解码方式．问：这能否说明甲的密码系统是好的？

（提示：假设 W 是长度超过 10000、存在两种解码方式的加密文字中的最短者，试证明存在更短的 W' 亦有两种解码方式，从而推出矛盾．）

7.（1991 秋·高中·二试）共有 n 名小朋友平分 m 块巧克力，每块巧克力至多切一次．问：（1）当 $m=9$ 时，对于哪些 n 值，可以实现？（2）一般地，对于哪些正整数对 (m,n)，可以实现？

8.（2002 春·高中·二试）将一副去除大、小王的扑克牌（52 张）排列成 13 行、4 列形式，任何相邻的两张牌要么花色相同，要么数字相同（将 J，Q，K 视为 11，12，13）．求证：每种花色的 13 张牌处于同一列中．

（提示：任何处于 2×2 位置的四张牌，必定是平行的两组同花色及平行的两组同数字．）

9.（2004 秋·高中·二试）给定质数 $n \geqslant 5$，如果三个内角均为 $\frac{m}{n} \times 180°$ 的形式，其中 m 为正整数，则称一个三角形是“合格的”．最初，桌上有一个合格三角形．每次，取桌上一个合格三角形，将其剪成两个合格三角形，每个均不相似于桌上的任何一个三角形，然后放回桌上．经过一段时间之后，无法再次选取．求证：此时桌上包含每种形状的合格三角形各一个．

（提示：如果合格三角形 T 可以被剪成 U 和 V，其中 U 与 T 相似，则 V 一定可以被剪成 W 和 X，其中 W 与 V 相似，X 与 T 相似．）

附录 环球竞赛 2019 年秋季真题

初中组一试

1. (4分)魔术师将去掉大、小王的 52 张扑克牌摆成一排,然后让观众每次选一个正整数 k,k 不超过当前牌的张数.魔术师随后移去从左边数起或从右边数起第 k 张牌(由魔术师决定).继续这一过程直到桌上剩下最后一张牌,如果是黑桃 3,则魔术师获胜.问:对于什么样的初始排列,魔术师可以保证获胜?

2. (4分)设 A,C 是圆 O 上的定点,点 P 在圆周上移动,X,Y 分别是线段 PA,PC 的中点,点 H 为 $\triangle OXY$ 的垂心.求证:H 的位置与 P 无关.

3. (4分)将 100 张分别写有数字 1 至 100 的卡片按从小到大的顺序摆成一排.规定:交换相邻两张卡片需要花费 1 元钱;交换间隔着三张卡片的两张卡片则不需要花钱.问:将这些卡片按从大到小的顺序排列,至少需要花费多少钱?

4. (5分)若在圆周上写下 1000 个完全平方数,其中任何 41 个连续数之和均为 41^2 的倍数.问:是否每个数都是 41 的倍数?

5. (5分)求证:用 3 个边长为 1 的正方体粘成的 L 型积木,可以拼出任何长、宽、高均不少于 2,体积为 3 的倍数的长方体.

高中组一试

1. (3分)与初中组一试第 1 题相同.

2. (4分)已知在凸五边形 $ABCDE$ 中,$AB=BC$,$AE /\!/ CD$.设 K 为 $\angle A$ 与 $\angle C$ 的角平分线的交点.求证:$BK /\!/ AE$.

3. (4分)对于正整数 n,允许以下两种操作:(1)乘以 3 再加 1;(2)若 n 为偶数,除以 2,若为奇数,减去 1 再除以 2.求证:从 1 开始,经过有限次操作,可以得到任何正整数.

4. (5分)若在某个多边形(不一定为凸多边形)中,任何两条邻边均相互垂直.任取顶点 A,考察所有顶点 B,满足 $\angle B$ 的平分线与 $\angle A$ 的平分线垂直.求证:这样的顶点 B 共有偶数个.

5. (5分)将 100 张分别写有数字 1 至 100 的卡片按从小到大的顺序摆成一排.规定:交换相邻两张卡片需要花费 1 元钱;交换间隔着四张卡片的两张卡片则不需要花钱.问:将这些卡片按从大到小的顺序排列,至少需要花费多少钱?

初中组二试

1. (2分＋2分)称正整数 $n(n>1)$ 的复杂度为其质因数的个数,例如 4 和 6 的复杂度均为 2.试求出所有满足下列条件的 n:(1)对于所有的 $t(n<t<2n)$,t 的复杂度均不超过 n 的复杂度;(2)均小于 n 的复杂度.

2. (7分)已知两个锐角 $\triangle ABC$ 和 $\triangle A_1B_1C_1$,其中 B_1 和 C_1 在边 BC 上,A_1 在 $\triangle ABC$ 内部,S 和 S_1 分别代表它们的面积.求证:

$$\frac{S}{AB+AC}>\frac{S_1}{A_1B_1+A_1C_1}.$$

3. (7分)已知有 100 枚肉眼无法分辨的金、银、铜币:金币的质量为 3 克,银币的质量为 2 克,铜币的质量为 1 克,每种硬币至少有一枚.试用一架天平区分出所有硬币,要求称量次数不超过 101 次.

4. (7分)从 $\triangle ABC$ 的外心 O 向 $\angle B$ 的内角和外角平分线分别作垂线,设垂足分别为 P,Q.求证:PQ 平分 AB,BC 中点之间的连线.

5. (8分)求证:对于任何正整数 m,都存在正整数 $n>m$ 使得 mn 与 $(m+1)(n+1)$ 均为完全平方数.

6. (8分)小明最初仅有若干纸币,面值均为 100 元.他打算购买一些价格为整数元的书,如果书价不少于 100 元,则小明用纸币支付并得到若干 1 元硬币,每次至多得到 99 枚;如果书价低于 100 元且小明有足够的硬币,那么他用硬币支付;如果书价低于 100 元且小明手中没有足够硬币,则他用一张纸币支付并获得硬币.最终,小明手中只剩下硬币,且数量与买到的书的总价相等.问:硬币数是否可能达到 5000?

7. (10分)小明有一枚 $n\times n$ 大小的印章,$n>10$,其中 102 格涂有油墨.他在一张 101×101 大小的白纸上盖章,每次留下 102 个印戳,盖 100 次之后,白纸上除了角上的一格以外,每个格都包含一个印戳.问:这是否可能?

高中组二试

1. (5分)已知二元多项式 $P(x,y)$ 满足:对于任何非负整数 n,$P(n,y)$ 与 $P(x,n)$ 均为次数不超过 n 的多项式(可能为 0).问:$P(x,x)$ 的次数是否可以为奇数?

2. (5分)设 $\triangle ABC$ 为锐角三角形,A',B',C' 分别在边 BC,CA,AB 上,且 AA',BB',CC' 交于一点 P.以 AA' 为直径作圆,过 P 作与该直径垂直的弦;再以类似方式得到另外两条弦,以上三条弦的长度相等.求证:P 为 $\triangle ABC$ 的垂心.

3. (6分)与初中组二试第 3 题相同.

4. (10分)设正数递增数列 $\cdots<a_{-2}<a_{-1}<a_0<a_1<a_2<\cdots$ 的两侧均为无穷多项,对于每个正整数 k,设 b_k 是满足以下关系的最小整数:对于任何 $i\in\mathbf{Z}$,$b_k\geqslant\dfrac{a_{i+1}+a_{i+2}+\cdots+a_{i+k}}{a_{i+k}}$.求证:$b_1,b_2,b_3\cdots$ 要么恰好是正整数列 $1,2,3\cdots$,要么从某一项起为常数列.

5.(6 分＋6 分)若凸四边形 $ABCD$ 的内点 M 到 AB,CD 所在直线的距离相等,到 BC,AD 所在直线的距离亦相等,且 $ABCD$ 的面积等于 $MA \cdot MC + MB \cdot MD$.求证:
(1)四边形 $ABCD$ 有外接圆;(2)四边形 $ABCD$ 有内切圆.

6.(6 分＋6 分)用平行于边的长针穿透边长为 $2n$ 的大立方体,每根针穿透 $2n$ 个单位立方体,且每个单位立方体被至少一根针穿透.如果存在若干根针,其中任何两根针都没有穿透同一个单位立方体,则称这些针组成的子集是"合理"的.
(1)求证:可以找出一个 $2n^2$ 元合理子集,其中所有针的方向不超过两个.
(2)求使得合理子集存在的针的数目的最大值.

7.(12 分)将 $1,2,\cdots,n$ 中的一部分标成红色,使得任何红色三元组 (a,b,c) 若满足 $a(b-c)$ 为 n 的倍数,则 $b=c$.求证:红色数不超过 $\varphi(n)$ 个,其中 $\varphi(n)$ 代表从 1 至 n 中与 n 互质的整数的个数.

参考答案

第一讲　组合计数

1. 解　将表格交错标记成×格和○格,其中左下角为×格.去掉任何一个×格或○格,并将剩下 31 个同标记的方格染色,显然满足要求.以上对应着 64 种染法.

另一方面,注意到每行至多有 4 格被染色.因此必须有 7 行,每行染 4 格,剩下 1 行染 3 格.如果相邻的两行均染 4 格,那么这两行只能按象棋盘的方式染色.所以唯一的例外情况是染 3 格的那一行是第 2 行或第 7 行.容易看出,当第 2 行染第 3,5,7 格时,第 1 行可以染第 1,4,6,8 格;当第 2 行染第 2,4,6 格时,第 1 行可以染第 1,3,5,8 格.类似地,在第 7,8 行也有两种对称的染法,除此之外没有其他符合条件的染法.

综上,答案为 68 种.

2. 解　每名学生的好友数目可以是 0,1,2,…,25,共 26 种取值,但如果一名学生没有好友,那么不可能有学生与所有人为好友.因此,小明之外所有学生的好友数目要么从 0 到 24,要么从 1 到 25.

先假设为前者,将好友数目为 0,1,…,12 的学生划为 A 组,数目为 13,14,…,24 的学生划为 B 组(小明不属于任何一组),我们统计互为好友的学生对数目,每一对统计两次:包含 A 组学生的共有 $0+1+\dots+12=78$ 对,包含 B 组学生的共有 $13+14+\dots+24=222$ 对,这其中至多有 $12\times11=132$ 对由 B 组内的两名学生所组成,再加上 78 对,仍然缺少 $222-132-78=12$ 对,于是这些对一定包括小明,同时 A 组学生的好友全部在 B 组中,不包括小明.故小明有 12 个好友.

再假设为后者,其中一名学生小红有 25 名好友.我们暂时不考虑小红与任何人的好友关系,那么小红的好友数降为 0,同时其他所有人的好友数目减 1,这就变成了之前考虑的情形,小明有 12 个好友,再加上与小红的好友关系,则小明共有 13 个好友.

综上,答案为 12 或 13.

3. 证明　显然,所有 8 个车处于不同行、不同列的位置.任何一格要么有车,要么同时被所在行、所在列中的两个车攻击.设 (i,j),$1\leqslant i,j\leqslant8$,为一个空格,同时被位于 (i',j) 和 (i,j') 的车攻击,那么另一个空格 (i',j') 同样被这两个车攻击,如果 $|i-i'|<|j-j'|$,则 (i,j) 属于位于 (i',j) 的车的地盘,而 (i',j') 属于位于 (i,j') 的车的地盘.同样,当 $|i-i'|\geqslant|j-j'|$ 时,每个车都分得两个格中的一个.由于每一对车都同时攻击两个格,它们平分这两个格,因此每个车的地盘均为 $7+1=8$ 格.

4. 解　我们将表格第 i 行、第 j 列用 $a_{i,j}$ 表示,设 $F(n)$ 为:将 1 至 $2n$ 写入 $2\times n$ 表格,满足任何相邻的两数均处于相邻格中,且 $a_{1,1}=1$ 的写法总数.由对称性可知 $a_{2,1}=1$ 的写法总数亦为 $F(n)$.

显然 $F(1)=1$.对于 $n>1$,如果 $a_{1,2}=2$,则只有一种写法;如果 $a_{2,1}=2$,则 $a_{2,2}=3$,在右边的 $2\times(n-1)$ 子表格中共有 $F(n-1)$ 种写法.故 $F(n)=1+F(n-1)$,得 $F(n)=n$.

再考虑 1 位于 $2\times n$ 表格的第 1 行、第 j 列,$1<j<n$.如果 $a_{1,j-1}=2$,则前 j 列被完全确定,有 $F(n-j)$ 种写法;如果 $a_{1,j+1}=2$,则后 $n-j+1$ 列被完全确定,有 $F(j-1)$ 种写法.以上总数为

$$\sum_{j=2}^{n-1}\left[F(n-j)+F(j-1)\right]=(n-2)(n-1).$$

最后,$a_{1,n}=1$ 有 $F(n)$ 种;1 位于第 2 行的写法经对称变换可与 1 位于第 1 行的写法建立一一对应关系,因此两者数目相等,总数为

$$2[n+(n-2)(n-1)+n]=2n^2-2n+4.$$

令 $n=50$ 得到答案,共有 4904 种写法.

5. 解 不可能.设 O 和 E 分别为奇数名和偶数名成员组成委员会的数量,注意到委员会成员数量每天从奇数变成偶数,或从偶数变成奇数,因此,如果题目要求可以实现,则 O 和 E 至多只能相差 1.

但是,

$$O-E=(C_{11}^3+C_{11}^5+C_{11}^7+C_{11}^9+C_{11}^{11})-(C_{11}^4+C_{11}^6+C_{11}^8+C_{11}^{10})=C_{11}^9+C_{11}^{11}-C_{11}^{10}=45.$$

故无法实现.

6. 解 考虑甲、乙各掷 10 次硬币,设乙掷出正面次数多于、等于、少于甲的概率分别为 x,y,z,则有 $x+y+z=1$.又由对称性可知 $x=z$,于是 $x+\dfrac{1}{2}y=\dfrac{1}{2}$.

如果乙在前 10 次掷出的正面次数已经超过甲,那么无论第 11 次的结果为何,总次数均超过甲;如果乙在前 10 次掷出和甲同样多的正面,那么当乙第 11 次掷出正面时,总次数超过甲;如果乙在前 10 次掷出的正面次数少于甲,那么无论第 11 次的结果为何,乙都不可能超过甲.总之,乙超过甲的概率为 $x+\dfrac{1}{2}y=\dfrac{1}{2}$.

7. 解 两人得到的排列数量一样多.

在甲的排列与乙的排列之间建立一一对应关系,方式如下:对于 $X=x_1x_2\cdots x_m,1\leqslant i\leqslant m$,如果 $x_i=T$,则 $y_{2i-1}y_{2i}=TT$;如果 $x_i=O$,则 $y_{2i-1}y_{2i}=OO$;如果 $x_i=W$ 或 $x_i=N$,则 $y_{2i-1}y_{2i}=TO$ 或 OT.这样 X 唯一对应着 $Y=y_1y_2\cdots y_{2m}$,且 X 中 T 和 O 的数目相等当且仅当 Y 中 T 和 O 的数目相等.得证.

8. 证明 将表格划分成 20 个田字格,以及剩下的对角线和周围区域(记为 R),如图所示.

由已知条件可得 R 中的加号数量为偶数.从 R 中减去阴影格处于右上、左下位置的两个田字格,再加上阴影格两次,可以得到对角线上的 11 个格,无论这 5 个阴影格中加号的数量是奇数还是偶数,其两倍都必为偶数,于是对角线上的加号数量为偶数.

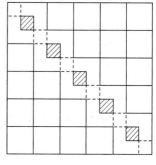

第 8 题图

9. 解 将第 i 行、第 j 列的单位方格记为 (i,j).每个方格有四种染色方法,设为 A,B,C,D,如图所示.

对于 (i,j) 而言,如果 $(i,j-1)$ 的染法已被确定,则只有两种可能:例如 $(i,j-1)$ 为 A 或 D,则 (i,j) 只能为 A 或 D.这对于 $(i-1,j)$ 已确定也适用.如果 $(i,j-1)$ 和 $(i-1,j)$ 均已确定,则 (i,j) 只有唯一的染法:例如当 $(i,j-1)$ 为 A,$(i-1,j)$ 为 C 时,(i,j) 只能为 A.读者不难写出所有 $4\times4=16$ 种情形.

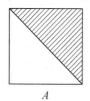
A

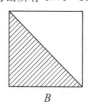
B

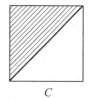
C

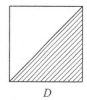
D

第 9 题图

在大正方形中,首先染 $(1,1)$,共有 4 种方法,然后依次染 $(1,j)$,$j=2,3,\cdots,8$,各有 2 种方法,再依次染 $(i,1)$,$i=2,3,\cdots,8$,亦各有 2 种方法.以上完成之后,其余方格的染法均被唯一确定.故总共有 $4\times2^7\times2^7=2^{16}$ 种好图.

注 也可以先染对角线上的 8 个方格,这些方格使得其余方格的染法被唯一确定,因此总共有 $4^8=2^{16}$ 种好图.

10. 解 (1)当 n 为奇数时,假设染色可以实现,考察相邻异色正方体对的数目 P:因为每个单位正方体对应着 3 个这样的配对,故总共对应 $3n^3$ 对,为奇数;但每个配对被计算了 2 次,$2P=3n^3$,无整数解.这说明 n 不能为奇数.

(2)当 n 为偶数时,首先当 $n=2$ 时将所有单位正方体交错染色即符合要求,我们称两种不同的交错染色方式分别为 I 型和 II 型.当 $n>2$ 时,将大正方体分成 $2\times2\times2$ 正方体并交错地采用 I 型和 II 型染色方式,即符合要求.

综上所述,对于所有偶数 n,染色方式可以实现.

11. 证明 设运动员 A_i 的速度为 v_i,$1\leqslant i\leqslant 2n$,且 $v_1<v_2<\cdots<v_{2n}$.再设

$$u=\min\{v_2-v_1,v_3-v_2,\cdots,v_{2n}-v_{2n-1}\}.$$

于是对于 $j>i$,必有 $v_j-v_i\geqslant(j-i)u$.设环形跑道的长度为 d,最后相遇的两名运动员相遇时,时间过去了 $\dfrac{d}{u}$;另一方面,A_i 与 A_j 每过 $\dfrac{d}{v_j-v_i}$ 时间便相遇一次,那么因为 $(j-i)\dfrac{d}{v_j-v_i}\leqslant\dfrac{d}{u}$,所以他们在 $\dfrac{d}{u}$ 时间内至少相遇了 $j-i$ 次.于是,A_i 至少分别与 A_1,A_2,$\cdots$,A_{i-1} 相遇了 $1+2+\cdots+(i-1)$ 次,又分别与 A_{i+1},A_{i+2},$\cdots$,A_{2n} 相遇了 $1+2+\cdots+(2n-i)$ 次,总计

$$\frac{(i-1)i+(2n-i)(2n-i+1)}{2}=i^2-(2n+1)i+2n^2+n\geqslant n^2,$$

当 $i=n$ 或 $i=n+1$ 时取等号.

12. 解 乙的方式更多.一方面,对于甲的每一种放置方式,相应地将每一行处于第 k 列的国王放置在 100×100 棋盘同一行第 k 个白格中,显然,这对应着乙的一种放置方式.因此乙的方式不少于甲.另一方面,如果乙将两个国王放置于同一行的第 k 个和第 $k+1$ 个白格中,两者不相互攻击,但其对应的 100×50 棋盘中的放置方式不符合甲的要求.因此乙的方式多于甲.

13. 解 在大立方体中,有 $(n-2)^3$ 个单位立方体位于内部,$6(n-2)^2$ 个位于面上(暴露 1 个面),$12(n-2)$ 个位于边上(暴露 2 个面),8 个位于角上(暴露 3 个面).

①对于面上的单位立方体,需 6 个面全染黑才能保证至少 1 个黑面暴露在外面,故至少染 $6[(n-2)^3+1]=6(n-2)^3+6$ 个面.

②对于边上的单位立方体,需染黑 4 个面,故至少染 $4[(n-2)^3+6(n-2)^2+1]=4(n-2)^2(n+4)+4$ 个面.

③对于角上的单位立方体,需染黑 2 个对面,故至少染 $2(n^3-7)=2n^3-14$ 个面.

当 $n=3$ 时,①最少,为 12;当 $n=1000$ 时,③最少,为 $2\times1000^3-14$.

14. 解 至少取 66 个球.

先证 65 个球是不够的.假设袋子中有 47 个红球、7 个白球和 46 个蓝球.任取其中 26 个球,至少包括 19 红球和蓝球,于是要么有 10 个红球,要么有 10 个蓝球.如果取 65 个球,有可能为 29 个红球、7 个白球和 29 个蓝球,不满足要求.

再证 66 个球是足够的.由对称性不妨假设白球数目最少(或之一).如果白球数小于等于 7,则所取 66 个球至少包括 59 个红球和蓝球,必有 30 个为同色.如果白球数大于等于 9,则红、蓝球数亦大于等于 9,任取 26 球可能包括三色球各 8,9,9 个,与题目矛盾.于是只需考虑白球数等于 8,且红、蓝球数不同时大于等于 9,不妨设蓝球数为 8,则选取的 66 个球中必有 50 个红球.证毕.

15. (1)**证明** 设 $f(k,m)$ 为使用 $k+1$ 枚砝码 $2^0,2^1,\cdots,2^k$ 称重 m 的方式总数.显然对 $m\geqslant 2^{k+1}$,$f(k,m)=0$;$f(0,1)=1$.对 $k\geqslant1$,有以下递推关系,其中等式右端第一项为不使用 2^k 砝码的总数,第二项为使用 2^k 砝码的总数.

①$f(k,2^k+t)=0+f(k-1,t)$,$1\leqslant t<2^k$.

②$f(k,2^k)=0+1$.

③$f(k,2^{k-1}+t)=f(k-1,2^{k-1}+t)+f(k-1,2^k-(2^{k-1}+t))$,$1\leqslant t<2^{k-1}$.

④ $f(k, 2^{k-1}) = 1 + 1$.

⑤ $f(k, t) = f(k-1, t) + f(k-1, 2^k - t)$, $1 \leqslant t < 2^{k-1}$.

于是当 $k \geqslant 2$ 时，由①可推知③⑤等价于

⑥ $f(k, 2^{k-1} + t) = f(k-2, t) + f(k-1, 2^{k-1} - t)$, $1 \leqslant t < 2^{k-1}$.

⑦ $f(k, t) = f(k-1, t) + f(k-2, 2^{k-1} - t)$, $1 \leqslant t < 2^{k-1}$.

定义斐波那契数列 $\{F_k\}$：$F_0 = 1$, $F_1 = 2$, $F_k = F_{k-1} + F_{k-2}$. 我们用归纳法证明 $f(k, m) \leqslant F_k$ 对所有 k, m 均成立：当 $k = 0, 1$ 时显然成立，假设 $f(i, m) \leqslant F_i$ 对 $i \leqslant k$ 均成立，则对于 $k+1 \geqslant 2$，由⑥⑦可得 $f(k+1, m) \leqslant F_k + F_{k-1} = F_{k+1}$. 取 $k = 9$, $F_9 = 89$，即得证.

（2）**解** 为求出 m 满足 $f(9, m) = 89$，需依次找出满足 $f(k, m) = F_k$ 的那些 m 值.

首先，当 $k = 0$ 时，仅 $m = 1$ 满足 $f(0, 1) = 1$；当 $k = 1$ 时，仅 $m = 1$ 满足 $f(1, 1) = 2$，由⑥推得

$f(2, 3) = f(0, 1) + f(1, 1) = F_2$, $f(3, 5) = f(1, 1) + f(2, 3) = F_3$,

$f(4, 11) = f(2, 3) + f(3, 5) = F_4$, $f(5, 21) = f(3, 5) + f(4, 11) = F_5$,

$f(6, 43) = f(4, 11) + f(5, 21) = F_6$, $f(7, 85) = f(5, 21) + f(6, 43) = F_7$,

$f(8, 171) = f(6, 43) + f(7, 85) = F_8$, $f(9, 341) = f(7, 85) + f(8, 171) = F_9$.

另一方面，由⑦推得

$f(9, 171) = f(8, 171) + f(7, 85) = F_9$.

以上 $m = 171, 341$ 为仅有的两种满足题目要求的质量.

16. 解 可以，以下给出（2）的解答.

设节点的坐标为 (x, y)，其中 $1 \leqslant x, y \leqslant 100$，蜘蛛从 $(1, 1)$ 出发. 将大正方形分成 10 个 10×100 网格，首先考虑 $1 \leqslant x \leqslant 10$ 这一部分，设其中有 k 只苍蝇分别位于 (x_1, y_1), (x_2, y_2), $\cdots$, (x_k, y_k)，其中 $1 \leqslant x_1, \cdots, x_k \leqslant 10$，$y_1 \leqslant y_2 \leqslant \cdots \leqslant y_k$. 从 $(1, 1)$ 到 (x_1, y_1)，蜘蛛至多需移动 $9 + (y_1 - 1)$ 步；从 (x_i, y_i) 到 (x_{i+1}, y_{i+1})，至多需移动 $9 + (y_{i+1} - y_i)$ 步；最后从 (x_k, y_k) 到 $(11, 100)$，至多需移动 $10 + (100 - y_k)$ 步. 因此，蜘蛛吃掉这些苍蝇并来到 $(11, 100)$，至多需移动

$$9 + (y_1 - 1) + \sum_{i=1}^{k-1} [9 + (y_{i+1} - y_i)] + 10 + (100 - y_k) = 9k + 109$$

步. 按照同样的方式，蜘蛛吃掉位于 $11 \leqslant x \leqslant 20$ 的所有 l 只苍蝇并来到 $(21, 1)$，至多需移动 $9l + 109$ 步. 继续这一进程直到吃掉最后一个 10×100 网格（即 $91 \leqslant x \leqslant 100$）内的所有苍蝇，总共需要的步数不超过 $9 \times 100 + 109 \times 9 + 99$（苍蝇总数为 100，当蜘蛛吃完最后一只苍蝇后不需再移动）$= 1980 < 2000$，得证.

17. 证明 假设某位持有座位号为 k 的观众找不到座位，则从 k 到 1000 号座位均被占据，同时从 1 号到 $k-1$ 号座位最终将被坐满（因为每个号码至少印一张），故总人数不少于 $(k-1) + 1 + (1000 - k + 1) > 1000$，与 $n < 1000$ 矛盾，故所有观众都能找到座位.

以下证明结论的后半部分.

证法一 对 $1 \leqslant i \leqslant n$，令 $f(i)$ 代表持入场券号码在 1 和 i 之间的观众总数.

当 $i \leqslant 100$ 时，每个票号 $1, 2, \cdots, i$ 至少对应一名观众，故 $f(i) \geqslant i$；当 $i \geqslant 100$ 时，$f(i) = n \geqslant i$，因此 $f(i) \geqslant i$ 对所有 i 均成立.

考察 $1 \leqslant i \leqslant n$，共有 $f(i)$ 名观众需坐在前 i 个座位，但座位只有 i 个，于是有 $f(i) - i$ 名观众会对 i 号座位发出"哦"，因此，"哦"的总数等于

$$\sum_{i=1}^{n} [f(i) - i] = \sum_{i=1}^{n} f(i) - \frac{n(n+1)}{2},$$

与入场顺序无关，而只与入场券号的分布有关，证毕.

证法二（笔者给出） 考虑 n 名观众全部入座后的排列方式，这与入场顺序有关.

一种特殊的入场顺序是让所有入场券号为 1 的观众先入场，然后入场券号为 2 的观众再入场，$\cdots$，

最后入场券号为 100 的观众入场,记这样的顺序得到排列 S.

我们将证明:任何排列 T 与 S,观众发出的"哦"的总数相同.

注意到 S 和 T 中不会出现两名观众之间的空座位:显然前 100 个座位中不会出现,而如果 $i>100$,则第一名抵达 i 座位的观众必定在该位置坐下.因此,S 和 T 中所有观众均占据 1 至 n 号座位.设 $g(i)$ 为入场券号为 i 的观众数,$1\leqslant i\leqslant 100$.先令 $i=1$,如果在 T 中这 $g(1)$ 名观众不全坐在前 $g(1)$ 个座位,就每次让一名观众与靠前的相邻观众交换座位,直到所有 $g(1)$ 名观众坐在最前面,在每次调整中,入场券号为 1 的观众少发出一次"哦",而调到后面的观众多发出一次"哦",因此总数不变.再令 $i=2,3,\cdots,$ 100,T 最终变成 S 而"哦"的总数不变,与 S 相等.得证.

18.证明 (1)当 i 的二进制表示的末两位为 01,或末四位为 0111,或末六位为 011111 时,有 $M(i)=M(i+1)$.

在 0~999 中,符合以上条件的各有 250,62,15 个.因此,至少有 $250+62+15=327$ 个 i 满足 $M(i)=M(i+1)$.

(2)$M(i)=M(i+7)=M(i+8-1)$.用 * 代表 0 或 1.

当 i 的二进制表示的末四位为 0 * * 1 或 0100,或末五位为 01 * 10,或末六位为 011 * * 1 或 011100 时,等式成立.

符合以上条件的 i 所占比例为

$$\frac{4}{2^4}+\frac{1}{2^4}+\frac{2}{2^5}+\frac{5}{2^6}=\frac{29}{64},$$

用该比例乘以 10^6 得到约为 $4.53\times10^5>450000$,得证.

19.证明 (1)对于 $1\leqslant k\leqslant n-1$,考虑所有包含 k 的分拆方式:从 n 中去掉 k,剩下的分拆共有 $p(n-k)$ 种,且可以与所有包含 k 的分拆方式建立一一对应关系.

因此,在 $q(n)$ 中包含 k 的多样值有 $p(n-k)$ 个,即 k 对 $q(n)$ 的贡献为 $p(n-k)$.

又由于包含 n 的多样值只有一个,故有 $q(n)=1+p(1)+p(2)+\cdots+p(n-1)$.

(2)如果 n 存在一种分拆多样值为 r,则 $n\geqslant1+2+\cdots+r=\dfrac{r(r+1)}{2}$,$r<\sqrt{2n}$,

因此 $q(n)\leqslant rp(n)<\sqrt{2n}p(n)$.

注 1.关于分划数列 $\{p(n)\}$,印度著名数学家拉马努金发现并证明了以下渐近表达公式:

$$当 n 趋向于无穷时,p(n)\sim\frac{\exp\left(\pi\sqrt{\dfrac{2n}{3}}\right)}{4n\sqrt{3}}.$$

2.事实上,$q(n)$ 还代表 n 的所有分拆方式中数字 1 出现的次数,例如当 $n=4$ 时,由题可知 $q(4)=0+1+0+2+4=7$.证明涉及生成函数,这里就不讨论了.

20.证明 不妨设 $k<l$,则有以下等式成立:

$$C_n^l\cdot C_l^k=C_n^k\cdot C_{n-k}^{l-k}. \tag{*}$$

该式可由定义直接推导而得,也可由如下方式理解.从 n 人中选出 l 名参军,再从这些军人中选 k 名做军官,剩下 $l-k$ 名为士兵,取法总数为 $(*)$ 式左边.

从 n 人中直接选出 k 名军官,再从剩下 $n-k$ 人中选 $l-k$ 名当士兵,取法为 $(*)$ 式右边.

两种方式的意义相同,故 $(*)$ 式成立.

如果 C_n^k 和 C_n^l 互质,则 C_n^k 整除 C_l^k.但因 $n>l$,$C_n^k>C_l^k$,矛盾.

故 $(C_n^k,C_n^l)>1$.

进阶试题

1. 证明 将 8×8 棋盘视为国际象棋棋盘,其中左下角为黑格.

在每条路径中,卒交替经过黑格、白格,因此从 A 或 B 出发的路径在白格处结束,不可能为 A 或 B.

设 A 上边格子为 Y,右边格子为 Z,如图所示. 由于 B 出发的路径不在 A 结束,该路径一定在 Y 和 Z 之间访问 A. 如果先经过 Y,则形如

$$B \to \alpha \to Y \to A \to Z \to \beta.$$

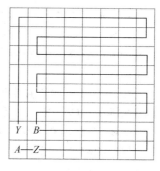

第 1 题图

相应地,可以定义从 A 出发的路径 $A \to Y \to \alpha^{-1} \to B \to Z \to \beta$. 类似地,如果先经过 Z,设为

$$B \to \gamma \to Z \to A \to Y \to \mu.$$

相应定义从 A 出发的路径 $A \to Z \to \gamma^{-1} \to B \to Y \to \mu$. 以上均为一一对应关系. 但图中从 A 到 Y 的路径形如

$$A \to Z \to \gamma^{-1} \to B \to \mu \to Y,$$

不与任何从 B 出发的路径按上述方式对应,因此从 A 出发的路径总数大于从 B 出发的路径总数.

2. 证明 (1)设 f 是 $\{2,3,4,\cdots,13\}$ 到自身的双射,X 为任意符合要求的排列. 将 X 中每种花色的 i,$2 \leqslant i \leqslant 13$,替换成同一花色的 $f(i)$,四个 A 的位置保持不变,则任何相邻两张牌仍然同花色或同数字,因此得到另一种排列. 由于 12 元集到自身的双射共有 $12!$ 个,X 可以变成 $12!$ 种排列(当 f 为恒等映射时 X 不变),而且这些排列之间可以通过双射相互转化,但与其他排列不能转化. 因此所有排列可被划分成若干组,每组 $12!$ 种,总数即为 $12!$ 的倍数.

(2)设 f 是 $\{1,2,3,\cdots,13\}$ 到自身的双射,X 为任意符合要求的排列,类似(1)中的变换,X 可以变成 $13!$ 种排列,我们需证当 f 不为恒等映射时,X 与 $f(X)$ 是不同的排列.

假设两者是相同的排列,X 经过旋转可变成 $f(X)$,特别地,将黑桃 A 的位置对齐. 如果 $f(1)=1$ 则无须旋转,但存在 $2 \leqslant i \leqslant 13$,$f(i) \neq i$,故 X 与 $f(X)$ 不同. 如果 $f(1) \neq 1$,则每张黑桃牌都旋转了 X 和 $f(X)$ 中黑桃 A 之间的距离. 由于 13 为质数,$f(X)$ 中所有黑桃牌的相对位置不变,前提是相邻黑桃牌等距,即距离均为 4. 该前提适用于其他花色,因此黑桃 A 之后的 3 张牌必须为其余 3 种花色,只能都是 A,但第 5 张为黑桃且不是 A,故第 4 张和第 5 张牌不同花色亦不同数字,不符合要求. 该矛盾说明 $X \neq f(X)$,排列数目是 $13!$ 的倍数.

3. 证明 设车的位置总处于格子的中心,依次将车经过的中心点连接起来,得到长度为 64 的闭折线,记为 L_0. 如果折线中某一段长度为 3 且属于某单位正方形的 3 条边,则称这一段为 U 形线. 由于 L_0 围出的区域不包含任何一格的整体,容易看出 L_0 必包含至少一段 U 形线,设为 A—B—C—D. 用 A—D 替换掉这段 U 形线,并将新得到的闭折线记为 L_1,L_1 的总长度比 L_0 短 2 个单位. 如果 AD 为横向,那么 L_1 减少了 2 条纵向线段,划分出去的 B、C 两格呈 1×2 矩形;否则 AD 为纵向,L_1 减少 2 条横向线段,划分出去的 B、C 两格呈 2×1 矩形.

依照以上方式将闭折线不断缩减,最后经过 30 次替换形成一个单位正方形 L_{30}. 如果车横向移动的步数和纵向移动的步数相等,那么 L_0 中横向与纵向线段长度相等,在 30 次替换中划分出去的 1×2 矩形和 2×1 矩形各为 15 个,再将剩下的 2×2 方格划分成两个 2×1 矩形,于是 8×8 棋盘可以被 17 个 2×1 矩形和 15 个 1×2 矩形覆盖,但这是不可能的. 考察棋盘的第 1 行,其中 2×1 矩形的上格必为偶数;再考察第 2 行,其中 2×1 矩形的下格为偶数,于是 2×1 矩形的上格亦为偶数(因为其余格子被 1×2 矩形覆盖);依次类推,直到第 7 行. 每行中 2×1 矩形的上格数目均为偶数,因此 2×1 矩形的数目为偶数,与 17 矛盾,说明车横向和纵向移动的步数不相等.

4. 证明　我们用 r 表示向右跳，即从 i 跳到 $i+1$；用 l 表示向左跳，即从 i 跳到 $i-1$.

设 $S=\{a_1,a_2,\cdots,a_n\}$，其中每个 a_k，$1\leqslant k\leqslant n$，为 r 或 l，于是 S 代表按 $a_1,a_2,\cdots,a_n$ 顺序跳跃 n 次的方式，再设 $f(S)$ 表示从初始状态按 S 方式跳跃的种数. 我们需证明 $f(ll\cdots l)=f(rr\cdots r)$. 注意到 f 满足以下关系：

①$f(l)=f(r)$. 如果青蛙占据了从 $x=i$ 到 $x=j$ 的每一个整点，且 $i-1$ 与 $j+1$ 处没有青蛙，那么称这些相邻的青蛙为一组. 容易看出，$f(l)$ 与 $f(r)$ 均等于初始状态下青蛙的组数，故两者相等.

②对于任意 S，有 $f(Sl)=f(Sr)$. 这是因为到最后一步之前的种数是相等的，而由①知每种状态下向左或向右跳的种数相等.

③对于任意 S 和 S'，有 $f(SlrS')=f(SrlS')$. 我们需找到 $SlrS'$ 和 $SrlS'$ 之间的一一对应关系. 显然对于前面的 S，两者是相同的. 考虑 $SlrS'$，如果 l 和 r 分别由不同的青蛙完成，那么令两者交换顺序即对应着 $SrlS'$ 的一种跳跃. 如果 l 和 r 同时由最左边的青蛙完成，那么令最右边的青蛙跳 rl 即对应着 $SrlS'$ 的一种跳法. 如果 l 和 r 同时由某只不是最左边的青蛙完成，那么令其左边最靠近的青蛙跳 rl 即对应着 $SrlS'$ 的一种跳法. 以上对应方式为双射，故 $f(SlrS')=f(SrlS')$.

由①~③可知 $f(S)$ 只与 S 的长度有关，故 $f(ll\cdots l)=f(rr\cdots r)$，证毕.（例如：$f(lll)=f(llr)=f(lrl)=f(lrr)=f(rlr)=f(rrl)=f(rrr)$.）

5. 证明　我们用 R，U 组成的序列表示折线 P 的形状，其中 R 代表向右一格，U 代表向上一格，例如 $P=RRURUURU$ 及 S_P 如图①所示.

$P=RRURUURU$

第 5 题图①

从 P 中依次去掉末段单位线段，得到 $RRURUUR,\cdots,RR,R,\varnothing$（当折线 P 只有一个整点时定义为 $\varnothing$，$f(\varnothing)=2$），同时计算出每段的 f 值，如图②所示.

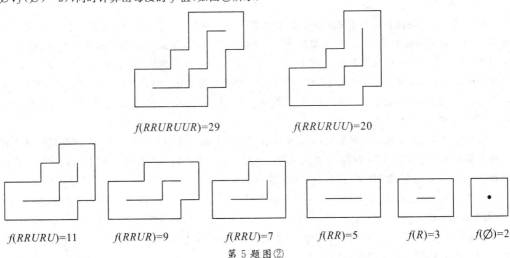

$f(RRURUUR)=29$　　　$f(RRURUU)=20$

$f(RRURU)=11$　　$f(RRUR)=9$　　$f(RRU)=7$　　$f(RR)=5$　　$f(R)=3$　　$f(\varnothing)=2$

第 5 题图②

为找出递推关系,考虑 S_P 最右上角单位格的覆盖方式,它等于两种子覆盖方式方法数之和,其中一种的总数等于 P 去掉末段对应的 f 值,而另一种的总数有两种情况:(i)如果 P 的最后两段为 RR 或 UU,则等于 P 去掉这两段后对应的 f 值,例如下面第 5 个等式;(ii)如果 P 的最后两段为 RU 或 UR,则等于 P 去掉最后一次出现的 RR 或 UU 以及之后的所有部分,例如下面第 7 个等式(如果 $P=UURURU\cdots$,则变成 $\varnothing$,例如下面第 4 个等式;如果 $P=URURUR\cdots$,则用 $f=1$ 表示).所有递推式如下,其中等号右边第一项为采用 2×1 骨牌覆盖右上角格的总数,第二项为 1×2 覆盖的总数.

$$f(RR)=f(R)+f(\varnothing)=5,$$
$$f(RRU)=f(\varnothing)+f(RR)=7,$$
$$f(RRUR)=f(RRU)+f(\varnothing)=9,$$
$$f(RRURU)=f(\varnothing)+f(RRUR)=11,$$
$$f(RRURUU)=f(RRUR)+f(RRURU)=20,$$
$$f(RRURUUR)=f(RRURUU)+f(RRUR)=29,$$
$$f(RRURUURU)=f(RRUR)+f(RRURUUR)=38.$$

从上式可以看出,f 值随折线长度的增加而递增,更进一步地,当(i)发生时,折线的 f 值等于之前两个 f 值之和;当(ii)发生时,折线的 f 值等于前一个 f 值的两倍减去再前一个 f 值,例如第 2 个等式可改写成

$$f(RRU)=[f(RR)-f(R)]+f(RR)=2f(RR)-f(R),$$

或第 6 个等式可改写成

$$f(RRURUUR)=f(RRURUU)+[f(RRURUU)-f(RRURU)]$$
$$=2f(RRURUU)-f(RRURU).$$

以上性质可以由归纳法验证,从 $\{f(\varnothing),f(R),\cdots\}$ 对应的序列 $\{2,3,5,7,9,11,20,29,38\}$ 也可以看出,前两项总是 2 和 3,以后若相邻项为 a,b 互质,$a<b<2a$,则下一项为 $a+b$ 或 $2b-a$,满足与 b 互质且在 b 和 $2b$ 之间,故唯一确定.

与之相反,如果折线 P 满足 $f(P)=n$,则 p 去掉末段对应的 m 值应与 n 互质且 $\frac{1}{2}n<m<n$;当 $m>\frac{2}{3}n$ 时再前一项为 $2m-n$;当 $m<\frac{2}{3}n$ 时再前一项为 $n-m$.最终该序列总会变成 3 和 2,同时 P 的形状也由每一步计算 $2m-n$ 还是 $n-m$ 所完全确定.因为 P 的首字母可以为 U 或 R,所以折线的总数为 $\frac{1}{2}n$ 与 n 之间与 n 互质的数的两倍,显然等于 $\varphi(n)$,得证.

第二讲 数集与运算

精选试题

1. 解 设三个数之和为 S.如果 $S=3$ 或 4,甲可以猜出答案是 $(1,1,1)$ 或 $(1,1,2)$.如果 $S=5$,答案是 $(1,1,3)$ 或 $(1,2,2)$,但乘积均小于 5.如果 $S=6$,则 $(1,1,4)$,$(1,2,3)$ 以及 $(2,2,2)$ 对应的乘积为 4,6,8,与对话内容相符,答案是 $(1,1,4)$.

最后,如果 $S\geqslant7$,答案可能是 $(1,2,S-3)$,$(1,3,S-4)$,其乘积 $2S-6$ 或 $3S-12$ 均大于 S,甲无法确定这些数,因此 $(1,1,4)$ 为唯一解.

2. 证明 (1)例如:$\overline{136257894}+\overline{851396427}$,或 $\overline{987654321}-\overline{123456789}=864197532$,等等.

(2)如果 $\overline{a_1a_2\cdots a_9}$ 和 $\overline{b_1b_2\cdots b_9}$ 构成一个好对,则必有 $a_9+b_9=11$,进一步有 $a_8+b_8=11$.交换 a_8 和

a_9, b_8 和 b_9 可以得到另一个好对：$\overline{a_1 a_2 \cdots a_7 a_9 a_8}$ 和 $\overline{b_1 b_2 \cdots b_7 b_9 b_8}$，唯一的特例是 $\overline{a_1 a_2 \cdots a_7} = \overline{b_1 b_2 \cdots b_7} = 9876542 \div 2 = 4938271$，此时 $a_8 = b_9 = 5$，$a_9 = b_8 = 6$，即 $(493827156, 493827165)$ 是唯一一单独的好对，故 N 为奇数．

3. **解**　用 0 代表"关"的状态，1 代表"开"的状态．

当 $n = 1, 3$ 时，灯的状态将变成全"关"，如图所示．

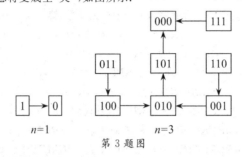

第 3 题图

当 $n \geqslant 2$ 为偶数时，以下两种状态相互转化：
$$0110011001 \cdots \leftrightarrow 1001100110 \cdots.$$

当 $n > 3$ 为奇数时，以下两种状态相互转化：
$$10001100110 \cdots \leftrightarrow 01010011001 \cdots.$$

因此满足题目的 n 为除 $1, 3$ 之外的所有正整数．

4. **解**　狐狸最多可以吃掉总共 $2^{100} - 1$ 颗中的 $2^{100} - 101$ 颗，也即狐狸给每只熊宝宝留下一颗樱桃．我们采用归纳法证明该结论对 n 只熊宝宝都成立．记 $\{x_1, x_2, \cdots, x_n\}$ 为当前熊宝宝们的樱桃数．

当 $n = 2$ 时，显然狐狸平分一次即可．

假设对于 $n \geqslant 2$，狐狸可以将 $\{1, 2, \cdots, 2^{n-1}\}$ 变成 $\{1, 1, \cdots, 1\}$．考虑 $n + 1$ 只熊宝宝的情形，由归纳假设狐狸可以将 $\{1, 2, \cdots, 2^{n-1}, 2^n\}$ 变成 $\{1, 1, \cdots, 1, 2^n\}$，再依次平分第 n 和 $n + 1$，$n - 1$ 和 n，$\cdots$，2 和 3 只熊宝宝的樱桃，得到
$$\{1, 1, \cdots, 1, 2^n\} \to \{1, 1, \cdots, 1, 2^{n-1}, 2^{n-1}\} \to \{1, \cdots, 1, 2^{n-2}, 2^{n-2}, 2^{n-1}\} \to \{1, 1, 2, \cdots, 2^{n-1}\}.$$

最后再对后 n 只熊宝宝利用归纳假设，即可变到 $\{1, 1, \cdots, 1\}$．因此对于 n 只熊宝宝而言，狐狸可以吃掉 $1 + 2 + \cdots + 2^{n-1} - n = 2^n - n - 1$ 颗樱桃．令 $n = 100$ 即得结论．

5. **解**　所有正整数 n 均满足．

观察发现所有奇数排列成
$$2k+1, 2k-1, \cdots, 3, 1, \underline{}, 1, 3, \cdots, 2k-1, 2k+1,$$
符合要求．而所有偶数排列成
$$2k, 2k-2, \cdots, 4, 2, \underline{}, \underline{}, 2, 4, \cdots, 2k-2, 2k,$$
亦符合要求．

当 $n = 2k+1$ 时，考虑以下排列：
$$2k+1, 2k-1, \cdots, 3, 1, \underline{2k}, 1, 3, \cdots, 2k-1, 2k+1, 2k-2, 2k-4, \cdots, 2, \underline{2k}, 0, 2, \cdots, 2k-2,$$
其中两个 $2k$ 之间有 $(k+1) + (k-1) = 2k$ 个数．

当 $n = 2k$ 时，考虑以下排列：
$$2k-1, 2k-3, \cdots, 3, 1, \underline{2k}, 1, 3, \cdots, 2k-1, 2k-2, 2k-4, \cdots, 2, 0, \underline{2k}, 2, \cdots, 2k-2.$$
同样，两个 $2k$ 之间有 $k + (k-1) + 1 = 2k$ 个数．

6. **解**　设质量单位为克．(1) 为称出质量 1，必须有质量为 1 的砝码，且有两个．在丢失一个的情况下，下一个砝码质量不能超过 2，于是前 3 个砝码为 1, 1, 2．接下来让每个砝码等于之前所有砝码总质量减去质量最大的一个，再加上 1，这是其可以取的最大质量，即得到

$$1,1,2,3,5,8,13,21,34,55.$$

以下证明这 10 个砝码满足要求.

设这些砝码质量为 a_n，$1 \leqslant n \leqslant 10$，$a_n$ 递增. 易见 $a_n = a_{n-1} + a_{n-2}$，$\{a_n\}$ 构成斐波那契数列. 我们用归纳法证明：$a_1, a_2, \cdots, a_n$ 这些砝码可以称出从 1 至 $a_{n+2}-1$ 所有整数质量.

当 $n=1$ 时，$a_1 = 1 = a_3 - 1$ 成立. 假设结论对 n 成立，现考虑加入 a_{n+1} 的情形，注意到 $a_{n+1} + a_{n+2} = a_{n+3}$，因此对于任意 w，①若 $w \leqslant a_{n+2}-1$，则 w 可由 a_1 至 a_n 称出；②若 $w > a_{n+2}-1$，则 $w - a_{n+1} \leqslant (a_{n+3}-1) - a_{n+1} = a_{n+2}-1$，$w$ 可由 a_{n+1} 以及 a_1 至 a_n 的某些组合称出，得证.

现在考虑某个砝码丢失的情形，设丢失的为 a_k. 根据上述结论，a_1 至 a_{k-1} 可以称出从 1 至 $a_{k+1}-1$ 的所有质量，故 a_1 至 a_{k-1} 以及 a_{k+1} 可以称出从 1 至 $2a_{k+1}-1 \geqslant a_{k+2}-1$ 的所有质量，等等. 于是当 $n=10$ 时这些砝码在丢失一个的情况下仍可称出从 1 至 55 的质量.

(2) 首先必须有 3 个质量为 1 的砝码，在丢失两个的情况，下一个砝码质量不能超过 2. 接下来让每个砝码等于之前所有砝码总质量减去质量最大的两个，再加上 1，即

$$1,1,1,2,3,4,6,9,13,19,28,41.$$

以下证明这 12 个砝码满足要求.

设砝码质量为 b_n，$1 \leqslant n \leqslant 12$，$b_n$ 递增，易见 $b_n = b_{n-1} + b_{n-3}$. 我们用归纳法证明：$b_1, b_2, \cdots, b_n$ 这些砝码可以称出从 1 至 $b_{n+3}-1$ 所有整数质量.

当 $n=1$ 时，$b_1 = 1 = b_4 - 1$ 成立，假设结论对 n 成立，现考虑 $n+1$ 砝码，注意到 $b_{n+1} + b_{n+3} = b_{n+4}$，因此若 $1 \leqslant w \leqslant b_{n+3}-1$，则 w 已被 b_1 至 b_n 称出；若 $b_{n+3}-1 < w \leqslant b_{n+4}-1$，则 $w - b_{n+1} \leqslant (b_{n+4}-1) - b_{n+1} = b_{n+3}-1$，$w$ 可由 b_{n+1} 以及 b_1 至 b_n 的某些组合称出，得证.

现在考虑两个砝码丢失的情形. 若为相邻质量，设为 b_k, b_{k+1}，则 b_1 至 b_{k-1} 可称出从 1 至 $b_{k+2}-1$ 的质量（当 $k=11$ 时，设 $b_{13}=60$），以下由 $2b_n > b_{n+1}$ 可归纳证得结论. 再设丢失的砝码 b_k, b_l 不相邻，$k < l-1$，则 b_1 至 b_{k-1} 可称出从 1 至 $b_{k+2}-1$ 的质量，当 $l=k+2$ 时，$b_{k+1} + b_{k+2} - 1 \geqslant b_k + b_{k+2} - 1 = b_{k+3} - 1$；当 $l > k+2$ 时，b_1 至 b_{k-1} 以及 b_{k+1} 至 b_{l-1} 可称出从 1 至 $2b_{l-2} + b_{l-1} - 1 \geqslant b_{l+1} - 1$ 的所有质量. 再由 $2b_n > b_{n+1}$ 即可归纳证得结论.

7. 解 可以.

首先注意到这 64 个数互不相同，且均为正数.（不可能有 0，否则 63 个积为 0；不可能有负数，否则有的积为负.）如果存在两组数 $x_1 > x_2 > \cdots > x_{64} > 0$ 和 $y_1 > y_2 > \cdots > y_{64} > 0$ 满足 x 两两相加之和分别等于 y 两两相乘之积，同时 x 两两相乘之积分别等于 y 两两相加之和，那么其中最大的两个满足

$$x_1 + x_2 = y_1 y_2, \quad x_1 x_2 = y_1 + y_2.$$

其次，第二大的满足

$$x_1 + x_3 = y_1 y_3, \quad x_1 x_3 = y_1 + y_3.$$

于是可以得到

$$x_2 - x_3 = y_1(y_2 - y_3), \quad x_1(x_2 - x_3) = y_2 - y_3.$$

两式相除得 $x_1 y_1 = 1$. 另一方面，对所有和、积中最小的以及第二小的进行类似处理可得 $x_{64} y_{64} = 1$，但这与 $x_1 > x_{64}$，$y_1 > y_{64}$ 矛盾，因此满足要求的 64 元数组是唯一的.

设两张纸上的数分别为 $a_1 > a_2 > \cdots$ 以及 $b_1 > b_2 > \cdots$，不妨先假设 a 代表和，b 代表积，于是

$$x_1 + x_2 = a_1, \quad x_1 + x_3 = a_2, \quad x_1 x_2 = b_1, \quad x_1 x_3 = b_2.$$

故有 $x_2 - x_3 = a_1 - a_2$，$x_1(x_2 - x_3) = b_1 - b_2$，得到 $x_1 = \dfrac{b_1 - b_2}{a_1 - a_2}$，再用 x_1 检验 $a_1 - x_1 = \dfrac{b_1}{x_1}$ 以及 $a_2 - x_1 = \dfrac{b_2}{x_1}$ 是否成立：如果成立，则假设是正确的；否则 a 代表积，b 代表和，所有 64 个数可被完全确定.

8. 证明　(1)当 $N<6$ 时,不等式右边为负数,无须证明.当 $N=6$ 时,$(1,2,3)$ 为唯一解.以下设 $N=6k+j$,其中 $0\leqslant j\leqslant 5$,需证 $K(N)\geqslant k$.

证法一　取 k 个三元组

$$(1,1+k,5k+j-2),(2,2+k,5k+j-4),\cdots,(k,2k,3k+j),$$

其中选取了 1 到 $2k$ 之间的所有整数,以及 $3k+j$ 到 $5k+j-2$ 之间相隔为 2 的数,没有任何数重复出现.

证法二　取 k 个三元组

$$(1,2,N-3),(3,4,N-7),\cdots,(2k-1,2k,N+1-4k),$$

其中选取了 1 到 $2k$ 之间的所有整数,以及 $N+1-4k$ 到 $N-3$ 之间相隔为 4 的数,没有任何数重复出现.

证法三　取 k 个三元组

$$(1,3k-1,3k+j),(2,3k-3,3k+j+1),(3,3k-5,3k+j+2),\cdots,(k,k+1,4k+j-1),$$

其中选取了 1 到 k 之间、$3k+j$ 到 $4k+j-1$ 之间的所有整数,以及 $k+1$ 到 $3k-1$ 之间相隔为 2 的数,没有重复出现的数.

(2)假设我们选取 t 个三元组,其中任何数都不重复出现,则它们的和为 tN.另一方面,这 $3t$ 个数的和至少为

$$1+2+3+\cdots+3t=\frac{3t(3t+1)}{2}.$$

因此有

$$tN\geqslant\frac{3t(3t+1)}{2}\text{ 或 }t\leqslant\frac{2}{9}N-\frac{1}{3}.$$

由 t 的任意性可知 $K(N)<\frac{2}{9}N$.

9. 解　最多 33 个等式,因为每个等式至少包含 3 个数.

解法一　对 $0\leqslant k\leqslant16$,取 $(2k+1)+(83-k)=84+k$,这些等式用完 1 到 33 之间所有奇数以及 67 到 100 之间所有数.再对 $1\leqslant k\leqslant16$,取 $2k+(50-k)=50+k$,这些等式用完 2 到 32 之间所有偶数以及 34 到 66 之间除 50 之外的所有数.

解法二　对 $1\leqslant k\leqslant8$,取 $(4k-3)+(105-8k)=102-4k,(4k-1)+(104-8k)=103-4k$;再对 $1\leqslant k\leqslant7$,取 $(4k-2)+(4k+39)=8k+37$;再对 $1\leqslant k\leqslant5$,取 $(8k-4)+(50-4k)=46+4k$.此外还有 5 个等式:

$$8+44=52,16+84=100,32+60=92,33+35=68,37+39=76.$$

解法三(笔者给出)　当 3 个三元数组 $[a-1,a,a+1]$,$[b-1,b,b+1]$ 以及 $[c-1,c,c+1]$ 满足 $a+b=c$ 时,即可组成等式 $(a-1)+(b+1)=c,a+(b-1)=c-1,(a+1)+b=c+1$.类似的结构可以推广到 3 个九元数组及 27 元数组,如图所示.

第 9 题图

因此,由 $27+60=87$ 得,可以用 $14\sim40,47\sim73$ 及 $74\sim100$ 组成 27 个等式.剩下的 $[2,3,4]$,$[41,42,43]$ 及 $[44,45,46]$ 可以组 3 个等式,最后 3 个等式为

$$1+11=12,5+8=13,6+10=7+9.$$

10.证明 对 $m \in \mathbf{N}$，设 $A_m = \{a_m, a_{m+1}, \cdots, a_{m+4033}\}$。由于其中每一项均为 1 或 -1，A_m 只能有 2^{4034} 种不同形式，故存在 $i < j$ 满足 $A_i = A_j$。令 $k = j - i - 1$，$p_m = a_m a_{m+1} \cdots a_{m+k}$，由于 $a_m = a_{m+k+1}$ 对 $i \leqslant m \leqslant i + 4033$ 均成立，可知 $p_i = p_{i+1} = \cdots = p_{i+4033}$。

设 $s_m = p_1 + p_2 + \cdots + p_m$，考察数列 $\{s_m\}$，其中每一项都等于前一项加 1 或减 1。如果 $|s_{i-1}| \geqslant 2017$，则存在 $n \leqslant 2017$，使得 $|s_n| = 2017$；否则 $|s_{i-1}| \leqslant 2016$，但 $s_i, s_{i+1}, \cdots, s_{i+4033}$ 每一项要么都比前一项多 1，要么都比前一项少 1，故一定有 $|s_{i+4033}| \geqslant 2017$，说明存在 $i \leqslant n \leqslant i + 4033$ 使得 $|s_n| = 2017$。证毕.

11.证明 (1)将 60 个符号分成 12 组，每组 5 个符号. 对于任何一组，不妨设第一个符号是 X，于是共有 $2^4 = 16$(种)组合方式. 如图①所示，总可以将这一组分割成至多两块，每块左右对称，因此 60 个符号可以分割成不超过 24 块.

×××××　1 块(5)	××○××　1 块(5)	×○×××　2 块(3+2)	×○○××　2 块(4+1)
××××○　2 块(4+1)	××○×○　2 块(2+3)	×○××○　2 块(1+4)	×○○×○　2 块(4+1)
×××○×　2 块(2+3)	××○○×　2 块(1+4)	×○×○×　1 块(5)	×○○○×　1 块(5)
×××○○　2 块(3+2)	××○○○　2 块(2+3)	×○×○○　2 块(3+2)	×○○○○　2 块(1+4)

第 11 题图①

(2)考察以下序列(周期为 6)：
$$\times\times○○\times○,\times\times○○\times○,\times\times○○\times○,\cdots.$$
容易看出该序列中不存在长度为 5 或更长的对称部分，故分割的块数不少于 15.

(3)我们证明(2)中的序列分割的块数不少于 20，也即每块的平均长度不超过 3. 称左右对称长度为 k 的一块为 k-型. 显然，$\times○○\times$ 和 $○\times\times○$ 为仅有的两种 4-型. 忽略可能出现的 3-型，每个 4-型之后，要么紧跟一个 1-型，要么紧跟一个 4-型，然后是 1-型或两个 2-型.

如图②所示是所有可能的情形：
$$[\times○○\times][○]$$
$$[\times○○\times][○\times\times○][○]$$
$$[\times○○\times][○\times\times○][○\times○][\times]$$
$$[\times○○\times][○\times\times○][○\times○][\times\times][○○]$$

第 11 题图②

唯一的例外是在序列的最后，两个 4-型之后由 $[○\times○]$ 结束. 此时观察整个序列最前面的 $[\times]$ 或 $[\times\times][○○]$，其不位于任何 4-型之后. 因此所有块的平均长度不超过 3.

进阶试题

1.解 不一定.

(1)设红木棍的长度分别为 16,16,1；蓝木棍的长度分别为 13,11,9. 如果将 1 改成蓝色，则无法与任何两根拼成蓝色三角形；如果将 16 改成蓝色，则剩下两根无法与 13,11,9 中任何一根拼成红色三角形.

(2)设红木棍的长度分别为
$$5 - \frac{1}{n(n+1)}, 4 + \frac{1}{n(n+1)}, \frac{1}{n-2} \times (n-2).$$
蓝木棍的长度分别为
$$5 - \frac{1}{n^3(n+1)}, 5 - \frac{1}{n^2(n+1)}, \frac{1}{n^3(n-2)} \times (n-2).$$
每种颜色木棍的总长度均为 10. 以下交换两根木棍的颜色：

①红色短木棍与蓝色短木棍:此时红色木棍

$$4+\frac{1}{n(n+1)}+\frac{n-3}{n-2}+\frac{1}{n^3(n-2)}-\left[5-\frac{1}{n(n+1)}\right]<\frac{1}{n-2}\left(-1+\frac{2}{n}+\frac{1}{n^3}\right)<0,$$

无法拼成 n 边形;

②红色长木棍与蓝色短木棍:红色 n 边形无法拼出;

③红色短木棍与蓝色长木棍:蓝色 n 边形无法拼出;

④红色长木棍与蓝色长木棍:此时蓝色木棍

$$5-\frac{1}{n^3(n+1)}>5-\frac{1}{n^2(n+1)}>5-\frac{1}{n(n+1)}+\frac{1}{n^3(n-2)}\times(n-2),$$

无法拼成 n 边形.

2. 证明　不妨设 5 个数为 $a<b<c<d<e,S=ab+ac+ad+ae+bc+bd+be+cd+ce+de.$

(1)若 $a+b>e$,则

$$a^2+b^2+c^2+d^2+e^2<ab+bc+cd+de+(a+b)e<S,$$

矛盾,因此 a,b,e 无法构成三角形.

(2)考虑以下几种情形:

①$b+c\leqslant d.$ 此时从 $\{a,b,c\}$ 中任取两个数,从 $\{d,e\}$ 中任取一个数,无法构成三角形,共有 $3\times2=6$ 组.

②$c+d\leqslant e.$ 此时任何包含 e 的三个数无法构成三角形,共有 $C_4^2=6$ 组.

③$b+d\leqslant e,$同时 $a+b\leqslant d.$ 此时 $(a,b,d),(a,b,e),(a,c,e),(a,d,e),(b,c,e),(b,d,e)$ 为三元组.

我们证明以上①②③涵盖了所有情形. 如若不然,则 $b+c>d,c+d>e,$同时 $b+d>e$ 或 $a+b>d.$

④若 $b+c>d,b+d>e,$

则 $a^2+b^2+c^2+d^2+e^2<ab+bc+ce+(b+c)d+(b+d)e<S.$

⑤若 $c+d>e,a+b>d,$

则 $a^2+b^2+c^2+d^2+e^2<ab+bc+cd+(a+b)d+(c+d)e<S.$

以上矛盾说明①②③之外的情形是不存在的,证毕.

注 1　取 5 个数为 $1-2\varepsilon,1-\varepsilon,1+\varepsilon,1+2\varepsilon,2+\sqrt{6-15\varepsilon^2}$,当 $\varepsilon>0$ 且足够小时,前 4 个数中的任何 3 个均可构成三角形.

注 2　取 5 个数为 $1-\varepsilon,1+\varepsilon,2,4,4+\sqrt{15-3\varepsilon^2}$,当 $\varepsilon>0$ 且足够小时,任何 3 个都无法构成三角形,故三元组的个数在 6 和 10 之间.

3. (1)证明　不妨设奶酪的总质量是 1,小明先切成 $\frac{1}{2}$ 和 $\frac{1}{2}$ 两部分,以下当所有奶酪均为 2^{-k} 时,依次将每个 2^{-k} 等分成 2^{-k-1} 和 2^{-k-1} 两部分.显然,在任何时刻,最小的一部分奶酪都是最大的一部分质量的 $\frac{1}{2}$ 或与之相等.

(2)证明　将当前所有奶酪的质量从大到小排列:$a_1\geqslant a_2\geqslant\cdots\geqslant a_k.$ 可发现以下关系:①$a_k\geqslant ra_1$;②a_1 必须是下一个被切的对象,否则被切出的较小部分 $x\leqslant\frac{1}{2}a_2\leqslant\frac{1}{2}a_1<ra_1$,不符合要求;③$a_1\geqslant 2ra_2,$否则被切出的较小部分 $x\leqslant\frac{1}{2}a_1<ra_2$,不符合要求.

由于 $2r>1,$对于足够大的 k 必有 $(2r)^k>2.$当奶酪被切成 k 部分时,$a_1\geqslant 2ra_2,a_2\geqslant 2ra_3,\cdots,a_{k-1}\geqslant 2ra_k$ 不可能同时成立,否则 $a_1\geqslant(2r)^{k-1}a_k>\frac{1}{r}a_k$ 与①矛盾.不妨设 $a_i<2ra_{i+1}.$当所有比 a_i 大的部分被切成小于 a_i 时,a_i 是下一个被切的对象,但根据③可知没有符合要求的切法,因此在该时刻小明无法再切奶酪.

(3)**解** 最多可以切成 6 部分.设最初奶酪的质量为 3.64,小明按以下切法可以得到 6 部分:
$(3.64)\rightarrow(2.2,1.44)\rightarrow(1.44,1.2,1)\rightarrow(1.2,1,0.72,0.72)\rightarrow(1,0.72,0.72,0.6,0.6)\rightarrow(0.72,$
$0.72,0.6,0.6,0.5,0.5)$.

以下证明不可能切得更多.对于 $r=0.6$,有 $1.2^4>2$.当奶酪被切成 4 部分时,设 $a_1\geq a_2\geq a_3\geq a_4$.如果 a_1 被切后的较大部分 x 大于 a_2,则由 $a_1\leq\frac{5}{3}a_2$ 及 $a_1-x\geq\frac{3}{5}a_2$ 可知

$$x\leq a_1-\frac{3}{5}a_2\leq\frac{5}{3}a_2-\frac{3}{5}a_2=\frac{16}{15}a_2<\frac{6}{5}a_2.$$

这说明无法再切 x,于是为了得到 6 部分或更多,只能有 $a_1\geq 1.2a_2$ 以及 $a_2\geq 1.2a_3$,此时 $a_3<1.2a_4$.当 a_1 和 a_2 被切后,其中的较大部分或 a_3 均无法再切,这就证明了 6 部分为最多.

注 事实上,当 $(2r)^k>2\geq(2r)^{k-1}$ 时,最多可将奶酪切出 $2k-2$ 部分.

4.证明 将圆周等分成 720 段 $\frac{1}{2}°$ 的弧,圆开始滚动时原点对应于第一段弧的起点,只要证出存在 $r>0$,使得以 r 为半径的圆滚动时每段弧上都有印记,那么原命题即得证.

从无穷多个染色的数中取 $x_1,x_2,\cdots$ 使得 $x_{k+1}>10000x_k$ 对所有正整数 k 都成立.定义:
$$A_n=\left\{m>0:\text{圆的半径为}\frac{1}{m}\text{时},x_n\text{在圆周第}n\text{个弧上留下印记}\right\}.$$

这等价于
$$A_n=\left\{m>0:\frac{n-1}{720}\leq\left\{\frac{mx_n}{2\pi}\right\}<\frac{n}{720}\right\}.$$

其中 $\{x\}$ 表示 x 的小数部分.需证 $A_1\cap A_2\cap\cdots\cap A_{720}$ 非空.显然,A_1 包含区间 $I_1=\left(0,\frac{1}{720}\cdot\frac{2\pi}{x_1}\right)$.

注意到 $x_2>10000x_1$,
$$\frac{x_2}{2\pi}I_1=\left(0,\frac{1}{720}\cdot\frac{x_2}{x_1}\right)\subset(0,10).$$

因此必然包含一个长度为 $\frac{1}{720}\cdot\frac{2\pi}{x_2}$ 的区间 $I_2\subset A_2$.

同理可证存在 $I_3\supset I_4\supset\cdots\supset I_{720}$,$I_k\subset A_k$ 对 $1\leq k\leq 720$ 均成立,于是,$I_{720}\subset A_1\cap A_2\cap\cdots\cap A_{720}$.

任取 $m\in I_{720}$ 并以 $\frac{1}{m}$ 为半径,该圆的圆周上任何不小于 $1°$ 的弧上都包含印记.

第三讲 剖分与覆盖

1.解 至多为 9 块,如图所示.

注意到左上区域共有 9 个黑格与其余部分相邻,每块至少包含一个这样的黑格,因此纸板块数不可能超过 9.

2.解 不可能.将长方体中的所有单位立方体按照交错的方式染成黑、白两种颜色,每块积木所占据的 4 个单位立方体为三黑一白或三白一黑,即占据奇数个白色单位立方体.另一方面,如果填充的方式存在,则总共使用 $\frac{1}{4}\times(11\times12\times13)$ 块积木,数量为奇数,奇数个奇数之和仍为奇数,但大长方体中有一半单位立方体为白色,其数目 $\frac{1}{2}\times(11\times12\times13)$ 为偶数,矛盾,证毕.

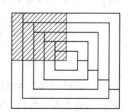

第 1 题图

3. 解　至少需标记 9 格，如图①所示.

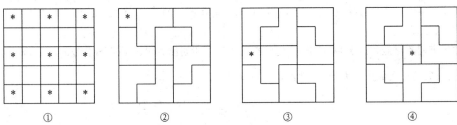

第 3 题图

由图②③④可知，这 9 格中的任何一格如果没有被标记，则乙可以获胜；另一方面，任何 $\square$ 形骨牌至多可以盖住 1 个标记格，因此需要 9 张骨牌，但此时覆盖了 $9 \times 3 = 27 > 25$ 格，不符合规定，得证.

4. 解　小明可以保证吃掉 32 块.

先证充分性.将盒子按如图①所示分成 16 个 L 形区域及单独一格，每个 L 形区域中必有两块巧克力为同色，可以被吃掉.因此小明总可以吃掉 $2 \times 16 = 32$ 块.

再证必要性.将巧克力按如图②所示排列，显然任何一块白巧克力都无法被吃掉，小明可以吃掉剩下 $49 - 16 = 33$ 块黑巧克力中的 32 块.

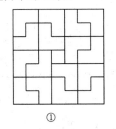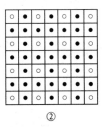

第 4 题图

5. 解　可以.

注意到 4 - 骨牌只有如图所示的五种形状，其中前四种均可以被剖分成 2 张多米诺骨牌.因此，如果 100 - 骨牌无法被剖分成 50 张多米诺骨牌，其唯一可能就是它被剖分成的 25 张全等的 4 - 骨牌均为第五种形状，不妨称为 T 形区域.将 100 - 骨牌的单位方格按照象棋盘方式染成黑、白两色，每个 T 形区域都包含奇数个黑格和奇数个白格，因 T 形区域的总数 25 为奇数，故黑格、白格的总数均为奇数.

另一方面，100 - 骨牌可以被剖分成 2 张全等的 50 - 骨牌，如果一块中的某个黑格对应的另一块中为白格，那么 100 - 骨牌恰好包含 50 个黑格和 50 个白格；否则黑格对应的是黑格，那么 100 - 骨牌包含偶数个黑格和偶数个白格.无论如何，这都与奇数个黑格、奇数个白格相矛盾，故 100 - 骨牌一定可以被剖分成 50 张多米诺骨牌.

第 5 题图

6. 证明　每个区域的边界要么为网格线，要么在大正方形的四条边上，每条单位长网格线作为两个区域的边界，对边界的总长贡献为 2；大正方形四边上每段单位长线段对边界的总长贡献 1.因此所有 20 个区域的边界总长度为 $80 \times 2 + 10 \times 4 = 200$.另一方面，在所有面积为 5 的区域中，只有一种边界长为 10，其余均为 12，如图所示.

由于 $\dfrac{200}{20} = 10$，所有 20 个区域只能均为图中的第一类型，得证.

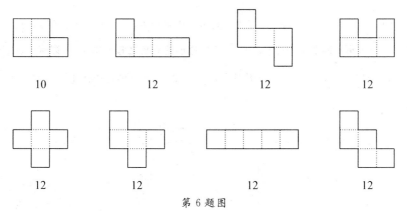

第 6 题图

7. 解 有可能. 在国际象棋盘所有白格中填入 1, 黑格中填入 1 至 32. 无论棋盘怎样被多米诺骨牌所覆盖, 每张牌都恰好盖住一个白格和一个黑格, 所以和只能是 $2, 3, \cdots, 33$, 互不相等, 满足条件且最大的数为 32.

8. 证明 用 $[2m, 2m+2] \times [2n, 2n+2] (m, n \in \mathbf{Z})$ 这样的 2×2 区域划分整个平面, 如果某单位方格在 2×2 区域的左上角标为 I 型; 在右上角、左下角、右下角则分别标为 II、III、IV 型. 由于每个矩形的长、宽均为奇数, 四个角处的单位方格必属于同一类型. I 型的矩形染成颜色 A, II 型的染颜色 B, 等等. 于是有公共边界的矩形不为同类型, 颜色不同, 得证.

9. 证明 设大正方形的边长为 1, 四个面积相等的矩形的短边长度分别为 a, b, c, d, 如图所示, 不妨设 a 为其中最大者 (或之一). 由 $a \geqslant b$ 知 $1-b \geqslant 1-a$, 又 $a \geqslant d$ 推得

$$a(1-b) \geqslant d(1-a).$$

因此矩形 I 与 II 面积相等当且仅当 $a=d, 1-b=1-a$ 也即 $a=b$. 同理 $a=c$, 证毕.

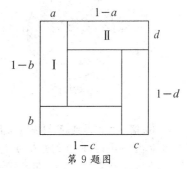

第 9 题图

10. 解 设大三角形的直角边长为 7, 可以按如图所示方式分成 6 个大小不同的等腰直角三角形.

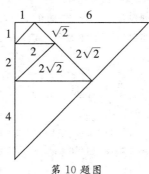

第 10 题图

11. 证明 用坐标 (i, j) 表示平面上的单位方格. 将 $(i, j), 1 \leqslant i, j \leqslant n$ 共 n^2 个方格染成互不相同的 n^2 种颜色, 然后对于其他的方格 (x, y), 取同余类

$$x \equiv x_0, y \equiv y_0 \pmod{n},$$

并染成与 (x_0, y_0) 相同的颜色. 每张纸板无论怎样放置, 总是覆盖每种颜色的一个方格. 由于 2009 为奇数, 每种颜色至少有一格被奇数张纸板覆盖, 因此总共至少有 n^2 个方格被奇数张纸板覆盖.

12. 解　如图所示,在 2×2 正方形中以中心为圆心作半径为 $\sqrt{\frac{3}{2}}$ 的圆与四条边相交,分别连接中心和其中的四个交点形成四个全等的四边形,每个四边形的对角之和为 $180°$,故拥有外接圆,其直径为 $\sqrt{\frac{3}{2}}\times\sqrt{2}=\sqrt{3}$. 最后只需将 10×10 正方形剖分成 25 个 2×2 正方形,就能以同样方式得到 100 个全等的四边形.

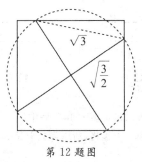

第 12 题图

13. 解　两个问题的回答都是肯定的.如图所示,F 为阴影部分,其中两条直径互相垂直.

只需证明凸集 F 无法覆盖半圆.注意到半圆中的最长线段为直径,其只可能对应于 F 所在圆中的直径,但此时 F 无法覆盖半圆的整个圆弧部分.得证.

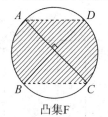

凸集F　　　　　　　或　　　　　　非凸集F

第 13 题图

14. 解　可以做到.我们按照以下方式构作 $2^n\times2^n$ 幻方:

①当 $n=0$ 时,1×1 幻方即为 $[1]$,填在 $(1,1)$ 位置.

②假设 $2^n\times2^n$ 幻方 A_n 每行、每列包含一个 $1\sim2^n$ 的正整数,已经被填在 (x,y),$1\leqslant x,y\leqslant2^n$ 的整点中,现在将 A_n 中的每个数加上 2^n 得到 B_n,B_n 亦为 $2^n\times2^n$ 幻方且每行、每列包含一个 $2^n+1\sim2^{n+1}$ 的正整数.然后令

$$A_{n+1}=\begin{bmatrix}B_n & A_n\\ A_n & B_n\end{bmatrix},$$

并填在 $1\leqslant x,y\leqslant2^{n+1}$ 的整点 (x,y) 中.例如:

$$A_3=\begin{bmatrix}8 & 7 & 6 & 5 & 4 & 3 & 2 & 1\\ 7 & 8 & 5 & 6 & 3 & 4 & 1 & 2\\ 6 & 5 & 8 & 7 & 2 & 1 & 4 & 3\\ 5 & 6 & 7 & 8 & 1 & 2 & 3 & 4\\ 4 & 3 & 2 & 1 & 8 & 7 & 6 & 5\\ 3 & 4 & 1 & 2 & 7 & 8 & 5 & 6\\ 2 & 1 & 4 & 3 & 6 & 5 & 8 & 7\\ 1 & 2 & 3 & 4 & 5 & 6 & 7 & 8\end{bmatrix}.$$

于是随着 n 的增长,第一象限的每个整点都被填入正整数,且每个正整数在每行及每列恰好出现一次.

15．解 存在．

构造 100 个等腰三角形，其中第 i 个($1 \leq i \leq 100$)的底边长为 2×1000^i，高为 $\dfrac{1}{1000^i}$，以下证明当 $i \neq j$ 时，第 i 个与第 j 个三角形的重叠部分面积不超过 $\dfrac{1}{500}$．不妨设 $i < j$．

将重叠部分向第 j 个三角形的底边作投影，其长度不可能超过第 i 个三角形的最长边，即 $2 \cdot 1000^i$．另一方面，第 j 个三角形的高为 $\dfrac{1}{1000^j}$．因此用一个长为 $2 \cdot 1000^i$，宽为 $\dfrac{1}{1000^j}$ 的矩形可以覆盖该重叠部分，于是其面积不超过

$$2 \times 1000^i \times \frac{1}{1000^j} = \frac{2}{1000^{j-i}} \leq \frac{1}{500}.$$

由于每两个三角形之间的重叠面积最多为 $\dfrac{1}{500}$，而每个三角形的面积为 1，因此任何一个三角形都不能被其余 99 个所完全覆盖．

16．解 我们证明大正方形中可以放置 42 个 1×2 矩形，从而(1)－(3)的答案均是肯定的．按如图所示方式在等腰直角三角形中堆放 21 个矩形，以三角形斜边中点为原点，以斜边所在直线为 x 轴、以斜边的垂直平分线为 y 轴建立平面直角坐标系，由对称性只需证明每行最右侧矩形的重心坐标满足 $x + y < 4\sqrt{2}$．注意到这些坐标为 $\left(5, \dfrac{1}{2}\right)$，$\left(4, \dfrac{3}{2}\right)$，$\left(3, \dfrac{5}{2}\right)$，$\left(2, \dfrac{7}{2}\right)$，$\left(1, \dfrac{9}{2}\right)$ 及 $\left(0, \dfrac{11}{2}\right)$，均有 $x + y = \dfrac{11}{2} < 4\sqrt{2}$．得证．

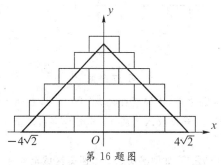

第 16 题图

17．证明 当 $M = 1$ 或 $N = 1$ 时，显然不存在任何空格，于是(1)、(2)得证．以下假设 $M, N \geq 2$．

(1)首先，板上不可能出现相邻的空格．否则如图①所示，空格用 × 表示，占据位置 1 的骨牌不能滑动，只能为(1,2)；同理，(3,4)为另一张骨牌．此时占据位置 5 的骨牌可以向下滑动，矛盾．

其次，长方形板的角上或边上不可能出现空格，如图②所示，假设角上有空格，则 1，3 位置均有骨牌；若为(1,4)则可向下滑动；否则为(1,2)，于是(3,5)可向左滑动，矛盾．

类似地，如图③所示，假设边上有空格，则必有骨牌(1,2)及(3,4)，但此时骨牌(5,6)可向左滑动，矛盾．

最后证明任何 2×2 区域中最多只能有一个空格．如若不然，则处于对角位置如图④所示．此时无论是(1,2)还是(1,3)均可滑动，矛盾．

根据以上推理，可去掉长方形板四条边上的方格，将剩下的 $(M-2) \times (N-2)$ 部分分成若干 2×2 区域(如果 M, N 为奇数，则加上一条边)，空格总数少于 $\dfrac{1}{4}MN$．

(2)我们将证明，任何 2×5 区域 R 之内最多包含 2 个空格．如果 R 位于角上或边上，由(1)可知空格只能出现在更小的区域，因此我们假设 R 在板的内部．

如图⑤所示，假设有两个空格相隔一格，由对称性不妨令(1,2)为一张骨牌，于是必须依次有骨牌

$(3,4),(5,6),(7,8),(9,10)$ 以及 $(11,12)$,但 $(13,14)$ 可以滑动,矛盾.

如此一来,R 中出现 3 个空格的唯一可能是如图⑥所示的 A,B,C,但处于位置 1 的骨牌总可以滑动,矛盾.

根据以上推理,可将长方形板的内部分成 2×5 区域并得到题目结论.

注 图⑦所示的骨牌格局可以说明 $\dfrac{1}{5}MN$ 的数目不能再减少.

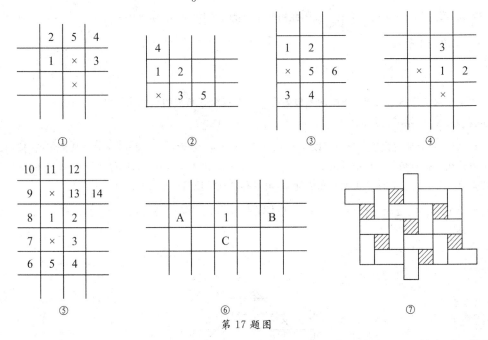

第 17 题图

18. 证明 (1)在放入 1×4 船之后,去掉所在的 3×10 区域,在余下的 7×10 区域中可以设置 6 个平行的 1×3 船位,间隔 2 格,这样每放入 1 艘 1×3 船至多占据 2 个船位,故总可以再放入 2 艘 1×3 船.

在放入所有 1×4 船、1×3 船之后,如图①所示 9 个阴影区域至少有 3 个未受影响,可以继续放入 1×2 船.如果某艘 1×2 船影响到 2 个阴影区域,则必为 a,b 或类似位置,此时可将 1×2 船放入 c,d 位置.否则,每艘 1×2 船占据 1 个阴影区域,总可以放入 3 艘 1×2 船.

最后在棋盘上标记 16 个点,每艘 $1\times4,1\times3,1\times2$ 船至多影响到 2 个点格,故剩下的 4 个点格总可以放入 4 艘 1×1 船.

(2)按照如图②所示方式放入小船,则 1×4 船无法放入.

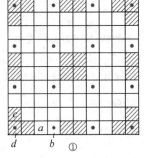
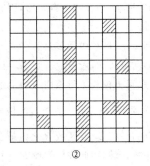

第 18 题图

1.证明 (1)我们采用归纳法,设 n 为大正方形中矩形的数目,当 $n=2$ 时结论显然成立;假设不超过 n 时结论均成立,现在考虑 $n+1$ 的情形.

如图①所示,设 α 和 β 是任何选定的两个矩形.

首先注意到问题的关键是找出 α 和 β 之间的那些矩形.如果这些矩形都已经找好,那么沿垂直方向或水平方向在 α,β 两侧分别选取相接触的矩形,直到大正方形的边上,即构造出包含 α 和 β 的一个链.

其次,如果存在水平或垂直方向的直线穿过 α 和 β,那么这条直线所穿过的所有矩形就构成一个链.以下我们假设这种情况不会发生,也即 α 和 β 在大正方形任何边上的投影都没有公共点.

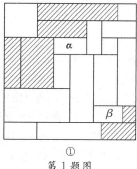

第 1 题图

如图②③所示,在 α 中,设距离 β 最近的顶点为 A.在 A 处与 α 接触的矩形中,必有一个以 A 为顶点,设为 γ,再设 α 和 γ 的公共边界所在直线为 l,l 为垂直方向或者水平方向.

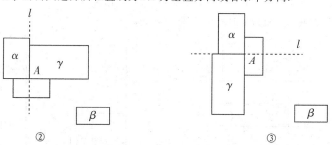

第 1 题图

从大正方形中切掉 α 所在 l 一侧的所有矩形,考虑包括 β 和 γ 在内的另一侧的矩形(包括那些被 l 切成两块的矩形).

显然,α 已经被排除在外,因此矩形的数目不超过 n.

由归纳假设,存在一个链包括 β 和 γ.

①如果这个链沿着平行于 l 的方向,设 γ 和 β 之间为
$$\delta_1,\delta_2,\cdots,\delta_k.$$
那么 $\delta_1,\delta_2,\cdots,\delta_k$ 即为 α 和 β 之间的部分.

②如果这个链沿着垂直于 l 的方向,设 γ 和 β 之间为
$$\delta_1,\delta_2,\cdots,\delta_k.$$
那么 $\gamma,\delta_1,\delta_2,\cdots,\delta_k$ 即为 α 和 β 之间的部分.

(2)在三维空间中的证明与(1)类似.设 α 和 β 是大正方体中任意选定的两个长方体,如果存在平行于正方体某个面的平面同时穿过 α 和 β,那么考虑截面中的矩形,问题转化成(1).否则,假设 α 和 β 在任何面上的投影都没有公共点.

在 α 中,设距离 β 最近的顶点为 A. 以 A 为坐标原点,以包含 A 的 α 中的三条互相垂直的边为坐标轴建立三维坐标系.

在所有 8 个卦限中,α 占据 1 个卦限,剩下 7 个卦限,每个在 A 处与 α 接触的长方体占据 1,2 或 4 个卦限,故必有一个长方体占据 1 个卦限,设为 γ,则 A 为 γ 的顶点,再设 α 和 γ 的公共边界所在平面为 p.

对长方体数目 n 用归纳法. 从大正方体中切掉 α 所在的 p 一侧的所有长方体,数目至少减少了 1,于是可以找到包括 β 和 γ 的链(沿平行或垂直于 p 的方向). 证毕.

2. 解　(1)不一定. 设第 n 个矩形的规格为 $(n^2 \cdot 2^n) \cdot \dfrac{1}{2^n}$,则这些矩形甚至不能覆盖半径为 1 的圆.

事实上,每个矩形与圆相交的部分不超过 $2 \cdot \dfrac{1}{2^n} = \dfrac{1}{2^{n-1}}$,而

$$1 + \frac{1}{2} + \frac{1}{4} + \cdots \leqslant 2 < \pi,$$

因此无法覆盖.

(2)一定可以. 如果存在 $a > 0$,边长不小于 a 的正方形有无穷多个,那么就将平面划分成规格为 $a \times a$ 的正方形网格,任取其一覆盖,然后按照向外旋转的顺序依次覆盖剩下的正方形,如图①所示.

否则,假设对于任何 $a > 0$,边长不小于 a 的正方形均为有限多个.

按长度排序:$a_1 \geqslant a_2 \geqslant a_3 \geqslant \cdots$,不妨设 $a_1 < 1$. 将平面划分成规格为 1×1 的正方形网格,我们先试图用若干个小正方形覆盖一个单位正方形. 首先将 $a_1 \times a_1$ 正方形置于左下角,再将 $a_2 \times a_2$ 正方形置于其右侧紧贴底边,$a_3 \times a_3$ 正方形类似安置,如图②所示,直到安置 $a_{k_1} \times a_{k_1}$ 正方形后完全覆盖底边. 这是一定可以做到的,因为

$$a_1 + a_2 + \cdots + a_{k_1} > a_1^2 + a_2^2 + \cdots + a_{k_1}^2 \geqslant 1,$$

对足够大的 k_1 必成立. 设 $b_1 = a_{k_1}$,于是我们就覆盖了 $1 \times b_1$ 矩形区域.

注意到这一过程在底边完全覆盖时停止,因此有 $a_1 + a_2 + \cdots + a_{k_1} < 2$.

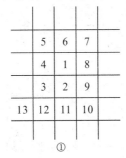
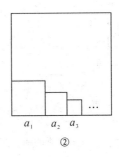

第 2 题图

类似地,用 $a_{k_1+1} \times a_{k_1+1}, a_{k_1+2} \times a_{k_1+2}, \cdots, a_{k_2} \times a_{k_2}$ 正方形可以覆盖 $1 \times b_2$ 矩形区域,其中 $b_2 = a_{k_2}$,$a_{k_1+1} + a_{k_1+2} + \cdots + a_{k_2} < 2$.

继续这一过程,直到某个 h 满足 $b_1 + b_2 + \cdots + b_h > 1$,就完全覆盖了一个单位正方形.

这一定可以做到,因为

$$a_1^2 + a_2^2 + \cdots + a_{k_h}^2 = (a_1^2 + a_2^2 + \cdots + a_{k_1}^2) + (a_{k_1+1}^2 + \cdots + a_{k_2}^2) + \cdots + (a_{k_{h-1}+1}^2 + \cdots + a_{k_h}^2)$$

$$< 1 \times (a_1 + a_2 + \cdots + a_{k_1}) + b_1 \times (a_{k_1+1} + \cdots + a_{k_2}) + \cdots + b_{h-1}(a_{k_{h-1}+1} + \cdots + a_{k_h})$$

$$< 1 \times 2 + b_1 \times 2 + b_2 \times 2 + \cdots + b_{h-1} \times 2.$$

当 h 很大时,不等式左边可以变得任意大,因此 $b_1 + b_2 + \cdots$ 不可能总小于 1.

现在我们将盖满的正方形标为 1,再类似覆盖 2,3,4,$\cdots$,即可.

第四讲 组合几何

1.解 可能.分别如图①②所示.

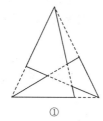 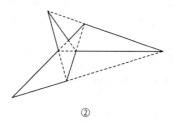

① ②

第1题图

2.解 可能,如图所示,其中"○"代表城市,实线和虚线代表不同颜色的公路.

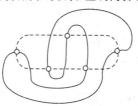

第2题图

3.解 至少需9条直线.

一方面,8条直线产生 $C_8^2 = 28$ 个交叉点,而折线需经30个交叉点,所以8条直线无法满足.

另一方面,如图所示的9条直线可以实现.

第3题图

4.解 (1)和(2)的答案都是肯定的,如图所示,每条虚线单独构成一个连通分支,所有实线亦构成一个连通分支,总共有21个.

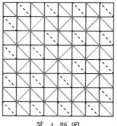

第4题图

5. 证明　将 251 至 750 这 500 个数染成红色,将剩下的 500 个数染成蓝色,考察所有这样的方案,其中每条线段连接异色的数.显然,这样的方案只有有限种,取其中线段总长最短的一个,如果该方案中有两条线段 AD,BC 相交于点 M,则 A,D 异色,B,C 异色.如果 A 和 B 异色,则 C 和 D 也异色,那么用线段 AB 和 CD 替换 AD 和 BC,有

$$AB+CD<AM+MB+CM+MD=AD+BC.$$

这与该方案线段总长最短相矛盾.类似地,如果 A 和 C 异色,则 B 和 D 也异色,由 $AC+BD<AD+BC$ 推出矛盾.因此,该方案中不存在相交的线段,又因红数与蓝数之差最多为 749,故该方案满足要求,证毕.

6. 解　最多只有一对.

先证存在性.任取两点记为 A,B.以 AB 为半径,以点 A,B 为圆心分别作圆,并在圆 B 之内、圆 A 之外的区域中选若干个点,则 A 和 B 为不同寻常的点对.

再证唯一性.假设点 A,B 之外还有其他不同寻常的点对,有两种情形:

情形一　点 C 离点 D 最远,点 D 离点 C 最近,于是有

$DA>AB(B$ 离 A 最近$)>BC(A$ 离 B 最远$)>CD(D$ 离 C 最近$)>DA(C$ 离 D 最远$)$,

得出 $DA>DA$,矛盾!

情形二　点 B 离点 C 最远,点 C 离点 B 最近,于是有

$CA>AB(B$ 离 A 最近$)>BC(A$ 离 B 最远$)>CA(B$ 离 C 最远$)$,

亦矛盾! 得证.

7. 解　每只蚂蚁经过 64 条边,棋盘上共有 $7\times8\times2=112$ 条边,因此都爬过的边至少有 $64\times2-112=16$ 条:棋盘四个角所在的 8 条边,以及棋盘每边上至少有 2 条边(使得每个顶点在 4 条边上),如图①所示,这里给出两种答案如图②和图③所示,其中后者为笔者所作,请注意其中的 H 形与 I 形的互补结构.

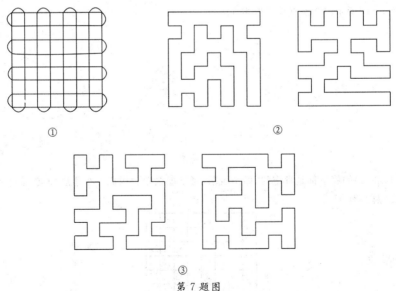

第 7 题图

8. 证明　考虑所有颜色互不相同的四点集,因为染色点的总数有限,这样的四点集为有限个,取其中凸包面积最小者,有两种情况.

(ⅰ)凸包为四边形 $ABCD$,此时 $ABCD$ 内不可能有其他染色点,否则可以找到凸包面积更小的四点集,于是 $\triangle ABC$,$\triangle ABD$,$\triangle ACD$ 即为所求.

（ⅱ）凸包为 $\triangle ABC$，此时 $\triangle ABC$ 内所有染色点均为 A，B，C 之外的第四种颜色，设其中一个为 D，若 D 是唯一点，则 $\triangle ABD$，$\triangle ACD$，$\triangle BCD$ 为所求. 若 $\triangle ABD$ 中还有其他与 D 同色的点，设 E 满足 $\triangle ABE$ 的面积最小，$\triangle ABE$ 内不可能有其他染色点，于是将 $\triangle ABD$ 替换成 $\triangle ABE$. 类似地，如果 F，G 使 $\triangle ACF$，$\triangle BCG$ 的面积最小，则替换 $\triangle ACD$ 和 $\triangle BCD$. 最终我们得到 3 个满足要求的三角形.

9.证明 从点 M 向各顶点作向量，共 9 个，设这些向量分别为红、绿、蓝色. 由于 M 位于每个三角形内，同色的 3 个向量必须满足：任何过 M 的直线每一侧的半平面中包括其中至少 1 个向量.

任取 1 个红色向量记为 R. 如果存在绿色或蓝色向量在 R 的反方向上，那么可以取该向量以及不同色的第三个向量，M 处于这 3 个顶点确定的三角形边上. 否则，假设没有绿色或蓝色向量位于 $-R$ 方向，设 G 与 R 的夹角最大，不妨设为绿色，如图①所示. 作 G 关于 MR 的对称向量，记为 G'，则 G 与 G' 之间不存在绿色或蓝色向量. 但 MG 直线右侧的半平面中存在蓝色向量，其只可能在 G' 与 $-G$ 之间，设为 B. 于是 M 处于 R，G，B 确定的三角形中.

注 对于图②中的格局，M 只能位于三色顶点确定的三角形边上.

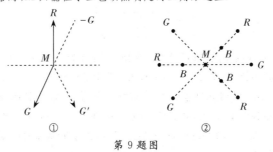

第 9 题图

10.解 不可能. 建立平面直角坐标系使得矩形区域落在第一象限内，西南角处于原点. 记 M 为包含原点的小矩形，(x,y) 为其中心.

考察所有与 M 的北边有公共边界的小矩形，设中心从西到东依次为 (x_1, y_1)，(x_2, y_2)，$\cdots$，(x_n, y_n)，其中 $x_k \leqslant x < x_{k+1}$ 如图所示. 如果 $x_k = x$，则 $(x_k, y_k)(x, y)$ 的连线不可能经过其他矩形，故 $x_k < x$，连线经过下一个即中心为 (x_{k+1}, y_{k+1}) 的矩形，设为 N. 如果 N，M 的中心连线在北边相交，则不经过其他矩形，故只能在东边相交，$k+1 = n$.

类似地，考察所有与 M 的东边有公共边界的小矩形，其中最靠北的那一个设为 P，则 P，M 的中心连线在北边相交，但此时 P 与 N 互相重叠，矛盾.

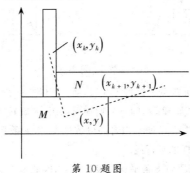

第 10 题图

11.证明 将平面划分成 3990×3990 大小的正方形网格，每个区域为
$$A(i,j) = \{(x,y): 3990i \leqslant x < 3990(i+1), 3990j \leqslant y < 3990(j+1)\},$$
其中 i，j 为整数. 如果某区域中不含染色点，则结论已得证. 为此我们假设每个区域至少包含一个染色点.

如果对于两个区域 A 和 B，将 A 平移至 B 后染色点均重合，则称两个区域是同形的. 所有区域的类

型 2^{3990^2} 为有限数,如果我们能找到四个同形区域处于矩形的四个角位置,则必有四点共圆.

先考察所有区域 $A(i,1),i\in\mathbf{Z}$,在这无穷多个区域中,必有某一类型出现无穷多次,记为 I 型.考察 I 型区域所在列的 $A(i,2)$,在这无穷多个区域中,如果有两个为 I 型,则已有四点共圆;否则必有某一类型出现无穷多次,记为 II 型.再考察 II 型区域所在列的 $A(i,3)$,继续这一过程直到 $A(i,2^{3990^2})$,从该行和之前的某行中必能找出四个同形区域处于矩形的四个角,于是得到四点共圆.得证.

12. 解　设大矩形的四个顶点为 A,B,C,D,如图①所示.假设包含 D 的骨牌的对角线不以 D 为端点,则连接骨牌的左下角和右上角,我们称这样的骨牌为"撇型";否则称为"捺型".考察所有位于 CD 边上的骨牌:最右边一块为撇型,相邻的只能仍为撇型,依次类推,直到最左边一块包含 C 的骨牌为撇型,故 C 为对角线的端点.类似可证,A 和 B 中至少有一个为对角线端点.

第12题图①

假设 C,D 同时为对角线的端点,则 C 骨牌为撇型,D 骨牌为捺型.在 CD 边上的骨牌中,必存在相邻两块,左边为撇型,右边为捺型.符合要求的只有图②③中的两种情况.

在图②中,包含 X 的第3块骨牌只能是 2×1 撇型;在图③中,包含 X 的第3块骨牌只能是 2×1 捺型.如图④⑤所示,再考察包含 Y 的第3块骨牌,分别只能是 2×1 捺型和 2×1 撇型,两边骨牌的高度不等,一直延伸下去,无法与大矩形的上边对齐,矛盾.这说明大矩形相邻的两顶点中只能有一个是对角线的端点,总共有两个,证毕.

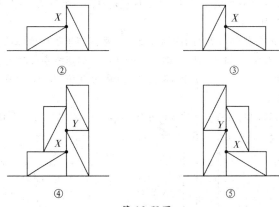

第12题图

13. 解　当 $k=1,2$ 时,易知折线至少包含 1,3 段;当 $k=3$ 时,至少包含 4 段,如图①所示.以下我们证明,当 $k\geqslant3$ 时,折线至少包含 $2k-2$ 段,随 k 的增加而以图②"旋转"的方式每次增加 2.

假设折线 L 经过所有 k^2 个中心点且 L 包含的段数最少,作 k 条平行于大正方形边的直线,每条经过 k 个中心点.设 L 包含 h 段这样的平行线.

(i)$h=k$.此时需 $k-1$ 条线段将 k 条平行线段连起来,因此至少需 $2k-1>2k-2$(段).

(ii)$h=k-1$.此时在 $k-1$ 条平行线之外,还需要经过 k 个中心点,因为剩下的线段都不平行于已包含的平行线,故至少还需 k 条线段,总共需 $2k-1>2k-2$(段).

(iii)$h\leqslant k-2$.此时在 h 条平行线之外,尚未经过的中心点有 $k-h$ 行,每行 k 个,其凸包包含 $2k+2(k-h-2)$ 个中心点.注意到每增加一段折线至多可以使凸包中未经过的中心点减少 2 个(例如最初凸包为矩形,经过短边的线段使凸包变小并且未经过的点数减 2),因此至少还需 $2k-h-2$ 条折线,故总

数为 $h+(2k-h-2)=2k-2$ 段,得证.

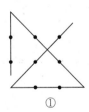 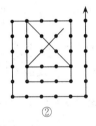

第13题图

 进阶试题

1.证明　证法一　在所有 $C_{21}^2=210$ 个圆心角中,我们证明大于 $120°$ 的不超过 110 个,则结论得证.对于点 x,y,记 $\angle(x,y)$ 为其围出的劣弧或半圆对应的圆心角,$d(x)$ 代表 $\{a:\angle(x,a)>120°\}$ 的点的数目.观察发现以下性质:

①对于任意三个点 x,y,z,$\angle(x,y)$,$\angle(y,z)$,$\angle(z,x)$ 不可能同时大于 $120°$.

②如果 $\angle(x,y)>120°$,则对于其他点 z,$\angle(x,z)>120°$ 和 $\angle(y,z)>120°$ 至多只能有一个成立.因此 $[d(x)-1]+[d(y)-1]\leqslant 21-2$ 或 $d(x)+d(y)\leqslant 21$.

③设 E 为大于 $120°$ 的圆心角的数目:性质②中的不等式共有 E 个,即

$$\sum_{\angle(x,y)>120°}d(x)+d(y)\leqslant 21E.$$

上式中每个 $d(x)$ 被重复计算了 $d(x)$ 次,因此有 $\sum_x[d(x)]^2\leqslant 21E$.

④ $\sum_x d(x)$ 将每个圆心角计算了两次,故 $2E=\sum_x d(x)$,于是由柯西不等式得

$$(2E)^2=\Big[\sum_x d(x)\Big]^2\leqslant 21\times\sum_x[d(x)]^2\leqslant 21^2\cdot E,$$

即有 $E\leqslant\dfrac{441}{4}$,取整后 $E\leqslant 110$,证毕.

证法二(笔者给出)　设 A_n 为圆周上有 n 个点时不大于 $120°$ 的圆心角数的最小值,我们用归纳法证明:

$$A_n=\begin{cases}\dfrac{1}{4}n(n-2), & \text{若 }n\text{ 为偶数};\\[2mm]\dfrac{1}{4}(n-1)^2, & \text{若 }n\text{ 为奇数}.\end{cases}$$

当 $n=2,3$ 时,$A_2=0,A_3=1$ 显然成立,假设结论对 n 成立,现考虑 $n+1$ 的情况.

（ⅰ）n 为偶数,任取圆周上 $n+1$ 个点之一记为 P,设 P,A,B 三等分圆周.如果 $\overset{\frown}{APB}$ 上除 P 之外还有至少 $\dfrac{n}{2}$ 个点,那么 P 与这些点之间的劣弧不超过 $120°$ 且不少于 $\dfrac{n}{2}$ 个,而剩下的 n 个点之间不大于 $120°$ 的圆心角依归纳假设不少于 A_n 个,因此,

$$A_{n+1}\geqslant\dfrac{n}{2}+A_n=\dfrac{n}{2}+\dfrac{1}{4}n(n-2)=\dfrac{1}{4}[(n+1)-1]^2.\qquad(*)$$

否则 $\overset{\frown}{APB}$ 上除 P 之外少于 $\dfrac{n}{2}$ 个点,劣弧 $\overset{\frown}{AB}$ 上至少有 $\dfrac{n}{2}+1$ 个点,任取其中一点 Q,则 Q 与至少 $\dfrac{n}{2}$ 个点之间的劣弧不超过 $\overset{\frown}{AB}=120°$,同样 $(*)$ 式成立.

（ⅱ）n 为奇数.类似（ⅰ）中的推理,要么 $\overset{\frown}{APB}$ 上除 P 之外有 $\dfrac{n-1}{2}$ 个点,要么 $\overset{\frown}{AB}$ 上有 $\dfrac{n+1}{2}$ 个点,无论

如何，均有

$$A_{n+1} \geqslant \frac{n-1}{2} + A_n = \frac{1}{4}(n+1)[(n+1)-2].$$

以上就完成了归纳证明，令 $n=21$，有 $A_{21}=100$.

注 第二种方法所得到的 A_n 为最佳结果. 将 n 个点分成两组，其中一组 $\left[\frac{n}{2}\right]$ 个点非常靠近，另一组 $\left[\frac{n+1}{2}\right]$ 个点非常靠近并处于圆周的另一端即可.

2. 证明 我们首先用归纳法证明平面上每个区域可以被染成黑色或白色，使得相邻区域为异色. 设直线数目为 k，当 $k=1$ 时显然成立，假设 k 条直线时成立，现引入第 $k+1$ 条直线，可将其一侧的所有区域变换颜色：如果两个相邻区域位于该直线的同侧，则它们同时变色或同时不变色，因此必为异色；如果两个相邻区域位于该直线的异侧，则它们原先为同色，其中一个变色，另一个不变色，因此必为异色.

对于每个黑色区域，赋予正整数 i，i 为该区域顶点的个数；对于每个白色区域，赋予负整数 $-j$，j 为该区域顶点的个数. 由于直线数目为 N，每个区域的顶点数不可能超过 N. 另一方面，设 S 为直线 l 某一侧所有区域的赋值之和，对于该侧的每个顶点 V，如果 V 在 l 上，则 V 对 1 个黑色区域和 1 个白色区域的赋值各贡献 1 和 -1；如果 V 不在 l 上，则 V 对 2 个黑色区域和 2 个白色区域的赋值各贡献 1 和 -1. 因此，这一侧所有顶点的贡献为 0，原题结论得证.

3. 解 不可能. 采用反证法，一般地，设 P 为 n 边形（不一定凸），按题目方式被划分成小三角形，假设每个顶点处发出的边均为偶数条.

除去包含 P 的边的那些三角形，有三种情况：(ⅰ) 包含 P 的 3 条边，这仅在 P 为三角形时发生；(ⅱ) 包含 P 的 2 条边，除去之后剩下的多边形减少一条边；(ⅲ) 包含 P 的 1 条边，除去之后剩下的多边形增加一条边. 假设 P 不是三角形，则只有 (ⅱ)，(ⅲ) 可能发生. 设情况 (ⅱ) 有 k 个，则情况 (ⅲ) 有 $n-2k$ 个.

注意到假设每个顶点发出偶数条边，因此被除去的三角形之间没有公共边. 设 Q 为剩下的多边形，Q 包含 $n-k+(n-2k)=2n-3k$（条）边. 最初，$n=4$ 不被 3 整除，$2n-3k$ 也不被 3 整除，于是可以继续除去包含 Q 的边的三角形，等等. 但正方形中只有有限多个三角形，这一过程不能无限进行下去，矛盾. 该矛盾说明必存在顶点，其发出的边为奇数条.

4. 证明 设凸 $10n$ 面体具有 V 个顶点，E 条边，再设 a_i 为包含 i 条边的面的个数. 需要证明某个 $a_i \geqslant n$. 有以下关系：

$$a_3 + a_4 + \cdots + a_m = 10n, \qquad (*)$$

$$3a_3 + 4a_4 + \cdots + ma_m = 2E. \qquad (**)$$

其中 m 为每个面所包含边的最大值. 由欧拉公式知 $V-E+10n=2$. 另一方面，每个顶点至少在 3 条边上而每条边包含 2 个顶点，故 $3V \leqslant 2E$，于是由 $(*)(**)$ 可得

$$a_3 + a_4 + \cdots + a_m = 10n = 2 + E - V$$

$$\geqslant 2 + \frac{1}{3}E = 2 + \frac{1}{6}(3a_3 + 4a_4 + \cdots + ma_m).$$

整理上式可得

$$3a_3 + 2a_4 + a_5 \geqslant 12 + a_7 + 2a_8 + \cdots + (m-6)a_m.$$

(ⅰ) 若 $m \leqslant 10$，则对 $a_3 + a_4 + \cdots + a_m = 10n$ 运用抽屉原理，必存在 i，$a_i \geqslant n$.

(ⅱ) 若 $m > 10$，上式右端每个 a_i 的系数均不小于 1，在左、右两端同时加上 $a_3 + a_4 + a_5 + a_6$，得

$$4a_3 + 3a_4 + 2a_5 + a_6 \geqslant 12 + a_3 + a_4 + \cdots + a_m > 10n.$$

这说明在 a_3,a_4,a_5,a_6 之中必有一个大于 n. 证毕.

第五讲 图论

精选试题

1. 解 将 2000 名会员看成 2000 个顶点,从每个顶点引 1000 条有向边到其他顶点,有向边的总数为 2000×1000 条. 为使好友对数尽可能少,先在每两点之间作一有向边,共有 $C_{2000}^2 = 1999 \times 1000$ 条,此时还需添加 1000 条有向边,形成 1000 对双向边,即 1000 对好友.

事实上,将所有会员编号为 $1, 2, \cdots, 2000$,第 k 号会员邀请 $k+1, k+2, \cdots, k+1000$(当 $x > 2000$ 时,x 等同于 $x-2000$),于是 $k(1 \leqslant k \leqslant 2000)$ 只与 $k+1000$ 互为好友,因此好友对总数确实可以等于 1000.

2. 解 (1)不一定.

设老王的家乡城市为 A_1,其他城市为 $A_2, \cdots, A_{100}$. 假设 A_1 到其他城市的航班均为 43 元,而其他城市之间的航班均为 $\dfrac{1}{7}$ 元,则平均票价为

$$\frac{1}{C_{100}^2}\left(43 \times 99 + \frac{1}{7} \times C_{99}^2\right) = 1.$$

但老王从 A_1 出发以及最后返回 A_1 均必须支付 43 元,总费用为

$$43 \times 2 + \frac{1}{7} \times 97 > 99.$$

(2)可以完成.

考虑 100 个顶点构成的完全图 K_{100}(在完全图中,任何两顶点相邻),乘 100 次航班经过 100 座城市的旅程可看作包含所有顶点的回路. 易证 99 条回路可经过每条边两次,因此所有回路的平均票价为 1 元,或平均总费用为 100 元,其中必有至少一条线路的费用为 100 元或更少,得证.

3. 证明 将 20 支球队看作 20 个顶点,进行过比赛的两队之间用边相连. 这样,每个顶点要么与两个顶点相连,要么与一个顶点连接两次. 对于前者,设 A_1 与 A_2,A_2 与 A_3 相连,一直继续下去,必然有某个 A_i 与 A_1 相连(否则 A_i 与 A_j 相连,$2 \leqslant j \leqslant i-1$,那么 A_j 与 3 个顶点相连,矛盾). 于是形成一个回路,其中一定包含偶数个顶点,因为如果是奇数,那么每天该回路中都有一支球队无法配对进行比赛. 如果某个顶点与另一个顶点连接两次,那么它们可以看作是长度为 2 的回路.

因此,20 个顶点被分成若干个长度为偶数的回路. 从每个回路中取一半互相间隔的顶点,就可以得到 10 个互不相连的顶点,它们代表着 10 支球队,互相之间都没有较量过.

4. 证明 我们稍微减弱题目中的条件,允许有两位客人只认识 2 人,其他客人均认识 3 人或更多. 如能证明该结论,则原题结论自动成立.

对总人数 n 采用归纳法. 当 $n=4$ 时,设 B, D 认识所有人,于是按 $ABCD$ 就座即满足要求. 假设少于 n 人时结论成立,现考虑 n 人的情形.

将每位客人看作一节点,互相认识的两人代表的节点之间以边相连构成图 G. 由于边数大于节点数,G 中存在回路,设为 R. 如果 R 的长度为偶数,则结论得证;否则设为奇回路,R 中必存在度数不小于 3 的节点 V,V 在 R 外有边 e. 以下为三种可能的情况.

(i)V 经过 e 可回到 R,第一个节点为 $U \neq V$. 从 V 到 U 有 3 条互不相交的路径,必有两条可组成偶回路.

(ii)V 经过 e 无法回到 R. 去掉边 e,整个图 G 被分成两个子图 G_1 和 G_2,V 在 G_1 中的度数为 2,e 的另一端点 X 在 G_2 中的度数也可能减至 2. 但最初至多有两个节点度数为 2 且不为 V,于是在 G_1, G_2 两者中必有其一包含 0 或 1 个度数为 2 的节点,设为 G_i,对 G_i 进行归纳即可证.

（ⅲ）V 经过 e，只能回到 $V \in R$，设最终边为 f。将图 G 从 V 处断开，分成包含 R 的子图 G_1 和包含 e，f 的子图 G_2，V 在两个子图中的度数均为 2，但 G_1，G_2 必有其一包含 0 或 1 个度数为 2 的节点，对该子图进行归纳即可得证。

5. 证明　游客可以从任何城市出发，乘坐航班飞往下一个城市，这一进程必定在至多 $N-1$ 次航班后结束，否则游客会经过同一城市两次，这与条件不符。游客抵达的最后一个城市没有飞往其他城市的航班，记这个城市为 C_N，去掉 C_N 以及所有包含 C_N 的航班，在剩下的 $N-1$ 个城市中飞行，最后抵达的无法飞往其他城市的城市记为 C_{N-1}。再依次找出 $C_{N-2}, \cdots, C_2, C_1$。显然，在 C_i 与 C_j（$1 \leqslant i < j \leqslant N$）之间的航班一定是从 C_i 至 C_j，因此：(1)C_1 和 C_N 为所求；(2)唯一路线为 $C_1 \rightarrow C_2 \rightarrow \cdots \rightarrow C_N$；(3)任选一个城市为 C_1 共有 N 种方式，再从剩下的城市中选出 C_2 共有 $N-1$ 种方式，等等，故一共有 $N!$ 种这样的线路图。

6. 证明　(1)如果每座城市最多与两座城市相连，且所有城市均连通，则公路系统只能为环路，但距离最远的两座城市之间需中转 3 次。

如果每座城市可以与 3 座城市相连，则在环路的基础上连接 4 对最远的城市即可，如图①所示。

(2)首先，对于 $k=5$，有以下两种方式可以达到目的。

证法一　将 16 座城市分成 4 组，每组 4 座，设为 A_i，B_i，C_i，D_i，$1 \leqslant i \leqslant 4$。依次连接 A_1—A_2—A_3—A_4—A_1，其他组也同样方式连接。再将 A_1 与其他组下标为 1 的城市相连，A_2 与其他组下标为 2 的城市相连，A_3 与其他组下标为 4 的城市相连，A_4 与其他组下标为 3 的城市相连，如图②所示（只标出 A，B 组之间的连线）。

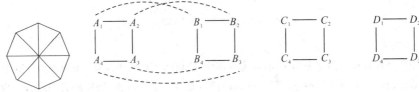

第6题图①　　　　　　　　　　　　第6题图②

在 A 组之内，任何两座城市之间至多需中转一次，从 A 组到 B 组，路线如图③所示，同样至多中转一次。

第6题图③

从 A 组到 C，D 组的路线完全一样。再按同样方式定义 B，C，D 组城市之间的连接方式即可。

证法二　将 16 座城市按图④所示连接，除图中连线外还包括 A—E，B—F，C—G，D—H，E—I，F—J，G—A，H—B，I—C 以及 J—D。

由对称性，只需验证以下城市：

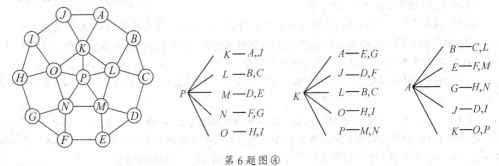

第6题图④

下面我们证明,当 $k=4$ 时计划不能实现.

证明 假设每座城市最多与 4 座城市相连,任何两座城市之间至多中转一次,观察以下各图.

图⑤a 说明任何城市如果仅与 3 座城市相连,则中转一次最多可以达到 12 座城市.因此每座城市必须与 4 座城市相连.图⑤b 说明如果有 3 座城市互相直达,即存在三角形,那么每座城市最多可达 14 座城市.图⑤c 说明如果有城市不处于任何三角形或四边形中,则可达 16 座城市,此时城市的总数至少为 17 座.最后,图⑤def 说明如果有城市处于两个四边形中,则最多可达 14 座城市.

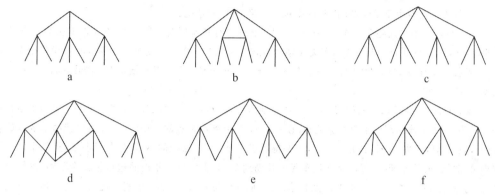

第 6 题图⑤

由以上分析可以看出,每座城市必须恰好处于一个四边形中,且图中不存在三角形.因总数为 16,我们设这些互不重叠的四边形为 $A_i B_i C_i D_i$, $1 \leqslant i \leqslant 4$,如图⑥所示.

考察 A_1,该点已经和 B_1,D_1 相连,不可能和 C_1 相连(否则形成三角形),也不可能和另一个四边形中的两个顶点相连(否则形成三角形或第二个四边形),因此只能和另外两个四边形中各一个顶点相连.类似地,B_1,C_1,D_1 各自和 $i=2,3,4$ 的四边形中的两个顶点相连,总共有 8 条连线,由抽屉原理可知存在一个四边形包括其中 3 条连线,不妨设为 $i=2$,这 3 条连线分别从 A_1,B_1,D_1 发出,且 A_1 与 A_2 相连.

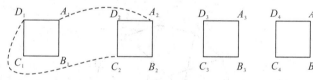

第 6 题图⑥

此时 D_1 不能与 B_2 或 D_2 相连,否则形成第二个四边形,故 D_1 与 C_2 相连.此时 B_1 无论和哪个顶点相连,都会形成三角形或四边形,产生矛盾.

综上,我们就证明了每座城市与最多 4 座城市相连的方案无法实现目标.

7. 证明 将所有岛屿视为 2009 个节点,在有直达航线的岛屿之间连线.所构成的图包含若干连通分支,其中至少有一个连通分支包含奇数个节点(因节点总数为奇数),设为 A.

将 A 中的一些边染成红色,使得任何两条红边均没有公共端点.由于节点的数目有限,这样的染法只有有限种,取其中红边数量最多的一种,设为 M,并按 M 方式染色.由于红边的端点为偶数个,必存在 $x \in A$ 不在任何红边上.

甲选择从 x 出发,乙只能选择前往某条红边的端点 y:这是因为如果 y 不在任何红边上,则将 xy 染成红边,红边的数量比 M 多 1,与 M 最多矛盾.甲选择前往该红边的另一端点 z.以下每次乙只能选择前往某条红边的端点 y_i,甲再选择前往另一端点 z_i:如若不然,设他们经过的路线为

$$x \text{——} y_1 \cdots\cdots z_1 \text{——} y_2 \cdots\cdots z_2 \cdots\cdots y_i \cdots\cdots z_i \text{——} t,$$

其中 $\cdots\cdots$ 代表红边,t 不为红边端点,将这些边重新染色变成

$$x \cdots\cdots y_1 \text{——} z_1 \cdots\cdots y_2 \text{——} z_2 \cdots\cdots y_i \text{——} z_i \cdots\cdots t,$$

可以使红边数量增加1,与M最多矛盾.于是甲总能在乙之后做出选择,甲胜.

8.证明 (1)将城市视为节点,公路视为节点之间的边,作有向图G.显然,每座城市都是偏僻的当且仅当G是树(没有回路),任何两个节点之间存在唯一的路径.甲任取一节点A并将所有边的方向设置成朝向A,然后将车置于A处.现在乙选一相邻节点B并将$B{\to}A$改成$A{\to}B$,于是所有边均朝向B.由于乙每次必须将一条公路改变成向外的方向,车总可以移动,乙无法获胜.

(2)如果存在城市不是偏僻的,则G中包含回路,分两种情况:

（i）如果G中除回路$V_1\text{——}V_2\text{——}\cdots\text{——}V_n\text{——}V_1$之外没有其他顶点或其他边.不妨设车从$V_1$移至$V_2$.如果$V_2{\to}V_3$,乙将其改成$V_2{\leftarrow}V_3$,车无法移动,乙胜.假设$V_2{\leftarrow}V_3$,乙改成$V_2{\to}V_3$,车只能移至$V_3$,类似地,乙接下来依次将回路中的边改成$V_2{\to}V_3{\to}V_4{\to}\cdots{\to}V_n{\to}V_1$,当车抵达$V_1$时最后将$V_1{\to}V_2$改成$V_1{\leftarrow}V_2$,乙胜.

（ii）如果G中除回路外还有其他顶点或其他边.由于G中节点数有限,回路数有限,取其中最短的一条设为R,于是该回路中不存在其他边.设U为G中距离R最远的一个节点.每当甲移动车至与U相邻的节点X时,乙将$X{\to}U$改成$X{\leftarrow}U$,或保持后者不变.由于这样的X只有有限多个,且每个停留一次即可完成方向的改变,乙可以始终让车无法移动到U,于是U以及相连的边可被完全忽略.继续这一过程,每次"去掉"一个R之外的节点及相连的边,最终可将G缩小成R,事实上此时所有其他边均指向R.再用（i）的推理即可得到乙胜的结论.

9.解 不一定.

设12座城市之间的航班情况如图所示.任取两城市设其代码为m,n:

（i）当$m=n+2k$时,令每座城市的代码增加$2k$(旋转)即可;

（ii）当$m=n+2k+1$时,令每个代码i变成$m+n-i$(反射)即可.

假设代码$1,3$可以交换.由于2是两者唯一直达的城市,故代码保持不变.由于原先可同时直达$1,7$的城市只有2和8,故8不变.但原先1与8直达,变化之后不为直达.因此,不存在交换$1,3$的新方案.

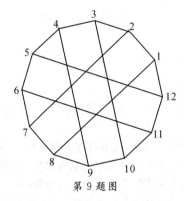

第9题图

进阶试题

1.证明 用50个顶点代表50名客人,互为熟人的点之间用线段连接.对于点x,y,设$f(x)$表示从x引出的边的数目,即x的熟人个数,$S(x,y)$表示所有同时与x,y相连的点的集合,$|S(x,y)|$表示$S(x,y)$的元素个数.假设原题结论不真,则对于任何x,y,$|S(x,y)|$为奇数.

任取一点P,设A为所有与P相连的点集,B为与P不相连的点集,$|A|=f(P)$,取任一点$a{\in}A$,则$S(a,p){\subset}A$且$|S(a,p)|$等于a与其他A中的点的连线的数目,设为$g(a)$,为奇数.如果$|A|$为偶数,则

$\sum\limits_{a\in A}g(a)$ 为奇数,但该和值等于 A 中所有边的数目乘以 2,为偶数,矛盾.于是推出 $|A|$ 为偶数.由 P 的任意性可知 $f(x)$ 为偶数对每个顶点 x 均成立.

于是 $|B|=49-|A|$ 为奇数.仍考虑 $a\in A$,与 a 相连的 B 中的点的个数 $f(a)-1-g(a)$ 为偶数,这对于 A 中每个点都成立,故 A,B 之间的连线为偶数条.另一方面,考虑 B 中每个点与 A 的连线个数,不可能都是奇数,否则奇数个奇数相加等于奇数,故存在 $b\in B$ 与 A 中偶数个点相连,此时 $|S(b,p)|$ 为偶数.证毕.

2.解 一般地,对于 $n=2k$,由于总共有 $4k^2$ 个节点,每个节点至少需测试一次(否则有可能除某节点之外全部连通),故至少需测试 $2k^2$ 次.同时,$2k^2$ 次测试也是充分的,以下给出证明.

记第 i 行、第 j 列节点为 (i,j),D 为对角线上的 $2k$ 个节点.对于 $1\leqslant i\leqslant k$,测试 D 中的 (i,i) 与 $(i+k,i+k)$,共 k 次;再测试 D 之外关于对角线对称的节点 (i,j) 与 (j,i),共 $k(2k-1)$ 次.假设以上 $2k^2$ 次测试的结果均为连通.

由 $(1,1)$ 和 $(1+k,1+k)$ 连通可知存在两点之间的折线 L.如果 $(i,j)\notin D$ 在 L 上,由 (i,j) 和 (j,i) 连通可知 (j,i) 和 L 上的节点均连通,这说明 L 关于对角线对称的 L' 和 L 连通,特别地,和 $(1,1)$ 连通.

再考察 $(2,2)$,该节点要么在 L 上,要么在 L 与 L' 之间.若为前者,则和 $(1,1)$ 连通;若为后者,则 $(2,2)$ 与 $(2+k,2+k)$ 之间的折线和 L 或 L' 相交,故 $(2,2)$ 和 $(1,1)$ 连通.类似地,所有 (i,i),$2\leqslant i\leqslant k$,均和 $(1,1)$ 连通,于是 D 和 $(1,1)$ 连通.

最后,由于 (i,j) 和 (j,i) 连通,连线必经过 D,故与 D 连通.这就说明所有节点均连通,目的达到.当 $n=4$ 时需测试 8 次;当 $n=8$ 时需测试 32 次.

3.证明 采用反证法,假设蚂蚁在爬每条边时两次的方向相反,V 是 D 的任意顶点,蚂蚁通过一条边抵达 V,它不能沿同一条边离开 V,而只能左转或右转,从另一条边离开:如果左转,那么蚂蚁下两次抵达 V 再离开时,也必须左转,我们将这样的 V 称为 L 型顶点;否则三次均为右转,称为 R 型顶点.如图①所示.

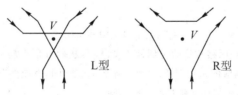

第 3 题图①

如果 D 的所有顶点均为 L 型,则所有有向边一共构成 12 条回路.每条回路围绕某个五边形面一周.设蚂蚁爬行的路径为 P,显然 P 为一条回路,因此 D 中必有一部分顶点为 R 型,现在每次将其中一个 L 型顶点变成 R 型.有四种情形可能发生,如图②所示.

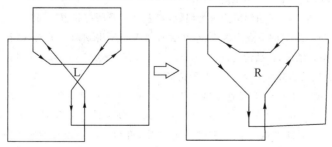

第 3 题图②a　3 条回路变成 1 条回路

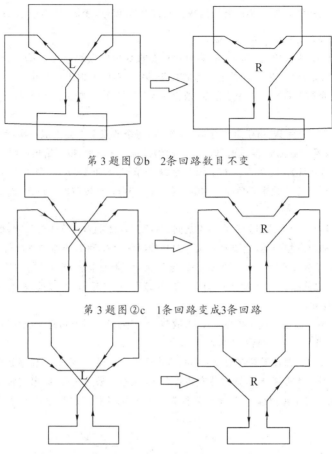

第 3 题图②b　2 条回路数目不变

第 3 题图②c　1 条回路变成 3 条回路

第 3 题图②d　1 条回路数目不变

可以看出,对于每种情形,回路数目的奇偶性不变.但是从所有顶点均为 L 型开始,每次将一个 L 型顶点变成 R 型,最终变出蚂蚁的路径 P,回路数目却从 12 变到 1,奇偶性发生了改变,这是不可能的.该矛盾就说明至少有一条边,蚂蚁两次爬行的方向相同.

4. 证明　取每个选定格的中心点作为节点,然后在相邻节点之间作边构成图 G,由于车可以从任何一格前往另一格而无须飞越其他格,因此 G 是连通图.我们用归纳法证明题目结论对正整数 n 均成立.当 $n=1$ 时,结论显然成立.假设结论对所有 $k<n$ 均成立,即任何 $2k$ 个连通的选定格可以划分成不超过 k 个矩形,现在考察 G 由 $2n$ 个节点组成的情形.

设 V 是任一节点,如果从 V 引出的边数为偶数,则去掉 V 及所有邻边后,必有一个连通分支包含偶数个节点,设该分支与 V 相邻的节点为 X.从 G 中去掉边 $V-X$ 得到两个子图 G_1 和 G_2,各有 $2k_1<2n$ 和 $2k_2<2n$ 个节点,由归纳假设,结论得证.

如果任何节点引出的边数均为奇数,有两种情形.

（i）G 中存在长度为 4 的回路,即选定格中存在田字格.不妨设其对应的四个节点为 (x,y),$0\leqslant x$,$y\leqslant 1$,再设 $O(0,0)$ 与另一节点 A 相邻,如图①所示.如果 A 所在的连通分支包含偶数个节点,去掉边 $O-A$ 得到两个各包含偶数个节点的子图,归纳得证;否则,将 O 归到 A 所在的连通分支中,剩下的包含 $(0,1),(1,0),(1,1)$ 的部分亦为一连通分支,两个子图各包含偶数个节点,归纳得证.

（ii）G 中不存在长度为 4 的回路.设节点 $(1,0)$ 与 $(0,0),(1,1),(2,0)$ 相邻,如果 $(2,0)$ 不是叶节点,则必须与 $(2,-1),(3,0)$ 相邻,而 $(3,0)$ 只能与 $(3,1),(4,0)$ 相邻,同理 $(0,0)$ 若不是叶节点,则必须与

$(0,-1),(-1,0)$相邻,等等,且所有y值为± 1的节点必须为叶节点.因为节点的数目为有限,左右两侧必然在某处结束,于是图G被完全确定,其对应的$2n$个选定格如图②所示,可划分成1个$1\times(n+1)$矩形和$n-1$个1×1矩形,结论得证.

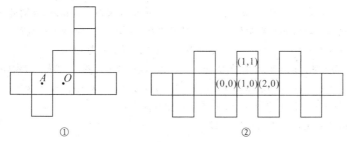

第 4 题图

5.证明 我们将城市看成有向图,$(n+1)^2$个街道的交叉点看成节点,位于(x,y),$0\leqslant x,y\leqslant n$,每条街道为连接节点的边,方向从西向东或从南向北.为方便描述,引入以下定义:

· k-节点:若节点(x,y)满足$x+y=k-1$或$x+y=2n+1-k$.

· k-边:若一条边连接相邻的k-节点与$(k+1)$-节点.对于每个$1\leqslant k\leqslant n$,共有$4k$条k-边.

· 入度与出度:对于节点(x,y),其入度指当前指向(x,y)的未走过的边的数目;出度指当前从(x,y)引出的未走过的边的数目.

· 始节点:如果节点的入度比出度少1.

· 终节点:如果节点的入度比出度多1.

· 零节点:如果节点的入度和出度均为0.

根据以上定义,在初始时刻,$(x,0)$及$(0,y)$,$1\leqslant x,y\leqslant n-1$,为所有始节点;$(x,n)$及$(n,y)$,$1\leqslant x,y\leqslant n-1$,为所有终节点;位于图中央的$(n-1)^2$个节点的入度和出度均等于$2$.原题结论可由以下引理推出.

引理 对于$1\leqslant k\leqslant n$,第k天的路线经过$4(n-k+1)$条未走过的边,其中对于每个$k\leqslant i\leqslant n$,包含4条i-边.在第k天结束时,所有j-边,$1\leqslant j\leqslant k$,均被走过.

引理的证明 对k采用归纳法.当$k=1$时,任何不包含重复边的(往返)路线都经过$4n$条边,其中对于每个$1\leqslant i\leqslant n$,包含4条i-边.特别地,该路线经过所有4条1-边,故引理结论成立.现假设在前$k-1$天中,引理结论均成立,于是在第$k-1$天结束时,所有j-边,$1\leqslant j\leqslant k-1$,均被走过,故这样的$j$-节点均为零节点.而对于每个$i$-节点,$i\geqslant k$,每天有两种可能:要么路线不经过该节点,要么经过该节点从而使入度和出度同时减少1.因此入度与出度之差不变,特别地,$(x,0)$及$(0,y)$,$k-1\leqslant x,y\leqslant n-1$,为当前状态下的所有始节点,出度至少为$1$;$(x,n)$及$(n,y)$,$1\leqslant x,y\leqslant n-k+1$,为当前状态下的所有终节点,入度至少为$1$.位于中央的$(n-1)^2$个节点,入度等于出度.

不难看出,第k天的路线至多可能经过$4(n-k+1)$条未走过的边.我们需证明这样的路线是存在的.注意该路线必须经过最后4条未走过的k-边,而$(k-1,0)$,$(0,k-1)$,$(n,n+1-k)$,$(n+1-k,n)$这4个k-节点不是零节点,因此所求的路线必包含从$(k-1,0)$到$(n,n+1-k)$,以及从$(0,k-1)$到$(n+1-k,n)$的两条路径,其中每条边均未走过,称这样的路径为"新路".我们需要以下性质.

性质 对所有$k-1\leqslant i\leqslant n-1$,存在从$(i,0)$到$(n,n-i)$和从$(0,i)$到$(n-i,n)$的新路,且这$2(n-k+1)$条新路互不包含重复的边.

性质的证明 对i采用归纳法.当$i=n-1$时,始节点$(n-1,0)$至少有一条引出的边,而终节点$(n,1)$至少有一条被指向的边,如果从$(n-1,0)$无法沿新路抵达$(n,1)$,则(n,n)的入度不等于出度,矛盾.同理存在从$(0,n-1)$到$(1,n)$的新路.将新路包含的边暂时从图中去掉,于是$(n-1,0)$,$(n,1)$,$(0,n-1)$,$(1,n)$不再是始节点或终节点.

假设对 $n-1,\cdots,i+1$ 均存在符合条件的新路,且它们包含的边先后被去掉,从而保证新路之间没有重复的边.考虑 i:此时对于 $i+1\leqslant x,y\leqslant n-1$,所有 $(x,0),(0,y),(x,n),(n,y)$ 均不再是始节点或终节点.从 $(i,0)$ 引一条新路,由于途经的节点的入度等于出度,这条新路可以延续并终止于某个终节点 (n,y).如果无法抵达 $(n,n-i)$,则 $y>n-i$.再从 $(n,n-i)$ 沿反方向引一条新路,延续并终止于某个始节点 $(x,0),x<i$.但这两条新路必定在某处相交,于是说明存在 $(i,0)$ 到 $(n,n-i)$ 的新路.去掉这条新路包含的边,再同理可证存在从 $(0,i)$ 到 $(n-i,n)$ 的新路,两者之间没有重复边.

现在回到引理的证明.在第 k 天,存在从 $(k-1,0)$ 到 $(n,n-k+1)$ 和从 $(0,k-1)$ 到 $(n-k+1,n)$ 的新路,将其延长成从 $(0,0)$ 经 $(k-1,0)$,$(n,n-k+1)$ 到 (n,n),再经 $(n-k+1,n)$,$(0,k-1)$ 回到 $(0,0)$ 的路线,其恰好经过 $4(n-k+1)$ 条未走过的边,于是存在性得证,由于 $4n+4(n-1)+\cdots+8+4=2n(n+1)$ 为图中的总边数,故所有边在 n 天后都被走过.

第六讲　极值问题

1.解 最多有 1009 名附庸者.

设 x 为当前回答"是"与回答"否"的数量之差,在最初和最终时刻 x 均等于 0.

当 $x>0$ 时,使得 x 减小的回答一定不会来自附庸者;同样地,当 $x<0$ 时,使得 x 增大的回答也一定不会来自附庸者.附庸者的回答只能令 $x>0$ 增大或令 $x<0$ 减小,或令 $x=0$ 随机变成正或负,故最多只能有半数居民为附庸者,例如被问询的前 1009 名为附庸者,均回答"否",后 1009 名为士人,均回答"是".

2.解 最多可放入 16 个马,如图所示,需证明棋盘上无法放入更多的马.

将棋盘按黑白相间的方式染色,其中四个角为黑色,黑马只能攻击到白马,反之亦然.因此马的总数必为偶数,黑马和白马各占一半.

假设棋盘上可以放入 18 个或更多的马,则有至少 9 个黑马和 9 个白马,棋盘上 13 个黑格和 12 个白格中,至多有 4 个黑格和 3 个白格没有马.

考察中央黑格:这里可以攻击 8 个白格,如果有马,那么至少 6 个白格没有马,矛盾,因此该格为空格.

再考察旁边 4 个空格:每格可以攻击中央黑格之外的 6 个黑格,如果有马,那么至少 $4+1=5$ 个黑格没有马,矛盾.

于是这 4 个白格均为空格,但同样产生矛盾,这说明棋盘上最多可以放入 16 个马.

第 2 题图

3.解 最多可以放入 60 个,仅棋盘中央 2×2 格子中没有马.如果一个马可以攻击到 8 个位置,那么它必然位于棋盘中央 4×4 区域中,于是至少攻击中央 2×2 区域的一格,但其中没有马,所以以上放置方式满足要求.

我们还需要证明 60 是最大值,先在棋盘中放入 64 个马,将棋盘中央 4×4 区域列入"黑名单".如图所示的是每格同时被多少个"黑名单"格子中的马所攻击,数目至多为 4,这说明移除一个马,至多可相应地移除"黑名单"中的 5 个格子(包括自身所在格),但 $16 > 5 \times 3$,移除 3 个马不能完全移除黑名单,得证.

0	1	1	2	2	1	1	0
1	2	2	3	3	2	2	1
1	2	2	3	3	2	2	1
2	3	3	4	4	3	3	2
2	3	3	4	4	3	3	2
1	2	2	3	3	2	2	1
1	2	2	3	3	2	2	1
0	1	1	2	2	1	1	0

第 3 题图

4. 解 易知对角线上 8 个数的奇偶性相同.

(ⅰ)若均为奇数:当对角线上最后一格被填入 x 后,所有空格必须位于对角线一侧,将表格按照国际象棋方式染色,位于对角线(设为黑格)一侧及对角线上的黑格数为 $8+6+4+2=20$,白格数为 $7+5+3+1=16$,填入 x 时至少有 19 个白格被填数,故 $x \geqslant 39$,对角线上所有数之和不小于 $1+3+5+7+9+11+13+39=88$.

如图所示即为一种使上式成立的填数方式.

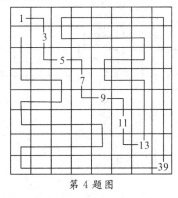

第 4 题图

(ⅱ)若均为偶数:类似(ⅰ)中的推理,x 不可能小于 32,故和必定超过 88.

综上所述,答案为 88.

5. 解 棋盘四个角上的车始终攻击 2 个车,因此不可能被移出棋盘.

此外,如果可以移出 60 个车,则最后一个被移出的车攻击 0 或 2 个车,不满足条件.

因此最多可以移出 59 个车.

如图所示为移出 59 个车的一种顺序,其中空格从左到右、从上到下为 50 至 59.

•	1	2	3	4	5	6	•
13							7
14	15	16	17	18	19		8
20	21	22	23	24	25		9
26	27	28	29	30	31		10
32	33	34	35	36	37		11
38	39	40	41	42	43	•	12
•	44	45	46	47	48	49	•

第 5 题图

6. 解　黑色格至少有 18 个.

将正方体的六个面摊开如图所示. 注意到原先正方体每个顶点周围的 3 个方格形成一个环, 其中必须有黑色格; 这一环之外的 9 个方格亦形成一个环, 其中必须有黑色格; 再之外的 15 个方格亦形成一个环, 其中必须有黑色格. 在这三层环中, 内层的两个与其他环均不相交, 因正方体有 8 个顶点, 这些环共有 16 个, 需要至少 16 个黑色格, 外层的环有 8 个但互相有重叠部分, 每一方格至多从属于其中的 4 个环 (这样的格位于面的中心), 故至少需要 2 个黑色格.

将图中阴影部分的 18 个格染成黑色, 再将其余格交错染成红色和白色, 该染法符合题目要求.

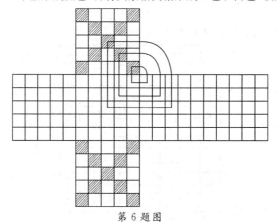

第 6 题图

7. 解　(1) $d = 10\sqrt{2}$. 注意到棋盘中央的 4 枚棋子能移动的最大距离为 $10\sqrt{2}$, 故 $d \leqslant 10\sqrt{2}$. 另一方面, 将棋盘左上的 10×10 枚棋子"平移"到右下角, 后者"平移"到左上角, 左下角再与右上角交换位置, 于是每枚棋子均移动距离 $d = 10\sqrt{2}$.

(2) $d = 10\sqrt{2}$. 设棋子位置为 (x, y), $-10 \leqslant x, y \leqslant 10$. 显然, 位于 $(0, 0)$ 的棋子最多移动距离 $10\sqrt{2}$.

以下给出两种移法:

① 令 $O = (0, 0)$, $A = (-10, 10)$, $B = (10, 10)$, $C = (10, -10)$, $D = (-1, -1)$. 再令区域 Ⅰ $= \{(x, y) : x > 0, y > 0, 不含 B\}$; 区域 Ⅱ $= \{(x, y) : x \leqslant 0, y \geqslant 0, 不含 O, A\}$; 区域 Ⅲ $= \{(x, y) : x < 0, y < 0, 不含 D\}$; 区域 Ⅳ $= \{(x, y) : x \geqslant 0, y \leqslant 0, 不含 O, C\}$.

现将 Ⅰ 和 Ⅲ "平移"到对方位置, 每个棋子移动 $11\sqrt{2}$; 将 Ⅱ 和 Ⅳ "平移"到对方位置, 每个棋子移动

$10\sqrt{2}$. 最后令 $O \to B \to A \to D \to C \to O$，其中 D 与 A,C 的距离 $\sqrt{202} > 10\sqrt{2}$，符合要求.

②因为 d 的值与(1)中相同，我们可以用(1)中的方案移动 (x,y)，$-10 \leqslant x,y \leqslant 9$，这些棋子.

再将 $(k,10)$，$-9 \leqslant k \leqslant 9$，与 $(10,-k)$ 互换，移动距离为

$$\sqrt{(k-10)^2 + (10+k)^2} = \sqrt{2k^2 + 200} > 10\sqrt{2}.$$

最后，轮换 $(-10,10),(10,10),(10,-10)$ 处的棋子即可.

8.解 被切的方格至多为 21 个，如图①所示.

显然，不能切边上或角上的方格，将纸板中央 7×7 区域划分成四个 3×4 部分及中心一格，如图②所示. 若 3×4 部分中切 6 个方格，则要么在某一行切 3 格，要么在每行切 2 格，两种情况均会导致纸板分裂. 因此，在每个 3×4 部分中只能切 5 个方格，再加上中心格，共切 21 格.

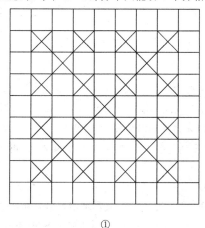
①

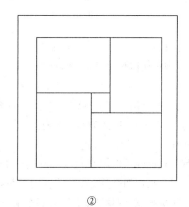
②

第 8 题图

9.解 至少需安装 16 个探测器，如图①②所示给出两种解法.

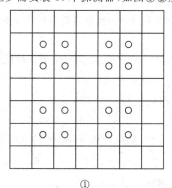
①

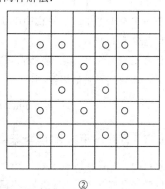
②

第 9 题图

充分性不难验证.

必要性：将空地划分成中央格以及 8 个 2×3 或 3×2 区域，如图③所示. 如果探测器的数目少于 16，则存在一个区域只有 0 或 1 个探测器：若为 0，显然无法判断飞船是否落入；若为 1，由对称性只需考虑图④中的 A 位或 B 位，但 A 位无法判断出飞船落入右边 2×2 区域，B 位无法分辨左、右 2×2 区域. 故 16 个探测器是必要的.

注 以上给出的是仅有的两种解法. 另外，如果假设飞船已经降落，至少需多少探测器可以判断，则答案仍为 16. 有兴趣的读者可以思考这一问题. 提示：在 3×4 区域中，3 个探测器无法保证能够判断出飞船的位置.

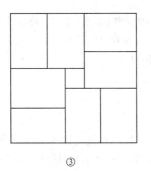

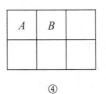

③　　　　　　　　　　　　　　　④

第 9 题图

10.解 至多有 1019 个数,以下给出一种形式:

$$\underbrace{1,1,\cdots,1}_{39个},41,\underbrace{1,1,\cdots,1}_{39个},41,1,\cdots,41,\underbrace{1,1,\cdots,1}_{19个}.$$

每 39 个 1 之后有 1 个 41,共 25 组;最后面为 19 个 1.

对于序列中任何相邻的 40 项,设为 $a_1,a_2,\cdots,a_{40}$.考察

$$s_1=a_1,s_2=a_1+a_2,s_3=a_1+a_2+a_3,\cdots,s_{40}=a_1+a_2+\cdots+a_{40}.$$

该部分序列严格递增,且对于每个 $1\leqslant i\leqslant 39,i$ 和 $i+40$ 不可能同时出现(否则设 $S_j=i,S_k=i+40$,于是 $a_{j+1}+a_{j+2}+\cdots+a_k=40$ 矛盾),于是有 $S_{40}\geqslant 80$.因此序列的前 1000 项之和至少为 2000,再增加 19 个 1,共 1019 项.

11.解 这样的一组数为 $1,5,9,\cdots,4k+1,\cdots,1985$.

显然,以上任何两个数之差均为 4 的倍数,故符合条件.另一方面,我们证明如果 n 在这组数 S 中,那么 $n+1$ 至 $n+7$ 这些数最多只能有一个属于 $S:n+2,n+3,n+5,n+7$ 不能属于 S,因为与 n 的差为质数;剩下的 $n+1,n+4,n+6$ 两两之差为质数,因此只能有一个属于 S.

如果 $n+1\in S$,那么下一个属于 S 的数至少为 $n+9$;如果 $n+4\in S$,那么下一个至少为 $n+8$;如果 $n+6\in S$,那么下一个至少为 $n+10$.这说明 $1,5,9,\cdots,1985$ 是唯一一组数目最多且符合条件的数.

12.解 (1)至少为 146.

设砝码质量为 $a_1\leqslant a_2\leqslant\cdots\leqslant a_{20}$.显然 $a_n\leqslant 2^{n-1}$ 对 $1\leqslant n\leqslant 20$ 均成立.如果令前 k 枚砝码质量为 2^0,$2^1,\cdots,2^{k-1}$,后 $20-k$ 枚砝码质量相等,则有

$$a_{k+1}\geqslant\min\left\{a_k,\frac{1997-(2^k-1)}{20-k}\right\}.$$

当 $k=8$ 时,右端值最小,第二项为 $145\dfrac{1}{6}$,令 $a_9=a_{10}=\cdots=a_{18}=145,a_{19}=a_{20}=146$ 即可.

另一方面,假设 $a_{20}\leqslant 145$,则 $a_9+a_{10}+\cdots+a_{20}\leqslant 145\times 12=1740$,需要 $a_1+a_2+\cdots+a_8\geqslant 257$.

但 8 枚砝码最多可称量 2^8-1 种质量,不满足要求,因此 $a_{20}\geqslant 146$.

(2)至少为 $145\dfrac{1}{4}$.

在(1)中令 $a_9=a_{10}=a_{11}=a_{12}=145,a_{13}=a_{14}=\cdots=a_{20}=145\dfrac{1}{4}$,即可称量从 1 至 1997 所有整数质量.

反之,假设 $a_{20}<145\dfrac{1}{4}$,如果 a_1 至 a_7 不全为整数,则 $a_8\leqslant 127,a_1+\cdots+a_8<127+127=254$,于是

$$a_{20}>\frac{1997-254}{12}=145\dfrac{1}{4}.$$ 故假设 a_1 至 a_7 均为整数.

为使 $a_1+a_2+\cdots+a_7=127$,必须令 $a_1=1,a_2=2,\cdots,a_7=64$,则 $a_8=128$.设物体质量 $m=a_1+\cdots+$

$a_8+1+145\times 3$. 如果从 a_9 至 a_{20} 中取 3 枚砝码连同 a_1 至 a_8 称出 m，则三者总重至少为 $145\times 3+1$，于是 $a_{20}\geqslant 145\frac{1}{3}>145\frac{1}{4}$. 如果从 a_9 至 a_{20} 中取 4 枚砝码称出 m，则这 4 枚质量之和为整数：①和为 145×4，则其余 8 枚砝码质量之和为 $145\times 8+2$，有 $a_{20}\geqslant 145\frac{1}{4}$；②和大于等于 $145\times 4+1$，则 $a_{20}\geqslant 145\frac{1}{4}$. 得证.

13. 解　至多切除 14 块积木.

先证充分性. 如图所示给出两种切法(阴影为保留部分). 虽然答案不唯一，但具有类似的结构.

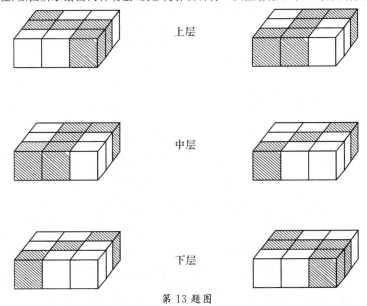

上层

中层

下层

第 13 题图

再证必要性. 从大立方体 6 个面的方向观看，分别看到 $3\times 3=9$ 个积木面，这些面互相不重复，故至少需 $9\times 6=54$ 个面在明处. 另一方面，假设该整体包含 n 块积木，为了黏合成整体，至少需黏 $n-1$ 次，即有 $2(n-1)$ 个面在暗处. 因此有

$$6n-2(n-1)\geqslant 54,$$

解得 $n\geqslant 13$.

 进阶试题

1. 解　将棋盘按黑白相间的方式染色，每行或每列至多只能有 2 只跳蚤沿该行或该列做往复运动，否则必有 2 只处于同色格中，这样最多需 9 分钟二者便会相遇.

因此跳蚤总数至多为 40，如图所示即为一种排列方式.

第 1 题图

2. 解 注意到 2×2 或 1×4 格中的 4 枚硬币可以合成 1 叠;这样的 4 叠可以合成包含 16 枚硬币的 1 叠,有两种方式如图①所示.另一方面,每格至多与 4 个格相邻,可以合并 4 次,每次至多数量翻倍,因此每叠硬币最多包含 $2^4=16$ 枚.

(1)将棋盘分成 25 个 4×4 区域,最终棋盘上有 25 叠硬币.

(2)由于 $50\times90=16\times281+4$,最终棋盘上的叠数不可能少于 282.另一方面,以图②所示方式可以将 10×16 格划分成 10 个田字形或 T 形区域,再以图③所示方式将 50×90 棋盘划分成 27 个 10×16 区域和 1 个 10×18 区域,按图④所示方式可以将 10×18 区域中的硬币合成 12 叠,故答案为 282.

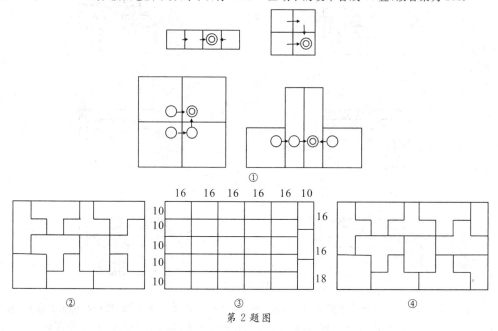

第 2 题图

3. 证明 (1)记 $S_i(i=1,2,\cdots,30)$ 为第 i 名学生出访的天数集合,容易看出,学生 i 与 j 可以实现互访的充要条件是 S_i 与 S_j 互不包含.

在 7 天中,令每名学生访问 3 天,这样的选法一共有 $C_7^3=35>30$ 种.只要每名学生出访的天数集合各不相同,那么任何两名学生都至少互访一次.

(2)由(1)中的推理,我们需证在 $A=\{1,2,3,4,5,6\}$ 中无论怎样选取 30 个非空子集,一定存在其中两个互相包含.

构建这样的集合链:$A_1\subset A_2\subset A_3\subset A_4\subset A_5\subset A$,其中 A_i 拥有 i 个元素($1\leqslant i\leqslant5$).易知这样的集合链共有 6! $=720$ 个.

另一方面,若 S 是某个学生出访的天数集合,$|S|=k$,则 S 出现在 $k!$ $(6-k)!$ 个集合链中,该数至少为 3! 3! $=36$.由于 $\dfrac{720}{36}=20<30$,故 30 个子集中必存在两个处于同一集合链中,这样它们互相包含,而对应的两名学生不能实现互访.

4. 解 团伙的总数至多是 3^{12} 个,我们证明更一般地,$n\geqslant2$ 名强盗可以被至多分成的团伙数

$$f(n)=\begin{cases}3^k, & \text{当 } n=3k \text{ 时};\\ 4(3^{k-1}), & \text{当 } n=3k+1 \text{ 时};\\ 2(3^k), & \text{当 } n=3k+2 \text{ 时}.\end{cases}$$

注意到 $f(n)$ 恰好表示将 n 分成若干正整数时这些数乘积的最大值,以下设 $g(n)$ 表示 n 名强盗可以形成的团伙总数的最大值,需证 $g(n)=f(n)$.

充分性:将 n 名强盗每 3 人分成一组,如果 $n=3k+1$ 则将剩下一人并入一个组,如果 $n=3k+2$ 则将剩下的两人分成一组,从每一组中抽取一人形成一个强盗团伙,这样的抽取方式恰好有 $f(n)$ 种,且每名强盗的所有敌人为同组中的其他强盗,这 $f(n)$ 个团伙满足要求.故 $g(n) \geqslant f(n)$.

必要性:不妨设 $f(0)=f(1)=1$,则对所有 $0 \leqslant k \leqslant n$,均有 $f(k)f(n-k) \leqslant f(n)$.令 $g(0)=g(1)=1$.容易验证当 $n=2,3,4$ 时,$g(n)=n=f(n)$.我们用数学归纳法证明 $g(n) \leqslant f(n)$ 对 $n \geqslant 5$ 均成立,设对于所有 $0 \leqslant k \leqslant n-1$,均有 $g(k)=f(k)$.

将 n 名强盗看成 n 个顶点,对处于敌对关系的顶点进行连线,这样得到一个图,有三种情形.

(ⅰ)如果图为非连通图,则可以分成 A,B 两个子图,A 中每个顶点的连线都在 A 内,于是所有团伙限定在 A 中必然同样满足要求,设 A 中有 k 个顶点,则 A 中的团伙总数至多为 $g(k)$.同理,B 中的团伙总数至多为 $g(n-k)$,故 $g(n) \leqslant g(k)g(n-k)=f(k)f(n-k) \leqslant f(n)$.

(ⅱ)如果图为连通图,且存在顶点 V 与至少 3 个其他顶点相连,设为 V_1,V_2,V_3.如果某团伙包含 V,则一定不包含 V_1,V_2,V_3,其数目至多为 $g(n-4)$;如果团伙不包含 V,则其数目至多为 $g(n-1)$,故 $g(n) \leqslant g(n-1)+g(n-4)=f(n-1)+f(n-4) \leqslant f(n)$.

(ⅲ)如果图为连通图,且任何顶点至多与 2 个其他顶点相连,此时整个图为简单路径,由 $n \geqslant 5$ 可知存在 5 个顶点 $A—B—C—D—E$.任何团伙都必须包含 B,C,D 中至少一名强盗,否则 C 在该团伙中没有敌人,如果某团伙包含 B,则一定不包含 A 和 C,其数目至多为 $g(n-3)$;类似地,包含 C 或 D 的团伙数目至多为 $g(n-3)$,且如果有团伙同时包含 B 和 D,则团伙总数相应减少,因此 $g(n) \leqslant 3g(n-3)=3f(n-3)=f(n)$.

综上所述,必要性得证,故 $g(n)=f(n)$ 对所有自然数 n 均成立,特别地,$g(36)=3^{12}$.

第七讲　不变量

精选试题

1.解　不可能.

解法一　按顺时针顺序将硬币编号为 1 至 10,然后令第 $i(1 \leqslant i \leqslant 10)$ 枚硬币正面朝上时,对应值为 0;背面朝上时,对应值为 i,现在操作的目的是将赋值从 0 变成 $1+2+\cdots+10=55$,但题中允许的两种操作都不改变赋值的奇偶性,因此无法实现.

解法二(笔者给出)　将处于 1,3,5,7,9 位置的 5 硬币归到 A 组,其余 5 枚为 B 组,每次操作都恰好改变 A 组和 B 组各 2 枚硬币的状态(不改变奇偶性),但目标是改变两组中各 5 枚硬币的状态,因此无法实现.

2.解　不可能.考虑三种颜色的变色龙数目除以 3 的余数,最初分别是 1,0,2,无论哪两种颜色的变色龙相遇,其对应的余数分别减 1(或加 2),另一个余数加 2(或减 1),三个余数仍然是 0,1,2 的某种排列.因此,不同颜色的数目不可能相等.事实上,只有当初始三个余数相等时才有可能全部变成同一种颜色.

3.解　不可能做到,采用反证法.

设 AB 的长度为 1,最初为水平方向,再设 AB 第一次以 B 为轴旋转,我们将绕同一轴的连续几次旋转归并为一次旋转,于是 AB 绕 B 旋转,再绕 A 旋转,再绕 B 旋转,等等.与之对应地,设 $A=A_0$ 转到 A_1,$B=B_0$ 转到 B_1,A_1 转到 A_2,等等.最终要么 $A_k=B$,要么 $B_k=A$.不妨设为前者,于是 $A_1B_1A_2B_2 \cdots A_k$ 形成一个 $2k-1$ 边形,边长均为 1,某些边可能相交(如果 $B_k=A$,则考察 $2k+1$ 边形 $B_0A_1B_1 \cdots A_kB_k$),之后的论证类似).

考察 $A_1 \to B_1 \to A_2 \to \cdots \to A_k \to A_1$ 过程中水平方向的位置变化,每次只可能为 ± 1(水平方向的边)、0(垂直方向的边)或 $\pm \dfrac{1}{\sqrt{2}}$(斜 $45°$ 方向的边),显然 $\dfrac{1}{\sqrt{2}}$ 的整数倍不可能是有理数,故这样的边为偶数条,水平方向的边同样为偶数条,再根据垂直方向的位置变化,可推断出垂直方向的边亦为偶数条,但边的总数 $2k-1$ 是奇数,矛盾.说明符合题意的旋转过程不存在.

4.证法一 设这一叠牌的张数为 n,我们对 n 进行归纳:当 $n=1$ 时至多一次变换之后即输掉游戏;假设 n 张牌时小明必输,现在考虑 $n+1$ 张牌时的情形.

如果第一张牌为背面朝上,则小明在任何时候都不可能选中这张牌,于是这张牌可以被忽略不计,小明对剩下 n 张牌的操作必然以失败告终.

如果第一张牌为正面朝上,那么小明只要选中这张牌,它就会变成背面朝上并保持这个状态.否则,小明始终不选第一张牌,于是这张牌可以被忽略不计,由归纳假设可知剩下的 n 张牌最终均变成背面朝上,此时小明只能将第一张牌翻至背面朝上,从而输掉游戏.

归纳得证.

证法二(笔者给出) 设第 i 张牌正面朝上时,对其赋值为 2^i,而背面朝上时赋值为 0,当小明对第 i 到第 j 张牌进行翻面时:如果 $i=j$,则牌值减少 2^i;如果 $i<j$,则中间那些牌值至多增加 $2^{i+1}+2^{i+2}+\cdots+2^{j-1}<2^j$,小于两端减少的 2^i+2^j.因此,每次变换之后,所有牌值总和严格递减,必然在有限次变换后到达 0.证毕.

5.解 不可能.我们观察发现以下事实:

①变换的顺序对结果没有影响;

②对同一条边或对角线变换两次相当于没有变换.

因此我们可以假定,经过若干次变换后,每条边或对角线均被变换过 0 次或 1 次.(用到线性空间和线性表示的思想,请阅读例 5 证法二之后的"笔者注".)记正十边形为 $A_1A_2\cdots A_{10}$.

解法一 考察由 A_1A_4,A_2A_6,A_3A_9 两两相交得到的三个交点,不妨设为 M,N,P,如图所示,容易看出,这三个交点不落在任何其他对角线上,如果存在变换方式可以使所有赋值均变成 -1,那么 A_1A_4,A_2A_6,A_3A_9 中有两条同时被变换 0 次或 1 次,但这样它们的交点就被变换 0 次或 2 次,仍然为 1.矛盾.

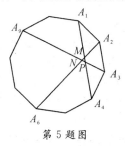

第 5 题图

解法二(笔者给出) 考察 A_1A_3 和 A_2A_4 的交点 Q,显然不在其他对角线上,为使 Q 的赋值变成 -1,只能变换 A_1A_3 或 A_2A_4 中的一个而不变换另一个,不妨设变换 A_1A_3,保持 A_2A_4 不动,于是必将变换 A_3A_5,A_5A_7,A_7A_9 以及 A_9A_1,这样,为使 A_1A_3 与 A_2A_7 的交点(显然不落在其他对角线上)赋值为 -1,只能保持 A_2A_7 不动.类似地,A_4A_9,A_6A_1,A_8A_3,$A_{10}A_5$ 均保持不动,于是正十边形的中心的赋值仍然为 1.矛盾.

6.解 不可能.将棋盘的每个方格标记成 A,B,C,如图所示,其中 A,B,C 格的数量分别为 $22,21,21$,每次变换同时增加或减少三种方格中的黑色格各 1 个,因此它们相对的奇偶性不变.起初,黑色 A,B,C 格的数目分别为 $0,0,0$,均为偶数,要将它们最终变成 $22,21,21$,既非全奇,也非全偶,这是不可能的.

A	C	B	A	C	B	A	C
B	A	C	B	A	C	B	A
C	B	A	C	B	A	C	B
A	C	B	A	C	B	A	C
B	A	C	B	A	C	B	A
C	B	A	C	B	A	C	B
A	C	B	A	C	B	A	C
B	A	C	B	A	C	B	A

第 6 题图

7. 证明 我们将这行数标记为 $a_1, a_2, \cdots, a_n$，假设 a_i 的位置随着操作而改变，但标号本身不随数值的增加而改变. 假设小明可以操作任意多次，则在 C_n^2 对 (a_i, a_j) 中必有一对被操作两次. 设 (a_i, a_j) 为其中两次操作间隔最小者，不妨设前一次操作时 a_i 在 a_j 左边.

在前一次操作后，a_i 变到 a_j 右边，从此时到最后一次操作之前，a_j 增长的倍数一定大于 a_i，考察这期间曾经穿过 a_j 与 a_i 之间的 a_k，有三种情形：

（ⅰ）a_k 从 a_i 边进入，从 a_i 边出去，这与 (a_i, a_j) 为两次操作间隔最小者矛盾.

（ⅱ）a_k 从一边进入，从另一边出去，这时 a_k 与 a_i，a_k 与 a_j 各加倍一次，a_i 与 a_j 的比例不变.

（ⅲ）a_k 从 a_j 边进入，从 a_j 边出去，只有该情形可以使 a_j 与 a_i 的比例变大，但与 (a_i, a_j) 为间隔最小者矛盾.

根据以上讨论，可知任何 a_i 与 a_j 之间只能操作一次，因此操作的总次数有限.

8. 解 将小朋友按逆时针顺序编号 $1, 2, \cdots, 10$. 对 $1 \leqslant i \leqslant 10, j \geqslant 1$，设第 i 名小朋友在第 j 轮传出 $g_i(j)$，保留 $k_i(j)$ 颗花生，于是 $g_i(j) - k_i(j) \leqslant 1$. 第 i 名小朋友在第 j 轮后的花生数为

$$g_{i-1}(j) + k_i(j) = g_i(j+1) + k_i(j+1).$$

如果 $g_{i-1}(j) = k_i(j)$，则右端两项相等；如果 $|g_{i-1}(j) - k_i(j)| \geqslant 1$，则

$$|g_{i-1}(j) - k_i(j)| \geqslant g_i(j+1) - k_i(j+1).$$

故上式总成立，注意两数和为定值时，差越大，则平方和越大，因此，

$$[g_{i-1}(j)]^2 + [k_i(j)]^2 \geqslant [g_i(j+1)]^2 + [k_i(j+1)]^2.$$

上式对 $i = 1, 2, \cdots, 10$ 均成立（定义 $g_0 = g_{10}$），将 10 个式子相加可知

$$S(j) = \sum_{i=1}^{10} \{ [g_i(j)]^2 + [k_i(j)]^2 \}$$

关于 j 不增，由于取值为非负整数，故必存在 t 使 $S(t)$ 取得最小值，此时，

$$|g_{i-1}(j) - k_i(j)| \leqslant 1.$$

对 $1 \leqslant i \leqslant 10, j \geqslant t$ 均成立，如果这些项不全为 5，则存在 i, l 使得

$$g_i(t) = 6, k_{i+1}(t) = g_{i+1}(t) = \cdots = k_l(t) = g_l(t) = 5, k_{l+1}(t) = 4.$$

观察下一轮：

$$g_{i+1}(t+1) = 6, k_{i+2}(t+1) = g_{i+2}(t+1) = \cdots = k_l(t+1) = g_l(t+1) = 5, k_{l+1}(t+1) = 4.$$

经过 $l - i$ 轮之后，有

$$g_l(t+l-i) = 6, k_{l+1}(t+l-i) = 4.$$

与 $S(t)$ 取得最小值相矛盾，因此只能 $g_i(t) = k_i(t) = 5$，即每人面前有 10 颗花生.

9. 证明 设总共有 n 名钢琴师，将他们的房间号从小到大排列，设第 i 名钢琴师在第 j 天的房间为 $x_i(j)$，注意到随着 j 的增加，有以下关系：

① $\sum_{i=1}^{n} x_i(j)$ 不变；② $\sum_{i=1}^{n} x_i^2(j)$ 每天增加 4，这是因为 $(k-1)^2+(k+2)^2-k^2-(k+1)^2=4$；③ $x_n(j)$ 不减少；④ $x_1(j)$ 不增加.

如果换房间过程可以永远进行下去，那么由以上①②可知，$x_n(j)-x_1(j)$ 一定趋向无穷.

当 $n=2$ 时，显然换房间过程不可能永远进行. 假设 m 是换房间过程可以无限进行的 n 值中最小的那个，于是当 $n=2,3,\cdots,m-1$ 时，换房间在有限天内结束，对于每个 $2\leqslant n\leqslant m-1$，设 $c_n\geqslant x_1(1)-x_1(k)$ 以及 $c_n\geqslant x_n(k)-x_n(1)$，其中 k 为结束时的最长天数，只与 n 有关，再设 $c=\max\{c_2,c_3,\cdots,c_{m-1}\}$.

现在考虑 $n=m$ 的情况，由之前的论证可知，存在 l 使得 l 天后 $x_n(l)-x_1(l)>3mc$. 根据抽屉原理，存在某个 i 满足 $x_{i+1}(l)-x_i(l)>3c$. 于是位于左侧的 i 名钢琴师只能再搬 $k(i)$ 天，x_i 至多增加 c；位于右侧的 $m-i$ 名钢琴师只能再搬 $k(m-i)$ 天，x_{i+1} 至多减少 c，这时两组之间的距离仍有 $x_{i+1}-x_i>c\geqslant2$，他们之间不可能有换房间行为，于是不再有两名钢琴师住在相邻的房间.

10. 解 不可能. 当棋子移到号码更大的格中时，有两种情况：（ⅰ）仍处于同一条对角线上；（ⅱ）处于右下方的另一条对角线上. 如果为（ⅰ），则棋子所在行数、列数相加之和不变；如果为（ⅱ），则和变大，假设移动之后仍然保持每行、每列各一枚棋子，那么所有棋子的行数、列数之和等于 $(1+2+\cdots+8)\times2=72$，维持不变，说明所有的移动均为情况（ⅰ），但此时棋盘的第一行将没有棋子，故符合要求的移动方式不存在.

11. 解 不一定. 例如 6 条直线将大三角形分成 9 个小三角形，其中阴影三角形为黑色，如图①所示. 容易看出，处于角上的 3 个小三角形可以随意改变颜色而不对其他小三角形造成影响.

因此我们可以将考察对象缩小到中央的 6 个小三角形，通过变换可以找出以下两个轨道（在旋转等价意义下），如图②③所示.

因此初始包含 1 个黑色小三角形的状态下，不可能通过变换使所有小三角形都变成白色.

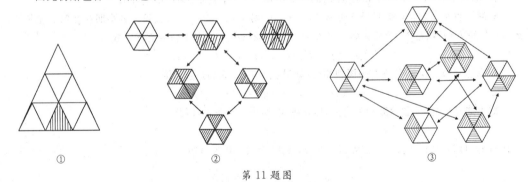

第 11 题图

12. 解 按照国际象棋盘的方式将格子染色，所有黑格处于黑对角线上，所有白格处于白对角线上，两者相互独立，我们只需研究最多可以移除多少黑格中的棋子，再将数目乘以 2 即可.

如图所示，观察每条对角线上的棋子数：从左上开始到右下，依次为 $1,3,5,7,9,9,7,5,3,1$；从左下开始到右上，依次为 $2,4,6,8,10,8,6,4,2$，具有奇数枚棋子的称为奇对角线，偶数枚棋子的称为偶对角线.

依照规则，每次移除的棋子所在的两条对角线中，至少有一条是偶对角线；如果是一奇一偶，移除该棋子后仍为一奇一偶；如果是两偶，则变成两奇. 奇对角线的数目始终不减. 由于最初有 10 条奇对角线，当数目始终不变时，最终棋盘上剩下 5 个黑格棋子，为移除棋子数目最多的情形.

以 (i,j) 表示第 i 行、第 j 列的棋子，保持第 1 行的 5 枚棋子不动，依次从上到下移除第 $10,9,8,\cdots,1$ 列，每次选取的棋子在一奇一偶对角线上，符合要求.

再以类似方式处理白格中的棋子，总共可以移除 90 枚棋子.

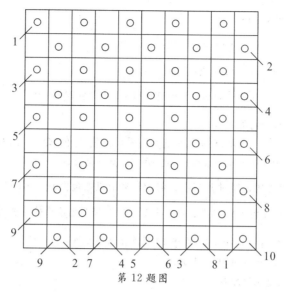

第 12 题图

13. 解 埃德可以阻止西西弗斯实现目标.

记台阶从低到高依次为第 $1,2,\cdots,1001$ 级,每当西西弗斯将石块从第 i 级台阶搬到第 j 级($i<j$)时,埃德将石块从第 $i+1$ 级推落到第 i 级.以下证明这种简单策略可以阻止西西弗斯的计划.

首先,当西西弗斯搬动第 i 级台阶上的石块后,第 $i+1$ 级台阶上一定有石块,因此埃德的方案不会产生矛盾.其次,埃德行动之后,第 1 级台阶上一定有石块,此外,500 块石头最多产生 499 段没有石头的台阶间隔.下证埃德行动之后,每段间隔的长度至多为 1.

采用归纳法,在第 1 回合结束时结论显然成立.

假设在第 n 回合结束时,每段间隔长度为 1,那么在第 $n+1$ 回合,设西西弗斯将石块从第 i 级搬到第 j 级,于是从第 $i+1$ 级到第 $j-1$ 级台阶都有石块.西西弗斯不可能在第 j 级或更高位置产生间隔,而对于第 $i-1$ 级台阶,有以下两种情形:

(ⅰ)第 $i-1$ 级台阶本来没有石块,此时由归纳假设,第 $i-2$ 级台阶必有石块,埃德将石块从第 $i+1$ 级推落至第 i 级,最多在第 $i-1$ 级和第 $i+1$ 级台阶产生两个长度为 1 的间隔.

(ⅱ)第 $i-1$ 级台阶本来放有石块,此时若 $i=j-1$,则埃德将同一块石头推落到原位,该回合后没有任何变化;若 $i<j-1$,则埃德的行动使得第 $i+1$ 级台阶处产生一个长度为 1 的间隔.

因此,在第 $n+1$ 回合后,山路上不可能出现长度超过 1 的间隔,归纳完成.

最后,由于第 1 级台阶必放有石块,而间隔长度为 1 且数目最多为 499,故埃德行动之后处于最高位置的石块至多位于第 $500+499=999$ 级台阶上,西西弗斯只能将其向上搬动一级,不可能达到第 1001 级.

14. 解 考虑黑板上所有数的平方和.当添加两个 1 时,和增加 2;当两个 n 被替换成 $n-1$ 和 $n+1$ 时,和增加 $(n-1)^2+(n+1)^2-2n^2=2$.因此在 k 次操作之后,所有数的平方和为 $2k$.

设 $f(n)$ 为得到 n 所需的最少操作次数.n 必然由两个 $n-1$ 得到,故黑板上没有 $n-1$,但有一个 $n-2$.再之前由两个 $n-2$ 得到 $n-1$,等等.由归纳法可证明黑板上必须出现

$$n,n-2,n-3,\cdots,3,2,1.$$

当以上平方和为奇数时,会额外出现一个 1,于是,

(1) 当 $n\equiv 0,1\pmod 4$ 时,

$$f(n)=\frac{1}{2}\left[n^2+(n-2)^2+(n-3)^2+\cdots+2^2+1^2+1^2\right].$$

(2) 当 $n \equiv 2, 3 \pmod 4$ 时，

$$f(n) = \frac{1}{2}[n^2 + (n-2)^2 + (n-3)^2 + \cdots 2^2 + 1^2].$$

特别地，对于 $n = 2005 \equiv 1 \pmod 4$，

$$f(2005) = \frac{1}{2}\left[2005^2 + 1 + \frac{1}{6}(2003 \times 2004 \times 4007)\right] = 1342355520.$$

15. 解 第 10 只跳蚤一定落在 A_{10}.

10 只跳蚤将圆周分成 10 条弧，交错地把这些弧看成白色、黑色，令 M 为白弧总长度，N 为黑弧总长度，最初，由于这些跳蚤两两关于圆心对称，故 $M = N$，为圆周长的一半.

如图所示，当一只跳蚤从 C 跳过 B 到 C' 时，M, N 中原先包含 $\overparen{AB} + \overparen{CD}$ 的现在变成 $\overparen{AC'} + \overparen{BD}$，因 $\overparen{BC'} = \overparen{BC}$，总长度不变；原先包含 $\overparen{BC}$ 的总长度也不变，故 M, N 不随跳蚤的移动而改变.

当 9 只跳蚤分别落在 $A_1, A_2, \cdots, A_9$，而第 10 只落在 $X \in \overparen{A_9 A_{10} A_1}$ 上时，

$$M = A_1 A_2 + A_3 A_4 + A_5 A_6 + A_7 A_8 + A_9 X,$$

等于圆周长的一半，显然只能有 $X = A_{10}$.

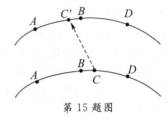

第 15 题图

16. 解 如果字母组合中某个 a 出现在 b 之前，或者 b 在 c 之前，或者 c 在 a 之前，两个字母不一定相邻，那么就称它们是一个"顺序对"；反之，如果 b 在 a 前，c 在 b 前，或 a 在 c 前，就称它们是一个"逆序对". 观察发现以下性质：

（ⅰ）在 abc, bca 和 cab 中，顺序对比逆序对的数目多 1；在 acb, bac 和 cba 中，顺序对比逆序对的数目少 1.

（ⅱ）在当前字母组合的任何位置，以任何组合方式写入 a, b, c 三个字母，这些字母与原先的每个字母组成顺序对和逆序对各一个.

（ⅲ）令 D 等于当前字母组合中顺序对总数与逆序对总数之差，由（ⅰ）和（ⅱ）可知，每使用一次红笔将使得 D 增加 1，每使用一次蓝笔将使得 D 减少 1.

（ⅳ）回文组合的字母排列是左右对称的，因此 $D = 0$，如果仅使用红笔，则得到的单词的 D 值恰好等于使用红笔的次数，不可能为 0.

故（1）的回答是否定的，如果使用红笔 r 次，使用蓝笔 s 次，则得到的字母组合 $D = r - s$，当且仅当 $r = s$ 时等于 0，故（2）的回答是肯定的.

1. 解 （1）和（2）的答案均是否定的.

解决该问题的关键是找到游戏过程中的不变量. 如图所示，我们首先对左下角阴影格赋值 1，当这个格内的棋子被移去时，需在其右边和上边格内放入棋子，因此我们对这两格赋值 $\frac{1}{2}$. 类似地，我们对其他格赋值，这样，游戏中的每一步操作都不会改变所有棋子所在格的对应值之和.

第 1 题图

设棋盘上所有格的对应值之和为 S,

则 $S=1+\dfrac{1}{2}\times 2+\dfrac{1}{4}\times 3+\dfrac{1}{8}\times 4+\cdots$,

$2S=2+1\times 2+\dfrac{1}{2}\times 3+\dfrac{1}{4}\times 4+\dfrac{1}{8}\times 5+\cdots$,

故有 $S=2+1+\dfrac{1}{2}+\dfrac{1}{4}+\dfrac{1}{8}+\cdots=4$.

(1)初始 6 个格的对应值之和为 $1+\dfrac{1}{2}\times 2+\dfrac{1}{4}\times 3=2\dfrac{3}{4}$,其余所有格对应值之和为 $4-2\dfrac{3}{4}=$ $1\dfrac{1}{4}<2\dfrac{3}{4}$,如果目标可以实现,则对应值将减少,而这是不可能的.

(2)将棋盘按图中方式划分成 A,B,C,D 四个区域,每个区域对应值之和分别为 $2\dfrac{3}{4},\dfrac{1}{4},\dfrac{1}{4},\dfrac{3}{4}$,注意到初始只有 1 枚棋子且在左下角时,无论怎样操作,棋盘最下方一行以及最左边一列中都仅有一格包含棋子,因此当 A 中没有棋子时,B,C 中的最大值为 $\dfrac{1}{8}$,而 D 中的棋子数目为有限,故值小于 $\dfrac{3}{4}$,如果目标可以实现,则棋盘上所有棋子的对应值小于 $\dfrac{1}{8}+\dfrac{1}{8}+\dfrac{3}{4}=1$,这是不可能的.

2.证明 当第一次划分的方式以及排列顺序改变的方式被确定后,所有士兵以后每次站的位置都被完全确定,而且整个过程是可逆的:每个士兵 n 次变换之前的位置也被完全确定.

假设整个队列站的位置不变,我们在每次即将分组的交界处插一面小旗,共 99 面小旗.对于在第一次划分中处于第 1 组的两名相邻士兵,如果他俩记录的时间不同,则存在某时间点,在此之前他俩一直处于相邻位置,但现在恰好第一次站在小旗的两侧,称这样的两人为一个"特殊对",并且这面小旗属于该特殊对.

下面证明每面小旗最多属于一个特殊对.如若不然,设小旗 F 同属于特殊对 A 和 B:在时间 k,A 中两人站在 F 两侧;在时间 $m>k$,B 中两人站在 F 两侧,由于过程可逆,将他们的时间分别回溯 k 个单位,则 A 在 $t=0$ 时站在队列第 1 组,而 B 在 $t=m-k$ 时亦站在第 1 组的同样位置.但 $0<m-k<m$ 说明 B 中两人同时回到第 1 组的时间早于 m,与假设不符.因此,特殊对最多有 99 个,从第 1 名士兵开始,他们记录的时间最多改变 99 次,结论得证.

3.证明 注意到当队列的初始站位确定以后,分组方式被完全确定,因此所有调整的结果也都被完全确定,将小朋友的身高从高到低编号为 1 至 n,最终的队列为 $1,2,3,\cdots,n$,我们断言:对于任意的 k,$1\leqslant k\leqslant n$,经过至多 $n-1$ 次调整,第 k 名小朋友将站在前 k 个位置中.

将身高低于 k 的 $k+1,k+2,\cdots,n$ 用 S 代替,高于或等于 k 的 $1,2,\cdots,k$ 用 T 代替,于是队列中有 k

个 T 和 $n-k$ 个 S，如果所有 T 均在左边而 S 均在右边，则断言已得证. 否则，队列中必有相邻两人为 ST，这两人一定在同一组中，且该组中不可能存在另一对 ST，定义该组的秩(rank)等于 ST 左侧队列中所有 S 的数量加上右侧队列中所有 T 的数量再加 1. 如果组中没有 ST，则秩等于 0，再定义当前队列的阶等于所有组的秩的最大者，下表为 $n=6$ 的一例，其中单人组未加括号，2，0，0 等表示各组的秩.

队列	$k=1$	$k=2$	$k=3$	$k=4$	$k=5$	$k=6$
$(621)(53)4$	$SSTSSS$ 2，0，0	$STTSSS$ 2，0，0	$STT\,STS$ 3，2，0	$STT\,STT$ 4，3，0	$STTTTT$ 5，0，0	$TTTTTT$ 0，0，0
$12(63)(54)$	$TSSSSS$ 0，0，0，0	$TTSSSS$ 0，0，0，0	$TTSTSS$ 0，0，1，0	$TTST ST$ 0，0，2，2	$TTSTTT$ 0，0，3，0	
$123(64)5$			$TTTSSS$ 0，0，0，0，0	$TTT\,STS$ 0，0，0，1，0	$TTT\,STT$ 0，0，0，2，0	
$1234(65)$				$TTTTSS$ 0，0，0，0	$TTTTST$ 0，0，0，0，1	
123456					$TTTTTS$ 0，0，0，0，0，0	

如果某一组的秩不为 0，那么经过调整之后相邻的 ST 将不再出现在该组中. 此时，只有两种情况会产生新的 ST：(ⅰ)调整后位于最左侧的 T 与前一组的 S；(ⅱ)调整后位于最右侧的 S 与后一组的 T. 容易看出，无论对于哪一种情况，新的 ST 所在组的秩都一定减少 1 或更多.

最初，相邻 ST 的左侧至多有 $n-k-1$ 个 S，右侧至多有 $k-1$ 个 T，秩最多为 $(n-k-1)+(k-1)+1=n-1$，因此阶的最大值为 $n-1$，每经过一次调整，阶至少减少 1，至多 $n-1$ 次调整后变成 0，此时所有 T 均在左边而 S 均在右边，断言得证. 由 k 的任意性可知，第 1 名小朋友站在第 1 位，第 2 名小朋友站在第 2 位，依次排列，队列变成 $1,2,3,\cdots,n$，结论得证.

笔者注　题目中要求"每组包含相邻的若干名小朋友"，如果去掉"相邻"，则每次分组的方式不唯一，但笔者既不能证明类似的结论，也未能找出反例. 有兴趣的读者可以思考这一问题.

4. 证明　(1)容易看出 2×2 表格不可约当且仅当一号为奇数个，如果 $m\times n$ 表格中含有不可约的 2×2 子表格，则任何操作限制在这个子表格上都不会将其全部变成＋号；反之，如果 $m\times n$ 表格不可约，对第 1 行一号格所在列进行操作使得第 1 行全部变成＋号，观察第 2 行，如果全部相同，则变成＋号，再观察第 3 行，…，直到第 i 行符号不全相同，于是存在 j，第 j 格和第 $j+1$ 格不同，这两格与上一行的两格即构成不可约的 2×2 子表格. 由于操作不改变子表格的不可约性，结论得证.

(2)首先需要一个引理.

引理　(ⅰ)任何 3×3 表格均可约.

(ⅱ)任何 4×4 表格要么可约，要么可以转化成包含 15 个＋号，唯一的一号位于不在角上的一条边上.

(ⅲ)一个 4×4 表格不可约当且仅当其在四边上但不在角上的 8 格中，包含奇数个一号.

以下为方便描述，我们称 4×4 表格中位于角上的 4 个格为角格，位于边上但不在角上的 8 个格为边格，以 (i,j) 即第 i 行、第 j 列格为左上角格，$(i+3,j+3)$ 为右下角格的 4×4 表格，简称 (i,j) 子表格.

引理的证明　(ⅰ)首先，四角上的符号可以单独变化，故只需将其余 5 格变成＋号，如果 $(1,2)$ 为一号，操作第 1 行；类似地，操作第 1 列、第 3 列、第 3 行以及长对角线可依次将这些格变成＋号，最后，对 4

个角进行适当操作即可.

（ⅱ）由（ⅰ）的结论可先将左上角 3×3 部分全部变成＋号，再用至多两次操作将 $(2,4)$ 和 $(4,2)$ 变成＋号，若 $(3,4)$ 和 $(4,3)$ 符号相同，则可变成＋号，否则其中一个为－号，最后处理其他 3 个角格.

（ⅲ）在 4×4 表格中，每次操作改变 0 或 2 个边格的符号，因此边格中一号的奇偶性不变.由（ⅱ）的结论可知，4×4 表格不可约当且仅当唯一的一号为边格，引理得证.

现在回到原命题的证明.如果 $m\times n$ 表格包含一个不可约子表格，则任何操作限制在该子表格上都不会将其全部变成＋号，故 $m\times n$ 表格不可约；反之，如果 $m\times n$ 表格的所有 (i,j) 子表格均可约，下证 $m\times n$ 表格亦可约.

首先将 $(1,1)$ 子表格的 12 个非角格变成＋号，观察 $(1,4),(2,5),(3,5),(4,4)$，由 $(1,2)$ 子表格可约得知以上 4 格包含偶数个一号，适当操作可将前 3 个变成＋号，于是 $(4,4)$ 亦变成＋号.

类似地，将 $(1,5),(2,6),(3,6),(4,5)$ 变成＋号，继续这一过程，直到将 $(1,n-1),(2,n),(3,n)$，$(4,n-1)$ 变成＋号.再将 $(4,n)$ 变成＋号.观察 $(4,1),(4,4),(5,2),(5,3)$，由 $(2,1)$ 子表格可约得知以上 4 格包含偶数个一号.适当操作可将 $(4,1),(5,2)$ 变成＋号，因 $(4,4)$ 为＋号，故 $(5,3)$ 亦变成＋号.再将 $(5,1)$ 变成＋号.

此时再由 $(2,1),(2,2),(2,3),\cdots,(2,n-3)$ 子表格均可约得知 $(5,4),(5,5),\cdots,(5,n)$ 均为＋号，这样就将前 5 行中所有非角格变成＋号.再观察 $(5,1),(5,4),(6,2),(6,3)$ 等，可完成第 6 行的转变，继续直到第 m 行，最终再适当操作 4 个角格即可，结论得证.

第八讲　存在性问题

精选试题

1. 证明　显然这些车处于不同行、不同列的 8 个格中.先将第 1,2,5,6 列的车向右移动 2 格，第 3,4,7,8 列的车向左移动 2 格；再将第 1,3,5,7 行的车向下移动 1 格，第 2,4,6,8 行的车向上移动 1 格.这样，所有的车均按马的方式移动了一步，同时仍保持每行、每列中有一个车.得证.

2. 解　（1）不一定，设这些点依次为 $1,2,\cdots,10$.连接 1 和 6,2 和 8,3 和 10,7 和 9,4 和 5，恰好得到不同长度的弦.

（2）是的，否则假设存在一种连接方式使得弦长均不相等，于是这些弦所夹的劣弧长度分别为单位弧长的 1 倍，2 倍，$\cdots$，10 倍.将等分点交替染成红、蓝两色，则 5 条长度为单位弧长奇数倍的劣弧所处的弦的两端点为异色，而另外 5 条弦的两端点为同色.但这样不可能有 10 个红点和 10 个蓝点，故必有两条弦所夹的劣弧等长.

3. 证明　（1）将棋盘按如图所示方式标为从 A 至 J 共 10 种格子，当 $n=11$ 时至少有两个红格标号相同.马在这样的两格之间需移动 3 次以上.

（2）将棋盘交错染成黑、白两色，不妨设红格中同时为黑色的数目不少于同时为白色者.易知马从黑格走到白格，或从白格走到黑格，需奇数步；马从黑格走到黑格，或从白格走到白格，需偶数步.

假设当 $n=10$ 时，（1）中结论不成立，则马在任何两个红格之间至多走 2 步，特别地，黑、白格之间必须 1 步抵达，但从白格只能抵达 8 个黑格，且 2 个白格只能同时抵达 2 个黑格，因此 10 个红格只能全部为黑格.

用最小的矩形覆盖所有红格，该矩形的规格不可能超过 5×5.注意到任何 3×3 正方形对角的两格中至多有一个红格，而在 5×5 正方形的 12 个或 13 个黑格中总能找出互不相同的 4 对，因此红格总数不超过 $13-4=9$，矛盾.故一定可以从 10 个红格中选取两个，使得马从一格到另一格需移动 3 次以上.

(3)当 $n=9$ 时,任取中央 1 格及其抵达的 8 格即可.

B	C	A	I	I	B	D	A
G	F	J	E	E	J	F	H
H	I	B	C	D	A	I	G
J	E	G	C	D	H	E	J
J	F	G	A	B	H	F	J
H	I	D	A	B	C	I	G
G	E	J	F	F	J	E	H
D	A	C	I	I	D	B	C

第 3 题图

4. 解　有可能.

棋盘上总共有 100 个不同的 10×10 区域(简称"方阵"),均包含中心格,如果中心格没有棋子,不同方阵中的棋子数目为 $0,1,2,\cdots,99$;如果中心格有棋子,则棋子数目为 $1,2,3,\cdots,100$.以下假设该格有棋子.

显然,包含 1 枚棋子的方阵与包含 100 枚棋子的方阵只有中心格为公共格,不妨设前者在棋盘左上角,后者在棋盘右下角.在棋盘前 9 列、后 9 行的 81 格中放入棋子,于是左上角位于第 i 行、第 j 列($1\leqslant i,j\leqslant10$)的方阵包含 $10(i-1)+j$ 枚棋子,恰好互不相同,得证.

5. 解　(1)不可能.黑卒占据某 x 格对应着白卒的 63 种状态,为奇数;但由于两个卒必须交替移动,每当黑卒占据 x 格时,白卒需移动一次,因此对应了白卒的 2 种状态.这样一来,为使得 63 种状态都恰好出现一次,只能是黑卒在初始或结束时占据 x 格.但这样的格最多只能有两个,因此目标无法实现.

(2)不可能.将棋盘上的方格交错染成黑、白两色,如果两个卒落在相同颜色的格中,称为偶状态;否则称为奇状态.不论怎样移动,偶状态和奇状态必然交替出现.但偶状态共有 $2\times C_{32}^2=992$ 种,奇状态共有 $32^2=1024$ 种,当奇状态全部出现时,一定有某些偶状态出现两次以上,证毕.

6. 解　(1)可以,如图①所示.

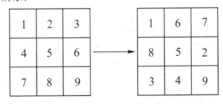

第 6 题图①

(2)不可以.

如图②所示,图中 1 位的马可以攻击到 $A\sim H$ 共 8 个位置,重置后周围 8 格只能是 $A\sim H$;同理,E 重置后周围 8 格只能是 $1\sim8$,但这是不可能的,因为 E 周围除了 1 之外至少有 A,B,C,D,F,G 中的两个,无法再安排 $2\sim8$.

		B		C			
A			2	D	3		
		1				4	
H			E				
	G	8	F			5	
		7		6			

第 6 题图②

7. 证明 采用反证法. 假设第 i 号警察 P_i 移动 m_i 位时, 总距离 $S = \sum_{i=1}^{25} |m_i|$ 为最小, 其中 $m_i \neq 0$, 当 $m_i > 0$ 时为顺时针移动, $m_i < 0$ 时为逆时针移动. 注意到每名警察向目的地岗哨移动的方式唯一确定, 满足 $-12 \leqslant m_i \leqslant 12$. 因 25 为奇数, 在所有 m_i 中必存在 13 个或更多同时为正或同时为负, 不妨设为前者. 现在令所有警察逆时针移动一位, 仍满足题目要求, 而

$$S' = \sum_{i=1}^{25} |m_i - 1| = \sum_{m_i > 0} (m_i - 1) + \sum_{m_i < 0} (-m_i + 1) < S,$$

总距离更小, 矛盾. 因此必有至少一名警察没有移动位置.

8. 解 无法做到. 将所有数分成两组: 甲组包括 1 至 25 以及 76 至 100; 乙组包括 26 至 75. 显然, 与甲组数相邻的只能为乙组数, 由于两组各有 50 个数, 它们必须交错排列在圆周上. 但 26 只能与 76 相邻, 故符合要求的排列方式不存在.

9. 证明 首先设 $i = 1$, 考察位于 b_i 逆时针方向、r_i 顺时针方向之间的那些扇形. 如果它们均为同一种颜色, 则令 $k = 1$; 否则, 只要 b_i 和 r_i 之间同时有蓝色和红色扇形, 就令 i 增加 1. 注意到当 i 增大至 n 并再次取 1 时, b_i 和 r_i 相遇并穿过对方, 绕圆一周. 因此, 一定存在某个 $1 \leqslant i \leqslant n$, 使得 b_i 和 r_i 之间不同时包含 b_{i+1} 和 r_{i+1}. 令 $k = i$, 于是 b_k 和 r_k 之间要么没有扇形, 要么全部为蓝色扇形或全部为红色扇形. 设 b_k 在逆时针方向上的第一条直径为 D, 如图所示, 我们断言 D 即为所求的直径.

不失一般性, 假设 b_k 和 r_k 之间没有红色扇形, 对于 b_k 逆时针方向上的 n 个扇形来说, 它们全部位于 D 的一侧, 如果其中有 a 个为蓝色, 则蓝色标号为

$$k+1, k+2, \cdots, k+a.$$

而红色标号从 k 开始, 共有 $n-a$ 个:

$$k, k-1, \cdots, k-(n-a-1).$$

如果设 $b_{i+n} = b_i$, $r_{i-n} = r_i$, 则以上 n 个标号正好包含模 n 的等价类, 因此恰好等于 $1, 2, \cdots, n$, 结论得证.

第 9 题图

10. 证明 我们采用反证法, 假设任何两组之间都有 0 或 2 名公共成员.

注意到每组 3 人, 所有组 $33 \times 3 = 99$ 人次超过平均每人 3 组的 96 人次, 因此必有学生加入 4 个小组, 不妨设 A 参加 Ⅰ、Ⅱ、Ⅲ、Ⅳ组, Ⅰ 组成员为 ABC. 由假设可知, Ⅰ、Ⅱ 组有 2 名公共成员, 设 Ⅱ 组成员为 ABD. 现在考察 Ⅲ 组: 如果不包含 B, 则只能是 ACD, 但如此一来 Ⅳ 组无法同时与 Ⅰ、Ⅱ、Ⅲ 组有 2 名公共成员, 于是 Ⅲ 组包含 B, 设成员为 ABE. 同理, Ⅳ 组也包含 B, 所有包含 A 的组均包含 B. 另一方面, C, D, E 等学生不可能再参加任何其他小组, 否则与包含 AB 的那个组恰好有 1 名公共成员, 与假设不符.

设 A (和 B) 参加的小组共有 k_1 个, 那么在剩下的 $33 - k_1$ 个组中不可能出现 A, B, C, D, E 等共 $k_1 + 2$ 名学生. 也就是说剩下的 $33 - k_1$ 个小组由 $30 - k_1$ 名学生组成, 由类似的推理可知必有某学生参加 $k_2 \geqslant 4$ (个) 小组, 那么在剩下的 $33 - k_1 - k_2$ 个组中不可能出现包括他在内的 $k_2 + 2$ 名学生, 即由剩下的 $28 - k_1 - k_2$ 名学生组成……继续递推直到剩下不超过 4 名学生, 注意到小组数超过人数, 这样无法保证每组 3 人且成员不完全相同, 此矛盾说明了假设不成立. 证毕.

笔者注 若兴趣小组的总数为 32, 则不一定存在两组恰好有 1 名公共成员: 将所有学生分成 8 队, 每队 4 人. 然后每队中成立 4 个不同的兴趣小组. 容易看出, 任何两组之间有 0 或 2 名公共成员.

11. 解　$n=63$. 将棋盘分成 7 段, 每段 9 格, 交替染成红、蓝两色, 其中第 1 至 9 格为红色, 棋子从红格跳至红格至多发生 7 次, 即 $1\to9,9\to19,19\to27,27\to37,37\to45,45\to55$ 以及 $55\to63$. 另一方面, 棋盘上共有 27 个蓝格, 从这些蓝格至多可以跳到 27 个红格. 即使从红格跳至红格全部发生, 再加上棋子从红格出发, 总共也只能经过 $1+7+27=35$ 个红格, 故无法走遍整个棋盘且每格恰好经过一次.

12. 证明　将某一小时中把守同一座塔, 且沿同一方向移动的所有武士归为一队, 由③知, 有 5 名武士每人构成一队, 又因为剩下的 4 座塔中各有至多 2 队, 故总共有至多 13 队武士.

按顺时针、逆时针方向将这些队分成两类, 不妨设逆时针移动的队数不超过顺时针移动的队数, 于是逆时针移动的队数不超过 6, 以顺时针移动的武士作为参考系, 把他们视为"不动", 则所有的塔每小时逆时针"移动"一位, 剩下的武士每小时逆时针移动两位. 我们甚至可以忽略塔的移动. 因为它们之间并无区别, 只需证明在某一小时中, 有一个位置没有武士就行了.

如果每座塔中都有一队"不动"的武士, 那么剩下的移动两位的队数至多为 $13-9=4$ 队, 由③知有 5 队"不动"的武士只含一人, 于是在每一小时中, 都会有一座塔只有 1 人把守, 这与②矛盾.

因此至少有一个位置没有"不动"的武士. 对于那些每次移动两位的队而言, 每队在 9 小时中只能把守该位置一次, 但队数至多为 6, 故一定存在某一小时, 该位置无人把守.

13. 证明　考虑立方体每个面上的单位格点, 这样的位置有 $19^2=361$ 个. 而三个不同方向的面上共有 $361\times3=1083$ 个. 我们将证明从这些位置将针插入, 不可能每次都戳破砖块.

注意到每块砖块只能挡住一个格点处插入的线路, 假如某砖块挡住针从点 P 向下插入, 如图所示, 考察图中 $m\times n\times20$ 棱柱 A, 其体积为偶数, 任何砖块, 如果没有挡住当前插入的线路, 那么这块砖在 A 中的体积只能是 0、2 或 4; 而如果砖块挡住了当前插入的线路, 那么其在 A 中的体积必定是 1. 因此, 挡住点 P 插入的砖块必为偶数个, 至少为 2 块.

由于立方体中的砖块总数为 2000, 故至多只能挡住 1000 个位置处的插入, 由 $1083>1000$ 可知, 存在某些位置, 针插入后可以刺穿立方体但不戳破任何砖块.

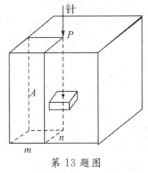

第 13 题图

14. 证法一　不妨设每个矩形的长度大于等于其宽度. 将所有规格的矩形分成 50 类: $S_1,S_2,\cdots,S_{50}$. 定义如下: 对于每个 $1\le i\le50$, S_i 中矩形的长度不大于 $101-i$, 宽度不小于 i, 且至少有一个取等号. 例如 S_3 中所有矩形的规格为 $98\times98,98\times97,\cdots,98\times3,97\times3,96\times3,\cdots,3\times3$. 易知任何规格的矩形都在某一个 S_i 中. 由于矩形的数目为 101, 根据抽屉原理, 至少有 3 个矩形同属一类. 如果它们的长度全部相同或者宽度全部相同, 则显然符合题目要求; 否则, 其中两个的长度或宽度相同, 注意到 $(101-i)\times a$ 矩形一定包含 $b\times i$ 矩形 $(a\ge i,b\le101-i)$, 因此这 3 个矩形同样符合题目要求. 证毕.

证法二（笔者给出）　设每个矩形的长度大于等于其宽度, 将 101 个矩形按面积从小到大排列, 最小的编号为 1, 以后每个矩形的编号: (ⅰ) 为 1, 如果它不包含任何之前的矩形; (ⅱ) 为 $k>1$, 如果它包含之前的矩形, 其中编号最大者为 $k-1$.

如果某个矩形的编号为 3, 则题目结论已证完. 现在假设 101 个矩形的编号均为 1 或 2, 对于那些编号为 1 的矩形, 它们互相之间无法包含, 因此长度、宽度全都不同 (可能有 1 个矩形的长、宽相等). 但由于总共只有 100 种取值,因此编号为 1 的矩形至多有 50 个.同理可证编号为 2 的矩形亦至多有 50 个.于是必有编号为 3 的矩形.得证.

例如,编号为 1 的矩形规格为:$99\times1,98\times2,97\times3,\cdots,50\times50$.编号为 2 的矩形规格为:$100\times1$,$99\times2,98\times3,\cdots,51\times50$.以上各有 50 个.

15.证明 分两个阶段.

第一阶段,对 $1\leqslant k\leqslant100$,在第 k 步设法划分出一个人数至少为 $101-k$ 的讨论组,如果某一步后没有人剩下,那么由 $100+99+\cdots+2+1>5000$ 可知组数少于 100,于是从人数大于 1 的组中抽出若干人单独分组即可.

如果在第 n 步无法找出 $101-n$ 人构成一组(最早 $n=1$ 即可能无法实现),那么进入第二阶段.

第二阶段,此时已划分出 $n-1$ 组,且在剩下的爱好者中不存在 $101-n$ 人看过同一部电影.先安排 $101-n$ 个房间,然后任选一部电影 M_1,令看过 M_1 的爱好者分别进入不同房间;再选电影 M_2,令未进入房间且看过 M_2 的爱好者分别进入不同房间,这些房间中的其他人都没有看过 M_2.一般地,在第 i 步选电影 M_i,令尚未进入房间且看过 M_i 的爱好者分别进入不同房间,这些房间中的其他人都没有看过 M_i.

不难看出,每次可供选择的房间是足够的,每次至少安排一人进入房间且每个房间均满足后一个条件.当所有人都进入房间后,每个房间即为一个讨论组.如果有的房间没有人,那么就从其他组抽出人单独分组.最终得到共 100 个讨论组.

16.证明 用一张透明纸盖在正 45 边形上,将红顶点对应的纸上位置涂成红点,然后以正 45 边形的中心为旋转中心,每次将纸旋转 $\dfrac{360°}{45}=8°$,在旋转一周之后,纸上的每个红点与 15 个黄顶点各重合 1 次,总共 $15\times15=225$ 次,其中在初始位置时任何红点与黄顶点都不重合,于是在其余的 44 种位置状态中,至少有一种状态 X 出现 6 次红、黄色重合$\left(\text{因}\dfrac{225}{44}>5,\text{抽屉原理}\right)$,将这 6 个黄顶点对应的纸上位置涂成黄点.

再将纸旋转一周,6 个黄点与 15 个蓝顶点重合 $6\times15=90$ 次,其中在初始位置时任何黄点与蓝顶点都不重合,于是在其余的 44 种位置状态中,至少有一种状态出现 3 次黄、蓝色重合$\left(\text{因}\dfrac{99}{44}>2\right)$,设 3 个黄点为 y_1,y_2,y_3,3 个蓝顶点为 B_1,B_2,B_3.

我们选取 B_1,B_2,B_3 和与 y_1,y_2,y_3 对应的 3 个黄顶点,再选取在 X 状态中与 y_1,y_2,y_3 重合的 3 个红点对应的 3 个红顶点.以上这些点构成的 3 个同色三角形互相全等.

17.解 设 $D_i(0\leqslant i\leqslant40)$ 为第 i 份文件.如果 a 对应的单词以 a 开头,则所有 D_i 均以 a 开头,但 D_{40} 不然,因此该单词不以 a 开头但包含 a,即 D_1 包含 D_0 但 D_0 不在 D_1 开头部分.类似地,可用归纳法证明对每个 $i\geqslant1$,D_{i+1} 包含 D_i,但后者不在前者开头部分.此外,任何 D_i 都不会以单字母单词开头,否则之后的每个文件均以该字母单词开头,但 D_{40} 以"till"开头,不符.

由于英文字共 26 个,必存在 $1\leqslant j<k<27$,D_j 和 D_k 开头字母相同,于是 D_{j+1} 和 D_{k+1} 开头单词相同,D_{j+2} 和 D_{k+2} 开头至少 2 个单词相同,$\cdots$,直到 D_{j-k+40} 和 D_{40} 开头至少 $40-k\geqslant13$ 个单词相同,其中包含题中给出的 7 个.

最后,由 D_{40} 包含 D_{j-k+40} 且后者不出现在 D_{40} 的开头部分可推知该部分在 D_{40} 的后面将再次出现,证毕.

 **进阶试题**

1.解 (1)记这两组数分别为红组和蓝组.如果某组包含从 i 到 $j(i\leqslant j)$ 的所有数但不包含 $i-1$ 和 $j+1$,则称这些数为"顺子",并记作 $[i,j]$.观察到以下事实:

①如果某组中包含 3 个或更多的顺子,则原题中的目标可以达成.设红组中有 3 个顺子,最小的顺子中的最大数为 x,最大的顺子中的最小数为 y,则 $x+1$ 与 $y-1$ 均属于蓝组.由于 $x+y=(x+1)+(y-1)$,去掉这 4 个数即可.

②如果某组中包含顺子 $[i,j]$.其中 $i \neq 1, j \neq 100, j \geqslant i+1$,则目标可以达成.去掉该组中的 i,j 以及另一组中的 $i-1, j+1$ 即可.

③两组中的顺子交替存在,且总数至多相差 1.

④每组中所有数之和等于 $\dfrac{1}{2} \times \dfrac{(1+100) \times 100}{2} = 2525 > 100 \times 25$,因此每组至少含有 26 个数.

由以上①②③④可知,目标如果无法达成,则只有两种可能:

(i)红组有一个顺子 $[1,k]$,蓝组有一个顺子 $[k+1,100]$.

(ii)红组有两个顺子 $[1,k-1]$ 和 $[k+1,k+1]$,蓝组有两个顺子 $[k,k]$ 和 $[k+2,100]$.

对于(i),$\dfrac{(1+k)k}{2} = 2525$,无整数解;对于(ii),$\dfrac{(1+k-1)(k-1)}{2}+k+1 = 2525$,亦无整数解.因此两种情况均不可能发生,原题中的结论成立.

(2)不一定成立,设 $n=20$,红组为 $[1,14]$,蓝组为 $[15,20]$.无法分别去掉两个数使得每组剩下的数之和相等.

2.证明　先证存在性.

将正 n 边形的顶点按顺时针方向依次编号为 $1,2,\cdots,n$.令 $S(i) = \dfrac{ki}{n}, 1 \leqslant i \leqslant n$.

如果 $[S(i)]-[S(i-1)]=1$,则对 i 染色;否则 $[S(i)]=[S(i-1)]$,不对 i 染色.

由于 $[S(0)]=0, [S(n)]=k$,必有恰好 k 个顶点被染色.

对于任意正整数 m,设 M 是从 $p+1$ 至 $p+m$ 的 m 个相邻顶点,设 $t \in \mathbf{N}$ 满足 $t \leqslant \dfrac{mk}{n} < t+1$,则

$$[S(p+m)]-[S(p)] = \left[\frac{k(p+m)}{n}\right] - \left[\frac{kp}{n}\right] \begin{cases} \geqslant \left[\dfrac{km}{n}\right] = t, \\ \leqslant \left[\dfrac{km}{n}\right]+1 = t+1. \end{cases}$$

说明染色点的个数为 t 或 $t+1$,因此该方案为几乎均匀的.

再证唯一性.

对 n 采用归纳法.当 $n=2$ 时.显然所有 $k \leqslant 2$ 均有唯一几乎均匀的染法.现在假设对所有 (k,t),$t \leqslant n-1$,染法均唯一.考虑正 n 边形的情形.设 $n=pk+r, 0 \leqslant r < k$.

所有 k 个染色点将其他点分隔成 k 段,设每段依次有 $a_1, a_2, \cdots, a_k$ 个点,于是,

$$a_1 + a_2 + \cdots + a_k = n-k,$$

并且每个 $a_i (1 \leqslant i \leqslant k)$ 的取值只能为 $p-1$ 或 p;否则,存在 $1 \leqslant i, j \leqslant k, a_i - a_j \geqslant 2$.取 $m=a_j+2, M_1$ 为 a_j 及两端被染色的点,M_2 处于 a_i 中,则 M_1 中染色点个数比 M_2 多 2,矛盾.

当 $r=0$ 时,$a_1 = a_2 = \cdots = a_k = p-1$,方案唯一.当 $r>0$ 时,所有 a_i 中取值为 p 的共有 r 个,将 a_1,$a_2, \cdots, a_k$ 想象成正 k 边形的顶点,其中取值为 p 的 a_i 对应的顶点被染色,于是 (k,n) 问题就转化成了 (r,k) 问题.如果我们证明了后者同样满足几乎均匀的条件,那么就完成了归纳证明.

假设取值为 p 的那些 a_i 对应的染色点在正 k 边形中不满足几乎均匀的条件,则存在 $m, M_1', M_2',$ $l_1 \neq l_2$ 使得

$$M_1' = a_{l_1} + a_{l_1+1} + \cdots + a_{l_1+m-1},$$

$$M_2' = a_{l_2} + a_{l_2+1} + \cdots + a_{l_2+m-1}, M_1' - M_2' \geqslant 2.$$

与之相对应地,现在在正 n 边形中取 M_2 为 a_{l_2} 至 a_{l_2+m-1}(包括中间的 $m-1$ 个被染色点)以及两端被染

色的点,共有 $M_2' + m + 1$ 个顶点,其中 $m+1$ 个被染色;再取 M_1 为 a_{l_1} 至 a_{l_1+m-1} 之间的 $(M_2'+2)+(m-1)=M_2'+m+1$ 个顶点,其中 $m-1$ 个被染色.于是 M_1 和 M_2 违反几乎均匀的条件.证毕.

3.证明 (1)我们将包含 n 枚石子的一堆称为一个"n-堆".当桌上共有 70 堆石子时,至少有 40 个 1-堆,否则 $39+2\times31=101>100$,矛盾.移去这 40 个 1-堆,剩下 30 堆共包含 60 枚石子.

(2)如果 k 堆共包含 $2k+20$ 个石子,我们就称之为一个"好组合",题目要求证明在某一时刻,存在 $k=20$ 的好组合.

首先,当 $k \geqslant 23$ 时,任何好组合中必有一个 2-堆或两个 1-堆;如若不然,这 k 堆石子至少包含 $1+3(k-1)=3k-2>2k+20$ 枚.当桌上共有 40 堆石子时,显然为 $k=40$ 的好组合,于是其中必有一个 2-堆或两个 1-堆.若为前者,则忽略这个 2-堆,剩下的是 $k=39$ 的好组合;若为后者,则忽略这两个 1-堆,下次无论怎样分堆都得到 $k=39$ 的好组合,继续这一推理,直到出现 $k=22$ 的好组合.

在 $k=22$ 的好组合的 64 枚石子中,一定存在不少于两堆,总共包含 4 枚石子.否则,①如果没有 1-堆,那么这 22 堆至少包含 $2\times1+3\times21>64$ 枚,矛盾;②如果存在 1-堆,那么这 22 堆至少包含 $1\times3+4\times19>64$ 枚,亦矛盾.于是我们忽略这 2~4 堆共 4 枚石子,当剩下的 60 枚分成 20 堆时即满足题目要求.

(3)小明可以每次从大的一堆中分出 3 枚石子作为一堆,直到所有石子被分成 32 个 3-堆和一个 4-堆.在这个过程中,只有一堆石子数不为 3 的倍数,故不可能与其他 18 堆总共包含 60 枚石子;而剩下每堆均为 3 枚,$3\times19<60$ 亦不可能.现在,小明再将这个 4-堆分成两个 2-堆,从此之后每堆石子数不超过 3,于是任何 19 堆都不超过 57 枚石子.

4. (1)**证明** 假设存在 51 种两两相异的植物,如果第 i,j 种植物具有不同的 k 特征,则令 $(i,j,k)=(j,i,k)\in S$,现在考察集合 S 中元素的个数.一方面,假设某特征 k 共有 x 种植物表现为"有",则特征 k 属于 S 的元素个数为 $x(51-x)\leqslant25\times26$,故

$$|S| \leqslant 25\times26\times100. \qquad (*)$$

另一方面,对于任何 $i,j,i\neq j$,至少有 51 个特征 k 满足 $(i,j,k)\in S$,故

$$|S| \geqslant C_{51}^2\times51=25\times51\times51>25\times26\times100.$$

与 $(*)$ 式矛盾,结论得证.

(2)**解** 不可能.假设存在 50 种两两相异的植物,我们需要对(1)中的 $|S|$ 值进行更精确的估计,运用类似(1)中前半部分的推理,可得

$$|S| \leqslant 25\times25\times100. \qquad (**)$$

另一方面,如果任何两种植物之间具有 52 个或更多不同的特征,则 $|S| \geqslant C_{50}^2\times52$ 与 $(**)$ 式矛盾,于是存在植物 P,Q 之间恰好有 51 种不同特征,注意到 51 为奇数,不难看出任何植物 R 与 P,Q 的不同特征数目之和为奇数,因此 R 与 P,或 R 与 Q 的不同特征数目为偶数,至少为 52,这说明至少有 48 对植物表现出 52 种不同的特征,故有

$$|S| \geqslant (C_{50}^2-48)\times51+48\times52>25\times25\times100,$$

与 $(**)$ 式矛盾,结论得证.

5.解 (1)用 $[a,b]$ 表示 a 和 b 之间的所有号码,按照以下方式投注:

$[1,10],[1,5]\cup[11,15],[6,15],[16,25],[16,20]\cup[26,30],[21,30],[31,40],[41,50],[51,60],[61,70],[71,80],[81,90],[91,100].$

设 S 为公布的号码集合.假设所有 13 张彩票均不中奖.由第 1 注以及第 6~13 注不中奖可知 S 至少有 9 个号码在 1~10 以及 21~100,因此至多只能有一个号码在 11 和 20 之间.

(i)如果 $S\cap[11,20]=\varnothing$.由第 2,3 注不中奖可知 S 包含 1~5,6~10 各一个号码,又由第 4,5 注不中奖可知 S 包含 21~25,26~30 各一个号码,但再加上 31~100 的 7 个号码,已经超过 10 个号码,矛盾.

（ⅱ）如果 $S \cap [11,20] \neq \varnothing$.容易看出无论该号码位于 11 和 15 之间还是 16 和 20 之间,第 2～5 注中必有一注中奖.

因此,以上给出的 13 注中必有一注中奖.

(2)在 12 注彩票中一共选择了 120 个号码,如果有 3 个号码相同,则官方可以公布该号码以及剩下 9 注中各一个号码,于是所有彩票均不中奖.

假设任何号码均未被选取 3 次,则有 $120-100=20$ 个号码出现两次,设 x 出现在第 1,2 注中,则这两注至多包含 18 个其他号码,即使全部出现两次,则仍存在另一个号码 y 出现两次,且不在第 1,2 注中,官方可以公布 x,y 以及剩下 8 注中各一个号码,于是所有彩票均不中奖.

6.解　(1)不一定,当空间中有 128 个点时,便存在无法染色的反例,忽略其余 72 个点以及与之相连的所有线段.

将 128 个点分成 64 对,每对之间的线段染成 A 色.

将 64 对点合并成 32 个四元组,每组包含两对,处于不同点对的两点连线染成 B 色(例如,a 和 b 为一对,c 和 d 为一对,合并成四元组后,ab,cd 仍为 A 色,其余 ac,ad,bc,bd 染成 B 色).

运用类似的方法,将 32 个四元组合并成 16 个八元组,每组中处于不同的四元组的两点连线染成 C 色;再合并成 8 个十六元组,染成 D 色;再合并成 4 个三十二元组,染成 E 色;再合并成 2 个六十四元组,染成 F 色;最终将剩下的未染色线段染成 G 色.

现在小明将每一顶点染色,如果每个六十四元组中都包含 G 色顶点,那么不同组的 G 色顶点连线为 G 色,不符合题目要求,这说明某一个六十四元组中没有 G 色顶点,该组包含 2 个三十二元组,如果每组中都包含 F 色顶点,那么不同组的 F 色顶点连线为 F 色,矛盾,说明某一个三十二元组中没有 F 色顶点,同理可继续推知某一个十六元组中没有 E 色顶点,某一个八元组中没有 D 色顶点,某一个四元组中没有 C 色顶点,其中有一个点对没有 B 色顶点,故只能为 A 色,但这对点之间的线段也为 A 色,矛盾.

(2)不一定,当空间中有 121 个点时,便存在无法染色的反例,忽略其余 79 个点以及相连的线段.

将 121 个点标记为 (i,j),$0 \leqslant i,j \leqslant 10$.对 (i_1,j_1) 和 (i_2,j_2) 之间的连线按以下方式染色:若 $i_1=i_2$ 或 $j_1=j_2$,则为任意颜色;否则存在唯一的 $1 \leqslant m \leqslant 10$ 满足 $j_2-j_1 \equiv m(i_2-i_1)(\bmod 11)$,染成 m 色.

现在小明将每一顶点染色.由抽屉原理可得,在 121 个点中必有 13 个点为同色,不妨设为 m 色,考察以下 11 个互不相交的集合:
$$L_k=\{(i,j):j \equiv mi+k(\bmod 11)\},0 \leqslant k \leqslant 10.$$

每个点都落在某个 L_k 中,13 个 m 色点中必有 2 个属于同一个 L_k,不妨设为 (i_1,j_1) 和 (i_2,j_2).于是,
$$j_2-j_1 \equiv m(i_2-i_1)(\bmod 11).$$

说明两点之间的线段为 m 色,不符合要求,故计划无法实现.

第九讲　操作与对策

精选试题

1.解　可以.不难看出宽恕的条件是某堆包含 25 个仙桃或凡桃.孙悟空先将 25 个桃子归为一堆,若全为同一种桃子,则已被宽恕;否则设仙桃数为 a,凡桃数为 b,$1 \leqslant a \leqslant 24$,$a+b=25$.

每天,孙悟空从桃多的一堆取 1 个放入桃少的一堆,在运气最坏的情况,到第 24 天,$a=b=24$,于是在第 25 天,$a=25$ 或 $b=25$,条件达成.

2.解 可以.

设需要渡海的有 n 个人,分别为 $A_1, A_2, \cdots, A_n$,其中 A_i 与 $A_{i+1}(1 \leqslant i \leqslant n-1)$ 以及 A_1 与 A_3 互为好友.当 n 为偶数时,A_1, A_2, A_3 过去,A_1, A_3 回来;A_3, A_4 过去,A_2, A_3 回来;$\cdots\cdots$;A_{n-1}, A_n 过去,A_{n-2},A_{n-1} 回来.经过以上步骤,可以将 A_n 送到对岸.当 n 为奇数时,A_1, A_2, A_3 过去,A_1, A_2 回来;A_4, A_5 过去,A_3, A_4 回来;$\cdots\cdots$;A_{n-1}, A_n 过去,A_{n-2}, A_{n-1} 回来.经过以上步骤,可以将 A_n 送到对岸.由于每轮可以将队列中排在最后的大盗送到对岸,故重复 $n-2$ 次,最终所有人都可以顺利渡海.

3.解 ①当 n 为偶数时,将棋盘上的格子交错染成黑、白两色,设主对角线上均为黑格.起初,所有黑格中的数之和比白格中的数之和大 n.注意到车路的方格交错为黑色、白色,因此黑格总数与白格总数相等,故每次操作之后黑格数之和与白格数之和增加相同的值,因此其差值不变.但另一方面,由于 n 为偶数,黑格与白格的数目相等,如果最终所有方格的数字都相同,那么差值变成 0,这是不可能的,故目标无法实现.

②当 n 为奇数时,目标可以实现.通过选择若干条互不相交的车路,可以做到除对角线上的一格之外,其余所有方格的数字都增加 1,当 $n=5$ 时,三种情形如图所示(阴影格位于右下方的情形可由对称方式得到).

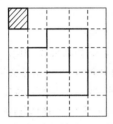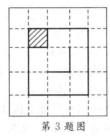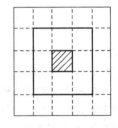

第3题图

这些车路近似于沿中心格构建的一圈圈同心环路,很容易推广到一般的 $n > 5$ 奇数情形.让阴影格取遍对角线上的每一格,那么这些格中的数都会少增加一次,最终所有方格的数字均变成 n.

4.解 可以.将一小时分成 $2^{10} = 1024$ 个单位,再将 1 米分成 1024 个单位.当 $t=0$ 时,将成熟蠕虫分成长度比为 $1023:1$ 的两只蠕虫,后者当 $t=1023$ 时变为成熟蠕虫.前者当 $t=1$ 时成熟,立即分成长度比为 $1022:2$ 的两只蠕虫.以下每当其中的较长者成熟时,立即分成长度比为 $(1024-2^n):2^n$ 的两只蠕虫,$1 \leqslant n \leqslant 9$.此时时间为 $t=1+2+\cdots+2^{n-1}=2^n-1$,其中的较短者在 $t=1023$ 时成熟,最终可在接近一小时的时候得到 10 只成熟蠕虫.

5.解 不存在这样的标注方式.即一定存在边上或角上的某格,卒从该处进入棋盘后最终可以抵达中心格.

为证明以上论断,我们换一种思考方式:假设卒起始于中心格,按照同样规则移动,则一定能抵达边上或角上的某格并离开棋盘.

将棋盘沿中心划分成 51 个环:中心格为 1 环,周围 8 个格为 2 环,再周围 16 个格为 3 环,$\cdots$,最外围一圈为 51 环.

显然卒可以从 1 环进入 2 环,假设卒从 $n-1$ 环进入 n 环,如果落在 S 格,则下一步可进入 $n+1$ 环;如果落在 T 格,则转弯后朝 n 环角上的格子移动,在这一过程中只要落在 T 格就可以转弯进入 $n+1$ 环,否则当卒抵达角格时,无论该格为 S 还是 T,卒下一步都可以进入 $n+1$ 环.

因此,卒最终进入 51 环并从边上或角上某格 x 离开棋盘.现在反过来让卒从 x 进入棋盘并按相同路线移动,即可抵达中心格.

6.解 至少需要 98 轮.设这些女生沿顺时针依次为 $g_1, g_2, \cdots, g_{99}$.

先证充分性.在前 49 轮,只要手中有巧克力,$g_2, g_3, \cdots, g_{50}$ 就传向 g_1 方向,而 $g_{51}, g_{52}, \cdots, g_{98}$ 传向 g_{99} 方向,g_1 和 g_{99} 互传.于是 g_1 和 g_{99} 始终有巧克力,且是 49 轮之后仅有的两名持巧克力者.再令 g_1 沿

顺时针、g_{99} 沿逆时针传递,经 49 轮后两块巧克力同时传到 g_{50} 并减至一块.

再证必要性.我们用另一种方式描述传递过程:每次如果一名女生同时从左、右两边收到巧克力,那么她将这些巧克力合为一堆并继续传递.如果所有巧克力汇聚成一堆,则相当于全场只剩下一块巧克力.

对于每块巧克力而言,在 2 轮之后只有两种可能:回到原位,或者传到 2 个位置之外.假设通过 $n \leqslant 98$ 轮,所有巧克力汇聚到 g_{50} 手中.显然 g_{50} 最初持有的那块巧克力不可能转一圈回到原位,否则 $n \geqslant 99$,因此 n 必为偶数于是 g_{49} 的巧克力必须转一圈到 g_{50} 手中,需 98 轮.

7. 解　(1)可以,先用 1 号钥匙尝试 1 号门,如果成功则继续用 2 号钥匙尝试 2 号门;若失败则说明 1 号钥匙开 2 号门而 2 号钥匙开 1 号门.这样每次尝试至少可以确定一个对应关系,故至多到第 99 次尝试可以确定 99 个对应关系,于是剩下的一个也被唯一确定.

(2)可以,前 4 扇门所需钥匙的分布共有 8 种情况,先用 3 号钥匙尝试 3 号门,结果如图所示.

$$
\text{成功}\begin{cases} 1 & 2 & 3 & 4 \\ 2 & 1 & 3 & 4 \\ 1 & 2 & 3 & 5 \\ 2 & 1 & 3 & 5 \end{cases} \qquad \text{失败}\begin{cases} 1 & 2 & 4 & 3 \\ 2 & 1 & 4 & 3 \\ 1 & 3 & 2 & 4 \\ 1 & 3 & 2 & 5 \end{cases}
$$

第 7 题图

如果成功,则再用 1 号钥匙尝试 1 号门可以确定 1,2 号门的对应关系;如果失败,则第二次用 3 号钥匙尝试 2 号门.假设第二次成功,则前三扇门分别被 1,3,2 号钥匙打开,再用 4 号钥匙尝试 4 号门可以确定 4 号门.如果第二次失败,即 3 号钥匙对应 4 号门.再用 1 号钥匙尝试 1 号门可以确定 1,2 号门.总之,每 3 次尝试总可以确定 4 扇门的对应关系,故 75 次尝试可以确定所有 100 扇门的情况.

(3)不能保证,任何相邻 4 门存在 8 种或更多的对应关系,当它们分别为当前最小的 4 个号码时,可以通过(2)中方式用 3 次尝试完全确定.但如果第一次和第二次尝试均失败,则 3 次尝试后无法获得更多的信息.假设每 4 扇门都出现最坏情况,到最后 4 扇门仍有 $5 > 2^2$ 种对应关系,需 3 次尝试,因此必须用 75 次尝试才能确定所有门的情况.(事实上,只要有一次不出现最坏情况,就可以在 2 次尝试后确定 3 扇门的关系,于是 74 次尝试可以确定 99 扇门从而确定所有门的情况.)

8. 证明　由于每名房东在交易前后均拥有一套房屋,整个交易过程可以看成正整数 $1,2,\cdots,n$ 的重新排列.

任取一名房东设为 a_1,a_1 的房屋 1 最终被 a_2 拥有,a_2 的房屋 2 最终被 a_3 拥有,$\cdots$,直到 a_k 的房屋 k 最终被 a_1 拥有.这样形成长度为 k 的环,所有 n 名房东形成若干互不相交的环.只需证明对任意正整数 k,经过两轮交换后 $1,2,\cdots,k$ 可以变成 $k,1,2,\cdots,k-1$.

当 $k=1$ 时无须交换.当 $k=2$ 时交换一次即可.当 $k=3$ 时第一天令 1,3 交换,第二天令 2,3 交换.当 $k \geqslant 4$ 时分奇偶情况:

①若 $k=2t$.第一天令 i 与 $2t+1-i$ 交换,$1 \leqslant i \leqslant t$;第二天 $2t,t$ 不参与交换,令 i 与 $2t-i$ 交换,$1 \leqslant i \leqslant t-1$.

②若 $k=2t-1$.第一天令 1,2 交换,i 与 $2t+2-i$ 交换,$3 \leqslant i \leqslant t$,$t+1$ 不参与交换;第二天令 $2t-1,2$ 交换,i 与 $2t+1-i$ 交换,$3 \leqslant i \leqslant t$,1 不参与交换.

容易验证以上交换方式满足要求.

9. 证明　(1)如果一个剖分中所有对角线均经过顶点 A,则称之为 A-统一剖分.设 A,B 为凸 n 边形的相邻顶点,则 A-统一剖分与 B-统一剖分各有 $n-3$ 条对角线,且两者没有共同的对角线.由于每次调整只能改换一条对角线,故两者之间的变换至少需要 $n-3$ 次调整.

(2)从 x 剖分变成 y 剖分,我们总可以先将 x 变成某个统一剖分,再变成 y 剖分,先证明如下引理.

引理　在凸 n 边形中,从任何剖分 x 变成某种统一剖分至多需要 $n-4$ 次调整.

引理的证明 设 x 剖分包含对角线 AA_i，现计算从 x 剖分到 A-统一剖分的调整次数。设 AA_i 在 x 剖分中属于 $\triangle AA_iA_j$，如果 A_j 与 A_i 为相邻顶点，则不做调整，继而考虑 A_iA_j 所在的另一个三角形；否则，A_iA_j 为对角线，设其所在的另一个三角形为 $\triangle A_iA_jA_k$，将 A_iA_j 改换成 AA_k，于是经过 A 的对角线数目增加1，继续这一过程，至多需 $n-4$ 次调整即可使得所有 $n-3$ 条对角线经过 A。引理得证。事实上，如果 x 包含 m 条经过 A 的对角线，则以上过程在 $n-3-m$ 次调整后即可实现。

根据引理及(1)中结论，从 x 变成某统一剖分，再变成 y，至多需 $(n-4)+(n-3)=2n-7$ 次调整。

(3) n 边形的每种剖分包含 $n-3$ 条对角线，每条对角线经过 2 个顶点。对于给定的剖分 x 和 y，所有 $2(n-3)$ 条对角线共经过顶点 $4(n-3)$ 次，平均每个顶点经过 $4-\dfrac{12}{n}$ 次。当 $n\geqslant 13$ 时，该平均值大于 3，因此存在顶点 B 引出至少 4 条 x 和 y 中的对角线。将 x 变成 B-统一剖分再变成 y，至多需要 $2(n-3)-4=2n-10$ 次调整。

10. 解 (1)不能。假设 k 个回合之后所有方格均包含士兵，考虑一个 $N\times N$ 区域记为 R，在初始状态，R 包含 $\left(\dfrac{N}{100}\right)\cdot\left(\dfrac{N}{100}\right)=\dfrac{N^2}{10000}$ 个空格。每经过一个回合，从 R 的边界处至多有 $4N$ 名士兵进入该区域（因为每个边界格只能接纳一名士兵），于是 k 个回合后 R 中至多增加 $4Nk$ 名士兵，取足够大的 N 使得

$$\frac{N^2}{10000}>4Nk,$$

推得矛盾。

(2)能。如果某行中没有皇后，那么每个皇后攻击到该行的 3 个格，100 个皇后至多攻击到 300 个格。令该行左、右方的士兵向中间有空格的部分移动，每回合可减少 2 个空格，150 回合后可填满该行。最后剩下有皇后的 100 行空格，即每列包含 100 个空格，令每列上、下方的士兵向中间靠拢，最多 50 个回合后可填满该列。因此，总共不超过 200 回合即可达到目的。

11. 解 可以做到。对 n 采用归纳法。当 $n=1,2$ 时显然成立，假设观众人数不超过 n 时可以做到，现考虑 $n+1$ 名观众，记 S_k 为持门票号码 k 的观众。

设 S_{n+1} 处于座位 m，若 $m=n+1$，则由归纳得证。以下假设 $m<n+1$。先考虑两种特殊情形：

(ⅰ) $m=1$ 或 $m=n$。此时 S_{n+1} 总可以与右边观众交换座位，如果后者坐到正确的座位，则结论可由归纳假设得证。

(ⅱ) $m>1$ 且坐在 m 到 $n+1$ 位置的观众恰好遍历 S_m 至 S_{n+1}，侍者只需将观众分成两组并分别调整，由归纳假设得证。

再考虑一般情形：$2\leqslant m\leqslant n-1$，坐在 m 到 $n+1$ 位置的不全是 S_m 至 S_{n+1}，同时任何观众都不在正确的座位上。我们证明：侍者通过一系列调整，可以使 S_{n+1} 向右移动一位，同时保持任何观众都仍不在正确的座位上。

根据假设，存在座位 $l>m$，坐在 l 的观众为 S_x，$x\neq l-1$，设 l 为所有这样号码中的最小者，于是对 $m<k<l$，座位 k 上坐着 S_{k-1}。侍者依次交换座位 l 与 $l-1$，$l-1$ 与 $l-2$，$\cdots$，$m+2$ 与 $m+1$ 上的观众的位置，这时 S_x 坐座位 $m+1$，原先坐在 $m+1$ 至 $l-1$ 的 S_m 至 S_{l-2} 各向右移动一个位置。再交换 S_{n+1} 与 S_x。在以上过程中没有观众对号入座，而 S_{n+1} 顺利向右移动一位。

继续这一过程直到(ⅰ)或(ⅱ)发生，再由归纳假设即可证得结论。

12. 证明 设每套骨牌包含 n 块，对 n 采用归纳法。当 $n=1,2$ 时，结论显然成立；假设结论对不超过 n 块骨牌均成立，现考虑 $n+1$ 的情形。设两套骨牌为 A 和 B，首号码均为 a。

如果 A,B 的首块骨牌相同，则归纳得证。如果不同，设 A 的首牌为 (a,b)，B 的首牌为 (a,c)，$b\neq c$。注意到 A 中包含号码为 a,c 的骨牌，如果状态为 (c,a)，则翻转

$$A:(a,b)\cdots(c,a)\cdots \quad\rightarrow\quad (a,c)\cdots(b,a)\cdots$$

即可使两套骨牌中的首牌相同.以下假设其状态为(a,c).

我们发现翻转过程是可逆的,因此如果将A变成X,B也变成X,那么A可以变成B.于是只需证明A,B经过若干次翻转后具有相同的首牌,再归纳论证即可.

设A为以下形式,翻转得到
$$A:(a,b)\cdots(d,a)(a,c)\cdots \quad \rightarrow \quad (a,d)\cdots(b,a)(a,c)\cdots.$$

现在观察B:如果包含(b,a),则翻转$(a,c)\cdots(b,a)$即可.如果包含(d,a),翻转$(a,c)\cdots(d,a)$即可.否则,B中包含$(a,d),(a,b)$,有两种情况:

（ⅰ）$B:(a,c)\cdots(a,d)\cdots(a,b)\cdots$;

（ⅱ）$B:(a,c)\cdots(a,b)\cdots(a,d)\cdots$.

对于（ⅰ）,设(a,b)前一块为(e,a),翻转$(a,d)\cdots(e,a)$即可得到(d,a).对于（ⅱ）,设(a,d)前一块为(e,a),翻转$(a,b)\cdots(e,a)$即可得到(b,a).得证.

13.证明　为方便叙述,用1表示开,0表示关.设模板从左端第一个凸起L到右端最后一个凸起R共经过n个位置.

首先将模板的左端对准$x=0$处按下,如果恰有两个位置变成1,则已证完.否则,将L对准数轴上从左边数第二个1的位置并按下,然后每次按同样的方式对准操作.在每次操作后,$x=a_1$处与当前模板右端R处的值为1,且数轴上除a_1处之外的所有1均位于靠近右端的$n-1$个位置.如果这$n-1$个位置变成$00\cdots01$,则已证完.否则,假设这些位置始终不为$00\cdots01$,由于所有可能的状态只有2^{n-2}种,必有某种状态出现两次,设分别出现在第a次和第b次操作之后,如下所示:

第a次,　　　$100\cdots0\underbrace{*\ *\cdots1}_{n-1\text{个}}$;

第b次,　　　$100\cdots\ \cdots\ \cdots00\underbrace{*\ *\cdots1}_{n-1\text{个}}$.

现在将前a次操作复制并作用于靠近右端的位置,其效果为
$$100\cdots0\underbrace{*\ *\cdots1}_{n-1\text{个}}.$$

与前b次操作合起来得到的
$$100\cdots\ \cdots001$$

即为所求.事实上,由于每次模板对准的位置是唯一可能使数轴上两处变成1的选择,所以并不需要b次操作即可得到$100\cdots01$的结果.

14.证明　将这n种糖果用自然数$1,2,\cdots,n$表示,$A_i(1\leqslant i\leqslant k)$和$B_i$分别代表第$i$名小朋友袋中重复的糖果种类以及缺少的糖果种类.用顶点$V_1,V_2,\cdots,V_k$代表这k名小朋友.

如果存在$x\in A_i\cap B_j$,就作一条有向边$V_i\rightarrow V_j$,表示V_i可以向V_j提供后者所缺少的,同时也是自己重复的种类.

我们证明通过一系列交换,总可以使得所有B_i元素数之和减少.忽略那些$A_i=B_i=\varnothing$的顶点V_i.对于剩下的每个$V_i,A_i,B_i\neq\varnothing$,于是有指向$V_i$的边和由$V_i$指向其他顶点的边.显然该图中必有环路.不妨设其中最短的一个为$V_1\rightarrow V_2\rightarrow\cdots\rightarrow V_t\rightarrow V_1$.

（ⅰ）如果$t=2$,那么$V_1\rightarrow V_2\rightarrow V_1$,说明存在$x\in A_1\cap B_2$,$y\in B_1\cap A_2$,令这两名小朋友交换$x$和$y$即可使$B_1$和$B_2$元素个数减1.

（ⅱ）如果$t>2$,设$x\in A_1\cap B_2$,$y\in A_2\cap B_3$.显然,$x\neq y$,且有以下关系:

①$y\notin B_1$,否则存在$V_2\rightarrow V_1$,这与$V_1\rightarrow V_2\rightarrow V_3\rightarrow\cdots$最短矛盾;

②$x\notin A_3,x\notin B_3$.否则$x\in A_3$,则存在$V_3\rightarrow V_2$,矛盾;$x\in B_3$,则存在$V_1\rightarrow V_3$,亦矛盾.

现在令V_3和V_2交换x和y,这样就建立了$V_1\rightarrow V_3$并使得环路的长度缩短.继续这一进程直到

$t=2$,再用（ⅰ）中的方法使 B_i 元素个数减少.在有限次交换后一定可以使所有 B_i 均变成空集,结论得证.

15.证明 一般地,假设有 m 个坛子,每坛果酱不超过总量的 $\dfrac{1}{n}$（$m \geqslant n$）,每天取其中 n 个坛子并吃掉等量的果酱,则有限天后可以吃掉所有果酱.我们对 n 采用归纳法.

当 $n=1$ 时,每天吃光一坛果酱,结论成立.假设 n 时成立,现考虑 $n+1$ 的情形,由归纳假设,每坛果酱不超过总量的 $\dfrac{1}{n+1}$.如果 P 为最多的一坛,恰好包含 $\dfrac{1}{n+1}$,则剩下的 n 坛中,每坛不超过总量 $\dfrac{n}{n+1}$ 的 $\dfrac{1}{n}$,存在一种吃法可以吃掉这 n 坛果酱.我们采用该吃法,并在每次选吃 n 坛果酱的同时也吃掉 P 坛中等量的果酱,于是在吃掉 $m-1$ 坛总共 $\dfrac{n}{n+1}$ 果酱的同时,也吃掉了 P 坛中的 $\dfrac{1}{n+1}$.

如果 P 坛果酱少于 $\dfrac{1}{n+1}$,则选取果酱最少的 n 个坛子并吃光至少一坛.此时有三种可能:（ⅰ）P 坛中的果酱仍少于当前总量的 $\dfrac{1}{n+1}$,于是继续按同样方式吃下去,由于每天吃光至少一坛果酱,该情形不可能永远发生.（ⅱ）P 坛中的果酱恰好变成总量的 $\dfrac{1}{n+1}$,此时可按前述方式吃完所有果酱.（ⅲ）P 坛中的果酱超过总量的 $\dfrac{1}{n+1}$,此时减少当天吃掉的果酱量使得（ⅱ）发生,即可.

16.解 （1）可以做到.

魔术师将 52 张牌以任意方式标为 $1,2,\cdots,52$,然后向观众喊 $1,2,\cdots,52$ 并重复这样的喊牌共 51 次.

设起始位置与空位相邻的两牌中牌号较小者为 C_1,接下来依次为 $C_2,C_3,\cdots,C_{52}$,C_{52} 的旁边为空位.设 $i_1 \geqslant 1$ 满足
$$C_1 < C_2 < \cdots < C_{i_1} > C_{i_1+1}.$$
再设 $i_2 > i_1$ 满足
$$C_{i_1+1} < C_{i_1+2} < \cdots < C_{i_2} > C_{i_2+1},$$
依次类推.于是将 52 张牌分成若干组
$$T_1=(C_1,C_2,\cdots,C_{i_1}),\ T_2=(C_{i_1+1},\cdots,C_{i_2}),\cdots,T_k=(C_{i_{k-1}+1},\cdots,C_{i_k}=C_{52}).$$

每组的牌号为升序,且最后一张的牌号大于下一组第一张的牌号.由 $C_1<52$ 可知 52 号牌所在的组至少含两张牌,故 $k \leqslant 51$.

当魔术师第一次喊 $1,2,\cdots,52$ 时,T_1 向空位方向移动一位;第二次喊 $1,2,\cdots,52$ 时,T_2 向空位方向移动一位;等等.如果 $k=51$,则每张牌移动一位.如果 $k<51$,则某些组移动超过一次.由于每组至少移动一次,至多移动 51 次（当 $k=1$ 时）,且方向相同,故所有牌都不在原位置.

（2）无法做到.

设空位为第 1 位,将 52 张牌按顺时针方向放入第 $2,3,\cdots,53$ 位,总计 52! 种排列方式,将每种排列方式 P 看作一个顶点 V_p,两顶点 V_A 和 V_B 之间有连线,当且仅当魔术师喊牌 C 时,排列 A 变成 B（或 B 变成 A）,这样的连线称为 C 边.

在这个图中,每个顶点恰好与另外两个顶点相连,相连的顶点形成环路,长度为 52.所有顶点被划分成 51! 个环路.如果黑桃 Q 不在空位旁边,则称一个顶点是安全的;否则,称该顶点为危险的.每个环路中有 50 个安全顶点和 2 个危险顶点.

现在起始顶点处放置一筹码,当魔术师喊牌 C 而筹码恰好位于某个 C 边的一端时,将筹码移至另一端.魔术师的目的是不论筹码最初在何处,最终总能将其移至安全顶点.假设这样的策略是存在的,

我们在每个顶点处都放置一筹码并让它们同时移动,于是最终所有筹码都位于安全顶点上.但注意到每次魔术师喊牌 C 时,每个环路中 C 边两端的筹码交换位置,其余筹码不动.于是每个顶点处始终有一筹码,特别地,危险顶点处均有筹码.这就说明满足题意的策略并不存在.

17. 解　无论箱子数目(以及球数)为 23 还是任意的 n 值,答案都是肯定的.我们采用归纳法证明该结论.

当 $n=1,2$ 时结论显然成立,假设 n 个箱子时,若干次调整之后可以将 1 至 n 变成任何新排列,对于 $n+1$ 个箱子,设箱子 $a_i(1 \leqslant i \leqslant n+1)$ 最初装有 i 个球.依次选择 $(a_{n+1}, a_n),(a_n, a_{n-1}),\cdots,(a_2, a_1)$ 进行调整,即可得到:

次数	a_1	a_2	a_3	$\cdots$	a_{n-2}	a_{n-1}	a_n	a_{n+1}
第一次							$2n$	1
第二次						$2n-2$	$n+1$	
第三次					$2n-4$	n		
$\cdots$				$\cdots$	$\cdots$			
			6					
第 $n-1$ 次		4	4					
第 n 次	2	3	4	$\cdots$	$n-1$	n	$n+1$	1

注意到 n 次移球后,所有箱子的球数发生一次轮换.继续这一过程直到 $n+1$ 个球处于标签为 $n+1$ 的箱子中,此时剩下的箱子中有 1 至 n 球不等,由归纳假设可得证.

 进阶试题

1. 解　国王的策略分两个步骤.

第一步:任选一名术士 A,然后问所有人:A 是不是正直的?忽略 A 的回答,对于其他人的回答,有两种情况.

(ⅰ)所有人均回答"否",于是国王驱逐 A.如果 A 是正直的,那么所有其他人都是邪恶的,国王将他们依次驱逐即可;如果 A 是邪恶的,那么国王没有付出任何代价就驱逐了一名邪恶的术士,他可重复进行第一步.

(ⅱ)至少有一人回答"是",设此人为 B,于是国王驱逐 B.如果 B 是邪恶的,则国王无代价驱逐了一名邪恶的术士,他继续重复第一步;如果 B 是正直的,则 A 是正直的,进入第二步.

第二步:国王至此获得了一名未被驱逐的正直的术士 A 的身份.国王让所有剩下的术士站成一圈,问每个人:你右边那位是不是正直的术士?由于已知 A 是正直的,如果 A 回答"否",驱逐此人即可;如果 A 回答"是",则下一位也是正直的,再看他的回答,继续下去一直到第一个回答"否"的术士都是正直的,国王驱逐下一位术士,然后重复进行第二步,直到所有回答均为"是",此时国王跳过驱逐环节,剩下的术士都是正直的.

2.(1)证明　设沿顺时针方向第 $k(1 \leqslant k \leqslant n)$ 个盒子中的筹码数为 x_k,$\bar{x}$ 表示当前开始位置为 x,将每种筹码分布以及开始位置

$$V=(x_1, x_2, \cdots, \overline{x_k}, \cdots, x_n)$$

视为节点并作有向图:$A \longrightarrow B$ 当且仅当 A 经一次事件变成 B.显然每个节点发出的边数为 1.我们将证明:在每个节点射入的边数也为 1.

设 $A=(x_1,\cdots,\overline{x_i},\cdots x_n)$ 为任意选定节点,首先将 x_i 降为 x_i-1,如果 $x_{i-1}=0$,则射入 A 的节点只

能为 $C=(x_1,\cdots,\overline{x_{i-1}=1},x_i-1,\cdots,x_n)$；如果 $x_{i-1}\neq0$，则将其降为 $x_{i-1}-1$，再考虑 x_{i-2}：若 $x_{i-2}=0$，则 C 包含 $\overline{x_{i-2}}$，否则降 1。继续这一过程直到某个 $x_j=0$，则 C 包含 $\overline{x_j}$。这就证明了 $C\longrightarrow A$ 的唯一性。

于是整个有向图被分成若干个圈，从任何节点出发经有限步回到原始节点，证毕。

（2）**解** 可以。

将筹码的分布状态视为节点作有向图，其中 $A\Rightarrow B$ 当且仅当 A 经若干事件可以达到 B。令 I 代表所有筹码均在 i 盒的分布状态。

引理 1 对于任何节点 A，均有 $A\Rightarrow I$。

引理 1 的证明 在 A 中若 $x_{i-1}\neq0$，则从第 $i-1$ 盒开始，每次事件后 x_i 至少增加 1，直到 $x_{i-1}=0$。再从第 $i-2$ 盒开始直到 $x_{i-2}=0$，等等。这一过程中 x_i 递增，直到所有筹码均集中到第 i 盒即为 I。

引理 2 如果 $A\Rightarrow B$ 则 $B\Rightarrow A$。

引理 2 的证明 如果 A 经一次事件到 B，则根据（1）中的假设及结论，B 可以回到 A。由归纳法可证该结论对 m 次事件也成立。

最后，由引理 1，2 可知，对于任意节点 A,B，有 $A\Rightarrow I,B\Rightarrow I$，故有 $I\Rightarrow B,A\Rightarrow B$，证毕。

3. 证明 设最初的自然数为 n，其各位数字之和为 S。在 n 中的数字 0 将其他数字分成若干段，除最右边一段外，每段末尾有一个 0，考虑其中一段

$$\cdots\cdots0a_1a_2\cdots a_k0\cdots\cdots,$$

其中 $a_1,\cdots,a_k$ 均为数字 1～9。

当 k 为偶数时，拆分成

$$\overline{a_1a_2}+\overline{a_3a_4}+\cdots+\overline{a_{k-1}a_k}.$$

当 k 为奇数时，拆分成

$$a_1+\overline{a_2a_3}+\cdots+\overline{a_k0}.$$

并令和为 T。注意到 $1\leqslant x\leqslant9,0\leqslant y\leqslant9$ 时，

$$1.9(x+y)\leqslant\overline{xy}=10x+y\leqslant10(x+y).$$

因此在这一段上总有

$$1.9(a_1+a_2+\cdots+a_k)\leqslant T\leqslant10(a_1+a_2+\cdots+a_k).$$

该不等式在每一段都成立（除非最右边一段为 a_1，但对整体的影响可忽略不计）。将所有段加起来，得到

$$1.9S\leqslant T\leqslant10S.$$

小明如果在每两个数字之间添上加号，那么和为 S；如果按上述方式隔一个数字添一个加号，那么和为 T。想象从 S 到 T 逐渐变大的过程：先全部添上加号，然后每次擦去一个加号，于是和式中的某 a_i+a_{i+1} 变成 $\overline{a_ia_{i+1}}=10a_i+a_{i+1}$，至多增加 90，在整个过程中一定会出现某一时刻，和的各位数字中至多有 4 个非零：

（ⅰ）若 S 的首位为 1，则必然经过 $\overline{1900\cdots0xy}$ 或 $\overline{200\cdots0xy}$；

（ⅱ）若 S 的首位为 9，则必然经过 $\overline{100\cdots0xy}$；

（ⅲ）若 S 的首位 $c\neq1,9$，则必然经过 $\overline{(c+1)00\cdots0xy}$。

此时小明停止并选取当前的和，在下一次操作后得到的数不超过 36，于是至多经过 4 次操作可将 n 变成一位数。

4. 解 （1）至少需 $n+2$ 次。

先证充分性。先将 $2n$ 节电池分成 n 对测试，若均失败，则每对电池中至少有一节是坏的，于是剩下的那一节为好电池，用这一节好电池和任何一对中的两节分别尝试，必有一次可以成功。

再证必要性。将所有电池看作 $2n+1$ 个顶点，用 $n+1$ 条连线代表 $n+1$ 次尝试。由抽屉原理可知，至少有一个顶点 V 包含两条连线，设 V 是坏的，再从不与 V 相连的至多 $n-1$ 条连线中选取至多 $n-1$ 个

顶点(每条连线中取一个,如果不足则从剩下的顶点中任取直到达到 $n-1$ 个)并设这些都是坏的.于是 $n+1$ 次尝试均不成功.

(2)至少需 $n+3$ 次.

先证充分性.先将 $2n-4$ 节电池分成 $n-2$ 对测试,若均失败,则每对电池中至少有一节是坏的,于是剩下的 4 节中至少有 2 节为好电池.任选这 4 节中的 3 节两两测试,如果均不成功,说明其中有 2 节坏的,于是剩下的那一节是好电池,最后用这一节好电池和最初任何一对中的两节分别尝试,必有一次成功.

再证必要性.类似(1),考虑 $2n$ 个顶点中的 $n+2$ 条连线.设 V 是连线最多的顶点,则由抽屉原理知 V 至少与 2 个顶点相连.去掉 V 以及与之相连的所有顶点,考察剩下的部分,其中至多包含 n 条连线.如果包含不超过 $n-1$ 条连线,则可以选取 $n-1$ 个顶点使得每条线包含一个顶点,设 V 和这 $n-1$ 个顶点都是坏的;如果包含 n 条连线,则存在顶点 U 包含两条连线,再选取 $n-2$ 个顶点使得剩下每条线包含一个顶点,设 V,U 和这 $n-2$ 个顶点都是坏的,于是 $n+2$ 次尝试均不成功.

5.解 这样的策略是存在的,首先,设所有南北方向及东西方向的道路为 $x=i,y=j,i,j\in\mathbf{Z}$,最初,所有警察位于 $(100k,0),k\in\mathbf{Z}$,警方的策略分三步.

第一步:令所有站在 $x=200k,k\in\mathbf{Z}$ 的警察原地不动,其余警察向原点处移动.在这一过程中,强盗为不被发现,只能在某个带状区域 $A_k=\{(x,y)\mid 200(k-1)<x<200k,y\in\mathbf{R}\}$ 之内行动.

第二步:当 $(100,0)$ 处的警察抵达 $(1,0)$ 时,停止不动;当 $(300,0)$ 处的警察抵达 $(2,0)$ 时停止不动,….一般地,当 x 轴正方向上一名警察抵达路口 $(x_0,0)$ 并发现 $(1,0),(2,0),\cdots,(x_0-1,0)$ 这些路口都站着警察时,那么他就停下不动;类似地,当 x 轴负方向上一名警察抵达路口 $(-x_1,0)$ 并发现 $(-x_1+1,0),\cdots,(-1,0)$ 处都站着警察时,那么他就停下来不动.这样,对于任何一个带状区域 A_k,经过有限时间之后,每条南北方向的道路 $x=i,200(k-1)\leqslant i\leqslant 200k$,都站着一名警察,此时强盗为不被发现,只能被困在某一段长度为 1 的东西方向街道上.

第三步:对于每一个 A_k,当第二步完成后,派其中一名警察向北移动,另一名向南移动,经过有限时间后就可以发现被困住的强盗.

6.解 我们给出每组人数为 $2n-1$ 时甲的策略.

将所有学生排列成 $2n-1$ 行,n 列,其中每列代表一个小组,从前往后成员的硬币数目递增.每当乙重新分配后,甲相应调整人员位置保持每列中的递增关系.对 $1\leqslant i\leqslant 2n-1$,记 x_i 为第 i 行所有人的硬币总数,显然 $x_1\leqslant x_2\leqslant\cdots\leqslant x_{2n-1}$,甲获胜当且仅当 $x_1=0$.

如果存在 $k\geqslant 1$ 满足对所有 $i<k$ 均有 $a_i=b_i$,而 $a_k<b_k$,则称两个 $2n-1$ 元数组 $(a_1,a_2,\cdots,a_{2n-1})<(b_1,b_2,\cdots,b_{2n-1})$.我们断言总可以减小 $(x_1,x_2,\cdots,x_{2n-1})$ 直至 $x_1=0$ 并获胜.假设 $x_1>0$,有两种情形.

（ⅰ）存在 $1\leqslant i\leqslant 2n-1,x_i\neq i$.

如果所有 x_i 各不相同,则 $x_1\geqslant 1,x_2\geqslant 2,\cdots,x_{2n-1}\geqslant 2n-1$ 且其中至少有一个取严格不等,于是

$$\sum_{i=1}^{2n-1}x_i>1+2+\cdots+(2n-1)=n(2n-1).$$

右端为硬币总数,矛盾,因此存在 k 使得 $x_k=x_{k+1}$.注意到第 k 行每个人的硬币数不超过身后那位学生的硬币数,故第 k 行和第 $k+1$ 行的硬币数分布相同.甲要求乙分配第 k 行,其中至少一人的硬币数减少,假设他被调换到第 j 行(若超过 1 人被调换则考虑调换后最靠前的一行),$j\leqslant k$,则 x_j 变小从而使得 $(x_1,x_2,\cdots,x_{2n-1})$ 变小.

（ⅱ）对于所有 $1\leqslant i\leqslant 2n-1$,均有 $x_i=i$.

首先我们证明存在 $1\leqslant k\leqslant n$,满足第 k 行恰好 k 个人每人 1 枚硬币,而第 $k+1$ 行恰好 k 个人的硬币数是非零.显然第 1 行只能 1 个人持 1 枚硬币,如果第 2 行的 2 枚硬币在一人手中,则 $k=1$.否则第 2 行 2 个人各持 1 枚硬币.一般地,如果 $j=1,2,\cdots,n-1$ 都不满足 k 的要求,那么只能是对所有 $1\leqslant j\leqslant n$,第 j 行 j 个人各持 1 枚硬币,此时第 $n+1$ 行每人的硬币数均为非零,于是 $k=n$.设 k 的取值为所有满足要

求的值中的最小者.

现在甲要求乙分配第 k 行,有三种情形.

①在某列中,第 $k-1$ 行为 1,第 k 行经分配后 1 变 0,此时 $(x_1, \cdots, x_{2n-1})$ 减小.

②在某列中,第 $k+1$ 行为 0,第 k 行经分配后变成正整数,同样导致 $2n-1$ 元数组减小.

③在某列中,第 $k-1$ 行为 0,第 k 行经分配后 1 变为 0,如图所示.此时 $2n-1$ 元数组不变,但 k 的取值可减小为 $k-1$.甲要求乙分配第 $k-1$ 行,如果该情形继续发生,则 k 值减小直到 $k=1$,此时重新分配后 x_1 变成 0.

$k-1$ 行:	1	1	$\cdots$	1	1	0	0	$\cdots$		1	1	$\cdots$	1	1	0	0
k 行:	$\underline{1}$	1	$\cdots$	1	1	$\underline{1}$	0	$\rightarrow$		$\underline{2}$	1	$\cdots$	1	1	$\underline{0}$	0
$k+1$ 行:	a	1	$\cdots$	1	1	0				a	1	$\cdots$	1	1	1	0

第 6 题图

综上分析,断言成立,故最终必有 $x_1=0$,甲胜.

7. 解 当且仅当 n 为 2 的幂次时,阿里巴巴可以保证在有限次内完成.

首先证明当 n 为奇数时,阿里巴巴无法保证.我们可以假设圆桌的转动被人为操纵,且提前知道阿里巴巴下次选择哪些木桶.由于 n 为奇数,向上的木桶数不等于向下的木桶数.设两种状态的数目分别为 k 和 $n-k$,$k>n-k$.假如阿里巴巴选择 x 个木桶:(ⅰ)$x\neq k$,$x\neq n-k$,无法打开洞穴;(ⅱ)$x=k$,或 $x=n-k$,如果阿里巴巴恰好选中同一种状态的所有木桶,就让圆桌再转一个桶位,因 $k\neq n-k$,故此时不可能恰好选中所有同状态的木桶.不断采用这样的策略,阿里巴巴就永远无法打开洞穴.

再证当 n 有大于 1 的奇数因子时,阿里巴巴无法保证.设 $p>1$ 为 n 的奇数因子,取圆桌上等距离的 p 个木桶,忽略其他木桶,按同样方式操纵,则阿里巴巴无法将这 p 个木桶全部变成向上或向下.

最后,我们着重研究 $n=2^k$ 的情形.对 k 采用归纳法:当 $k=1$ 时有 2 个木桶,若洞穴不立即开启,则任选其中 1 个桶翻转即可.现在假设当 $n=2^k$ 时存在一种策略,记为 A_n,需证当桶数为 $2n$ 时仍然有策略打开洞穴.

不妨设 0 表示向下的木桶,1 表示向上的木桶.

(ⅰ)如果所有关于中心对称的桶两两均处于同一种状态,则可以将场上情形看成 n 个"对位桶",即关于中心对称的两个桶,运用 A_n 于这些对位桶即可.

(ⅱ)考虑对位桶的状态的奇偶性:状态相同时(0+0 或 1+1)为偶数,状态不同时(0+1)为奇数.如果所有对位桶的奇偶性均相同,我们运用 A_n 于这些对位桶:如果能打开洞穴,就说明都是偶数,即(ⅰ)中的情形;如果打不开,就说明都是奇数,此时翻转每一对对位桶中的一个,可以将所有对位桶变成偶数(称这个操作为 D),再运用 A_n 于所有对位桶,即可打开洞穴.称以上操作为 $B=A_nDA_n$.

(ⅲ)现考虑一般情形,即对位桶的奇偶性不全相同,我们的目标是将这些对位桶的状态全变成奇数或全变成偶数,再对其实行 B 操作.当对位桶为奇数时视为向上,偶数时视为向下,现在对 n 个对位桶的状态进行 A_n 操作,其中"翻转一个桶"对应于翻转对位桶中的一个桶(这样就改变了奇偶性,即向上或向下状态的改变).为区别 A_n,我们用 C 来表示这一套操作,共有 j 步:
$$C=C_1C_2\cdots C_j.$$

问题是我们并不知道在什么时候,所有对位桶的奇偶性都趋于一致.为此,我们必须用 B 操作进行检验:如果在 C_i 之后奇偶性均一致,则可知 B 之后可以打开洞穴.如果无法打开洞穴,就说明奇偶性没有变成一致,但由于 B 中包含 D 操作,导致所有对位桶的奇偶性都发生了改变,我们紧接着施行 D 操作回到 $C_1C_2\cdots C_i$ 后的状态.于是整个操作策略为
$$C_1BDC_2BD\cdots\cdots C_{j-1}BDC_jB.$$

以上方法可以保证打开洞穴.

第十讲　游戏

精选试题

1.解　乙至少作 3 条直线.显然,2 条直线无法确定,因为总存在正方形内、外两点给出相同的答案.设正方形为 $ABCD$,乙先作直线过点 A,C,如果 P 在 B 一侧或在直线上,则乙再作过点 A,B 和过点 B,C 的直线即可做出判断.在另一侧的情况同理可得.

2.解　答案是否定的.

假设狼的初始位置在原点,将 n 只羊分别安置在直线 $y=3m$ 上,$1 \leqslant m \leqslant n$,并且每只羊仅在自己所在的直线上移动.由于最初狼与所有羊的距离均大于 1,且狼每次只能威胁到至多一只羊,只要这只羊沿同方向移动,狼就无法抓到任何羊.

3.解　乙至少得到 71 颗花生.

假设甲将花生分成 $A < B < C$ 三堆,为了损失尽可能地少,甲应该从 $A,B,C,A+B,A+C,B+C$ 以及 0 和 $A+B+C=1001$ 中最接近 N 的那个数开始移动花生.设乙至少得 x 颗,则 A 不能超过 $2x+1$,否则当 $N=x+1$ 时乙可得 $x+1$ 颗或更多.

类似地,B 不能超过 $4x+2$,否则当 $N=3x+2$ 时乙可得 $x+1$ 颗或更多.于是 $A+B \leqslant 6x+3$,C 不能超过 $8x+4$.当 $A=2x+1$,$B=4x+2$,$C=8x+4$ 时,容易验证对于所有 $1 \leqslant N \leqslant 14x+7$,总可以移动不超过 x 颗花生达到目的.令 $14x+7=1001$,得 $x=71$.

4.解　(1)不可能.当种类有限时,必有一种魔法使得 $b-a$ 取得最大值,于是甲每次都对乙施加这种魔法,乙无法使得自己的回合结束时体力大于甲,故不可能获胜.

(2)有可能.设所有魔法都形如 $a=\dfrac{1}{n}$,$b=100-\dfrac{1}{n}$,n 为正整数.假设甲第一回合之后剩下体力 $100-\dfrac{1}{k}$,乙剩下 $\dfrac{1}{k}$.乙于是选择 $a=\dfrac{1}{k+1}$,$b=100-\dfrac{1}{k+1}$,这样甲的体力变为 $\left(100-\dfrac{1}{k}\right)-\left(100-\dfrac{1}{k+1}\right)=-\dfrac{1}{k(k+1)}<0$,而乙的体力为 $\dfrac{1}{k(k+1)}>0$,因此乙获胜.

5.解　设 $m \leqslant n$,石子总数为 t.

若 $m \leqslant 8$,当 $t=m+1$ 时,甲只能取 1 枚,乙取 m 枚,甲负.若 $n=m+9$,则 $t=m+10$ 时,无论甲取 1 枚还是 10 枚,乙可相应取 n 枚或 m 枚,甲负.

假设 $m \geqslant 9$,且 $n \neq m+9$.当 $t \leqslant m$ 时,甲取 1 枚,乙无法取而告负.当 $t>m$ 时,$t-10=m$ 和 $t-1=n$ 不可能同时成立,因此甲总有一种取法使得剩下的石子数不为 m,n.由于石子数有限,乙不可能无限地取下去,故甲胜.

综上所述,当 $m \geqslant 9$ 且 $n \neq m+9$ 时,甲必胜.

6.解　黑色区域的边界不是简单折线,因此只提问一次不可能确定该点的颜色.乙至少需提问两次,以下提供两种解法.

解法一　按如图①②所示方式作两个多边形,如果甲选的点在其中一个内部,则为白色;如果在其中零个或两个内部,则为黑色.

解法二　乙先按图③方式提问.若回答外部,则乙再按图④方式提问:外部为黑色,内部为白色.若回答在内部,则乙再按图⑤方式提问:外部为黑色,内部为白色.

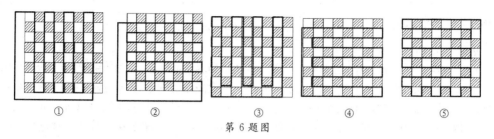

第 6 题图

7. 解 至少需询问两次.

先证充分性. 第一次,你可以站在任何位置. 如果所有人的回答均相同,则他们都是好人,因为好人和坏人的答案不同.

假设 10 人中至少有 1 个好人,则至少有两种回答. 特别地,可以找到相邻的两人,他们的答案不同,这两人要么一好一坏,要么都是坏人. 第二次,你站在与这两人等距离且最近的位置,设该距离为 d. 于是所有回答 d 者为好人,回答非 d 者为坏人.

再证必要性. 由于你只能站在圆桌之外,该点到 10 名岛民的距离不可能全相等. 设 A 为所有离你最近的岛民组成的集合,B 为其余岛民组成的集合. 如果 A 说的最近的距离是 B 中与你最近的距离,而 B 说的是 A 中与你最近的距离,则有可能 A 均为坏人,B 均为好人;亦可能 A 均为好人,B 均为坏人. 故询问一次无法确定所有人的身份.

8. 解 甲至少选取 5 个点.

甲先选 A,B,C 点使得 $\triangle ABC$ 与给定三角形相似,如果三点同色,则甲已获胜;否则必有两点同色,不妨设 A,B 为蓝色,C 为红色.

甲再选 D,E 点使得

$$\triangle ABC \backsim \triangle BDA \backsim \triangle EAB, \qquad (*)$$

如图所示. 为阻止甲获胜,乙只能将 D,E 染成红色. 以下证明 $\triangle EDC \backsim \triangle EAB$,从而甲保证获胜.

由 $(*)$ 式可知 $\angle DAE = \angle EAB - \angle DAB = \angle ABC - \angle ABE = \angle CBE$,又 $\dfrac{DA}{BC} = \dfrac{AB}{CA} = \dfrac{EA}{BE}$,故 $\triangle DAE \backsim \triangle CBE$,得 $\angle AED = \angle BEC$,从而有 $\angle AEB = \angle DEC$;又得 $\dfrac{CE}{DE} = \dfrac{BE}{AE}$. 因此 $\triangle EDC \backsim \triangle EAB$ 且与给定三角形相似.

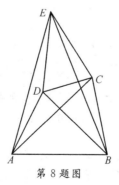

第 8 题图

笔者注 以上做法可以由复数来解释,在复平面上取 $A=0,B=x,C=y$,则由 $(*)$ 式可推得

$$|x| : |y| : |y-x| = |D-x| : |x| : |D| = |E| : |E-x| : |x|.$$

于是可以求出 $D = x - \dfrac{x^2}{y} = \dfrac{x}{y}(y-x)$,$E = x + \dfrac{xy}{x-y} = \dfrac{x^2}{x-y}$.

因此,$|ED| = |x^2 - xy + y^2| \cdot \left| \dfrac{x}{y(x-y)} \right|$,$|EC| = |x^2 - xy + y^2| \cdot \left| \dfrac{1}{x-y} \right|$,$|DC| = |x^2 - xy +$

$y^2\big|\cdot\big|\dfrac{1}{y}\big|$,$|ED|:|EC|:|DC|=|x|:|y|:|y-x|$.

这说明$\triangle EDC \backsim \triangle ABC$.

9.（1）证明　容易看出，对于乙猜的每个数，至多有 5 种答案可以使甲回答"很好"．在总共 90 个两位数中，即便乙每次都猜这样的数，而且每次覆盖的 5 个数都不出现重复，最终覆盖了所有的数，但如果甲在最后一次回答"很好"，乙仍然无法推断出是这 5 个中的哪一个．因此，猜 18 次无法推断出答案．

（2）**解**　用 9×10 表格代表这些两位数，如图①所示划分成若干区域，其中有 18 个区域包含 3，4 或 5 个格，乙在前 18 次猜这些区域的中心格，如果甲回答"很好"，则至多再猜 4 次可以确定答案．否则，乙再依次猜 11 和 98，如果得到回答"很好"则再用一次可以猜出．最后，乙猜 18，39，70 即可锁定答案．

（3）**解**　我们在（2）的基础上做更精细的划分，如图②所示．乙在前 18 次猜中心格，如果得到的回答都是"继续努力"，则再猜 11，39，70．如果任何其一的回答为"很好"，再猜一次即可．否则乙最后猜 96，确定答案为 97 或 99．

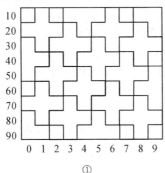
①

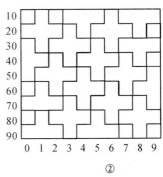
②

第 9 题图

1.解　一般地，当总共有 $n\geqslant2$ 堆石子，每堆 $2a$ 枚时，小明最多可以得 $(n-2)a^2$ 分．

先证充分性．小明先选两堆并连续取 a 次，此时各剩 a 枚石子，得 0 分．然后，选两堆各有 a,$2a$ 枚石子并连续取 a 次，此时各剩 0,a 枚石子，得 $a\cdot a=a^2$（分），以上称为一轮操作．由于每轮操作相当于将一堆 $2a$ 枚石子变成 0 枚，共可以进行 $n-2$ 轮操作，得 $(n-2)a^2$ 分．最后剩下两堆数目均为 a 的石子，取 a 次并结束．

再证必要性．小明总共取 na 次石子，设第 i 次取石子时较多的一堆为 x_i 枚，较少的一堆为 y_i 枚．于是问题转化成求 $S=\displaystyle\sum_{i=1}^{na}(x_i-y_i)=\sum_{i=1}^{na}x_i-\sum_{i=1}^{na}y_i=X-Y$ 的最大值．

注意到当数目为 $2a,2a-1,\cdots,2,1$ 时，每堆石子要么作为某个 x_i，要么作为某个 y_i，在上式中出现一次．故 $x_1,x_2,\cdots,x_{na},y_1,\cdots y_{na}$ 恰好包含 n 个 1，n 个 2，$\cdots$，n 个 $2a$．为使得 S 最大，应尽可能令 x_i 取较大的数，y_i 取较小的数．

对于 $1\leqslant i\leqslant a$，在前 $i-1$ 次取石子之后，最少的一堆至少有 $2a-(i-1)$ 枚石子，故 $y_i\geqslant2a-(i-1)$；在倒数第 i 次取石子时，最多的一堆至多有 i 枚石子，故 $x_{na-i+1}\leqslant i$．因此，X 中必须包含 $1,2,\cdots,a$ 各 1 个，而 Y 中必须包含 $a+1,a+2,\cdots,2a$ 各 1 个．我们有

$$X\leqslant1+2+\cdots+a+(n-1)(a+1+a+2+\cdots+2a)=\dfrac{a}{2}\big[(a+1)+(n-1)(3a+1)\big];$$

$$Y\geqslant a+1+a+2+\cdots+2a+(n-1)(1+2+\cdots+a)=\dfrac{a}{2}\big[(3a+1)+(n-1)(a+1)\big].$$

于是，

$$S = X - Y \leqslant (n-2)a^2.$$

最后令 $n = 100, a = 200$，小明得到 $98 \times 200^2 = 3920000$ 分.

2. 解 乙可以保证在 4 个回合内获胜.

先证必要性. 无论乙选取哪些整数，甲总有可能回答 $0, 1, 2$. 不妨设乙先后选取 a, b, c，甲的多项式 $P(x) = (c-b)x^{2n} + b$，其中 n 的值与 a, b, c 有关. 当 $P(x) = c$ 时，$(c-b)(x^{2n}-1) = 0$，由 $c \neq b$ 知 $x = \pm 1$，故根的数目为 2. 当 $P(x) = b$ 时，同样由 $c \neq b$ 知 $x = 0$ 是唯一解. 最后令 $P(x) = a$，其解满足 $x^{2n} = \dfrac{a-b}{c-b}$. 如果 $\dfrac{a-b}{c-b} < 1$，则无整数解；如果 $\dfrac{a-b}{c-b} > 1$，则总可以恰当选取 n 使得 $\sqrt[2n]{\dfrac{a-b}{c-b}}$ 为非整数. 于是根的数目为 0. 虽然甲无法保证三次回答均不相同，但乙也无法保证甲的回答中必然出现重复，故 3 个回合是不够的.

再证充分性. 注意到整系数多项式 $P(x)$ 满足以下性质：

对于整数 x 和 y，如果 $|P(x) - P(y)| = 1$，则必有 $|x-y| = 1$.

该性质可由 $(x-y)$ 整除 $P(x) - P(y)$ 推得. 现在令乙选第一个数 $a = 0$. 有以下四种情形：

（ⅰ）甲的回答是 3 或更大的数.

此时 $P(x) = (x-x_1)(x-x_2)(x-x_3)Q(x)$，其中 $Q(x)$ 为整系数多项式. 由性质可知 $P(x) = \pm 1$ 的整数解必然与 $P(x) = 0$ 的整数解相差 1. 以 $\bar{x} = x_1 \pm 1$ 为例，注意到 $|\bar{x} - x_2|, |\bar{x} - x_3|$ 不可能同时为 1，故 $P(\bar{x}) \neq \pm 1$. 因此 $P(x) = \pm 1$ 无整数解. 乙只需选取 1 和 -1 即可确保获胜.

（ⅱ）甲的回答是 2.

类似（ⅰ），乙选取 1 和 -1，此时乙未能获胜的唯一可能是 $P(x) = 0$ 的两个整数解恰好相差 2. 由对称性不妨假设 $P(x) = 1$ 无整数解，$P(x) = -1$ 有 1 个整数解. 此时 $P(x) = -2$ 至多有 2 个整数解. 乙在第四回合中选取 -2 并获胜.

（ⅲ）甲的回答是 1.

此时 $P(x) = \pm 1$ 至多有 2 个整数解. 如果乙选取 1 和 -1 后未能获胜，不妨设 $P(x) = 1$ 无整数解；$P(x) = -1$ 有 2 个整数解. 此时 $P(x) = -2$ 至多有 2 个整数解.

（ⅳ）甲的回答是 0.

乙选取 -1，有以下四种情形：

①甲回答 0. 乙获胜.

②甲回答 1. 乙再选取 -2，$P(x) = -2$ 至多有 2 个整数解，如果该情形发生，则乙最后选取 -3，$P(x) = -3$ 的整数解数目一定与之前的某个相同.

③甲回答 2. 乙再选取 -2，如果 $P(x) = -2$ 恰好有 1 个整数解，则乙最后选取 -3.

④甲回答 3 或更大的数. 乙再选取 -2，$P(x) = -2$ 无整数解.

综上所述，乙至多需 4 个回合即可获胜.

3. 解 （1）设 f_{n+1} 代表当前有 n 个红球和 1 个蓝球时，老王可以保证赢到的倍数. 显然 $f_1 = 2$. 当 $n = 1$ 时，老王猜红、蓝球并无差异；当 $n > 1$ 时，老王应猜红球. 设 $n \geqslant 1$ 时老王猜红球下注 x，如果猜对则面临 $n-1$ 个红球和 1 个蓝球，如果猜错则剩下全部为红球，老王可以保证接下来全部猜对. 因此有

$$f_{n+1} = \min\{(1+x)f_n, (1-x) \cdot 2^n\}.$$

两个关于 x 的线性函数相等时，上式右端取得最大值，此时，

$$x = \frac{2^n - f_n}{2^n + f_n}, \quad f_{n+1} = \frac{2^{n+1} f_n}{2^n + f_n} \text{ 或 } \frac{2^{n+1}}{f_{n+1}} = 1 + \frac{2^n}{f_n}.$$

于是，$\dfrac{2^{n+1}}{f_{n+1}} = 1 + \dfrac{2^n}{f_n} = 2 + \dfrac{2^{n-1}}{f_{n-1}} = \cdots = n + \dfrac{2}{f_1} = n+1, \quad f_{n+1} = \dfrac{2^{n+1}}{n+1}.$

令 $n=99$，老王可以保证赢到 $\dfrac{2^{100}}{100}$ 倍.

笔者注　当 $n=1$ 时 $x=0$，说明在两种球的数量相等时，老王不应下注.

（2）设 $f(n,k)$ 代表当前有 n 个红球和 k 个蓝球时，老王保证赢到的倍数. 易知猜蓝球下注 y 与猜红球下注 $-y$ 的效果相同，因此我们假设老王猜红球下注 x，$-1\leqslant x\leqslant 1$，有以下关系：
$$f(n,k)=\min\{(1+x)f(n-1,k),(1-x)f(n,k-1)\}.$$

当 $x=\dfrac{f(n,k-1)-f(n-1,k)}{f(n,k-1)+f(n-1,k)}$ 时，$f(n,k)$ 取最大值
$$f(n,k)=\frac{2f(n,k-1)f(n-1,k)}{f(n,k-1)+f(n-1,k)}.\qquad(*)$$

由（1）可知 $f(n,0)=2^n$，$f(n,1)=\dfrac{2^{n+1}}{n+1}$. 令 $k=2$，得
$$\frac{2^{n+2}}{f(n,2)}=(n+1)+\frac{2^{n+1}}{f(n-1,2)}=(n+1)+n+\frac{2^n}{f(n-2,2)}$$
$$=\cdots=(n+1)+\cdots+3+\frac{2^3}{f(1,2)}=\frac{(n+2)(n+1)}{2}.$$

由 $(*)$ 式及归纳法证得 $u(n,k)=\dfrac{2^{n+k}}{f(n,k)}=C_{n+k}^k$，于是本题答案为 $f(100-k,k)=\dfrac{2^{100}}{C_{100}^k}$. 请读者自行完成归纳证明的步骤.

4.解　银行家需要制订出一套完整的方案，当 $\dfrac{g}{p}=\dfrac{i}{j}$ 时，他应该拥有比例为多少的金砂和铂砂，可以使下一天 $\dfrac{g}{p}$ 变成 $\dfrac{i-1}{j}$ 或 $\dfrac{i}{j-1}$ 时，他的收益可以最大化.

问题的关键是找到一种方法可以度量比率变化前后的收益. 为此，我们引入第三种流通货币即现金，并以现金的价格衡量金砂和铂砂的价值. 该价格须满足以下条件：

（ⅰ）金、铂的最初价格与最终价格为恒定，与变化顺序无关.

（ⅱ）随着 g 和 p 的减小，金价与铂价均严格递增，且当 $\dfrac{g}{p}=\dfrac{i}{j}$ 时，两者价格的比例亦为 $\dfrac{i}{j}$.

为此，我们定义当 $\dfrac{g}{p}=\dfrac{i}{j}$ 时，金价为 $\dfrac{1}{j}$ 元，铂价为 $\dfrac{1}{i}$ 元. 最初两者价格同时为 $\dfrac{1}{1001}$ 元，最终同时为 1 元，在每一天中要么金价从 $\dfrac{1}{j}$ 元涨到 $\dfrac{1}{j-1}$ 元，要么铂价从 $\dfrac{1}{i}$ 元涨到 $\dfrac{1}{i-1}$ 元. 银行家的目标是将自己的总资产从最初的 $\dfrac{2}{1001}$ 元增加到最终的 $2+2=4$ 元.

假设某一天 $\dfrac{g}{p}=\dfrac{i}{j}$，他拥有 x 千克金砂和 y 千克铂砂，将 k 千克金砂换成铂砂可以保证到第二天的收益最大. 此时他拥有 $x-k$ 千克金砂及 $y+\dfrac{ik}{j}$ 千克铂砂，当金价从 $\dfrac{1}{j}$ 涨到 $\dfrac{1}{j-1}$ 元时，他的收益为
$$f_1(k)=(x-k)\left(\frac{1}{j-1}-\frac{1}{j}\right).$$

当铂价从 $\dfrac{1}{i}$ 涨到 $\dfrac{1}{i-1}$ 元时，他的收益为
$$f_2(k)=\left(y+\frac{ik}{j}\right)\left(\frac{1}{i-1}-\frac{1}{i}\right).$$

容易看出，f_1 和 f_2 是两个斜率异号的线性函数，当满足 $f_1(k)=f_2(k)$ 时，$f(k)=\min\{f_1(k),f_2(k)\}$ 取得最大值，此时
$$(x-k)i(i-1)=\left(y+\frac{ik}{j}\right)j(j-1),$$

即金、铂的质量之比为 $j(j-1):i(i-1)$，到第二天的收益与前一天的资产之比为

$$\frac{j(j-1)\cdot\left(\frac{1}{j-1}-\frac{1}{j}\right)}{j(j-1)\cdot\frac{1}{j}+i(i-1)\cdot\frac{1}{i}}=\frac{1}{i+j-2},$$

或说总资产达到前一天的 $\frac{i+j-1}{i+j-2}$ 倍. 反之，如果两者质量之比不为 $\frac{j(j-1)}{i(i-1)}$，则必有一种变化使得收益小于前一天资产的 $\frac{1}{i+j-2}$，这样银行家就不能保证达到最佳结果.

于是，银行家的最佳策略可以保证当 $\frac{g}{p}=\frac{i}{j}$ 时，到第二天资产变成前一天的 $\frac{i+j-1}{i+j-2}$ 倍. 无论 g 和 p 以何种顺序减少，$g+p$ 总是从 2002 减少到 2，总资产最终达到

$$\frac{2}{1001}\times\frac{2001}{2000}\times\frac{2000}{1999}\cdots\times\frac{3}{2}\times\frac{2}{1}=\frac{4002}{1001}<4.$$

因此银行家不能保证实现他的目标.

第十一讲　博弈

精选试题

1. 解　不能. 甲任选一条直线并总可以将其中 n 个点染成红色，以这些点中的任何两个为顶点作正三角形，共得到 $2C_n^2=n(n-1)$ 个，乙最多只能将其中 $10n$ 个顶点染成蓝色，当 $n(n-1)>10n$，即 $n\geqslant 12$ 时，甲一定可以找到其中一个未染色点并将其染红，从而获胜.

2. 解　甲为赢家. 先考虑 3×4 棋盘：无论谁先行动，甲总可以在中间一行放置骨牌使得自己还可在第一、三行再放置两枚骨牌；乙最多只能放置两枚骨牌. 再将 3×100 棋盘分成 25 个 3×4 部分，注意到乙每次只能在某一部分中放置骨牌，甲在该部分中按上述方式行动即保证获胜.

3. 解　甲有必胜策略.

无论最初卒在什么位置，其上边和下边的空格数之和等于 2011，为奇数，因此其中必有一边有奇数个空格，不妨设为下边，甲向下移卒. 由于卒不能移到已经走过的格，乙只能要么继续向下移卒，要么将卒移到右边一列，对于前一种情况，甲继续向下移卒，最终卒到达最下边一行，乙只能将其移到右边一列.

因此甲可以强制每次由乙将卒移到右边的新的一列，当卒抵达右边第二列时，如果他们玩的是版本 A，则甲立即将卒移到最右边一列；如果是版本 B，则甲仍将卒移向奇数个空格的一边，最终乙必为输家. 得证.

4. 解　乙有必胜策略.

为方便描述，称一粒花生构成的堆为"小堆"，两粒为"中堆"，三粒或更多为"大堆". 当 $n=3$ 时，甲在第 2 轮无法行动而告负；当 $n=4$ 时，乙留给甲两个中堆，甲负.

设 $n\geqslant 5$，甲先合并两小堆，乙将其与一小堆合并，以后每轮到甲时，甲总是面对一个奇数粒的大堆和若干小堆，甲只有两种选择：将两小堆合并，或将一小堆并入一大堆. 对于前者，因 2 与奇数互质，乙可将中堆和大堆合并；对于后者，乙再将一小堆并入大堆，于是甲再次面临一个奇数粒大堆和若干小堆.

当 n 为奇数时，甲最终面对 $n-2,1,1$ 三堆，无论怎样行动，乙都能将剩下两堆合并；当 n 为偶数时，甲将 $n-3,1,1,1$ 变成 $n-3,2,1$ 或 $n-2,1,1$，然后乙总可以合并成 $n-2,2$，甲无法行动而告负.

5.解 注意到每轮中甲、乙共经过3格,取L形的3个格,无论甲将棋子移入其中哪个格,乙都可以连续走到其余两格.由于8×8棋盘除一角格外,可分成21个L形区域如图所示,故乙必胜.

笔者注 事实上对于所有$(6n+i)×(6n+i)(i=1,2,4,5)$棋盘,去掉一角后均可以分成若干个L形区域,证明可用归纳法.有兴趣的读者不妨自行完成.

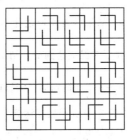

第5题图

6.解 乙有必胜策略.

设网格中心为O,每当甲抽完而轮到乙抽火柴时,乙选择与甲抽的关于O对称的那根火柴.如果在游戏过程中,甲曾抽走O周围的火柴,则中央格已被破坏,而乙破坏的格与甲破坏的格关于O对称,显然将由乙破坏掉最后一格.

假设甲始终不抽走O周围的四根火柴,当网格中剩下5个或更少未破坏格时,有图中所示的三种情形:左边的2—2—2格,右上的3连格,以及右下的分隔的3格.不论甲怎样选择,乙总能将其变成2个分隔的未破坏格(图中大写字母表示甲抽走的火柴,小写字母代表乙抽走的火柴).

现在甲、乙均不能从最后两个未破坏格的8根火柴中抽取,当两人抽完网格中所有其余火柴时,轮到甲行动,甲只能破坏一格而乙破坏另一格,乙胜.

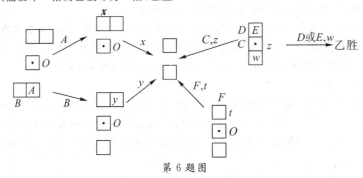

第6题图

7.(1)证明 我们采用$x-y-z$记号表示相邻的x,y,z个筹码,x和y,y和z之间分别由一个空格隔开.注意到对于任何一种排列方式,只要其中最长的一段不超过16,那么甲通过若干回合的行动总可以实现之.因为乙每次只能移除16个筹码,甲可以放回这些筹码并额外添加或移动另一个筹码,于是甲可以达到

$$8-8-8-8-8-8-8-8-8-8-8-8.$$

无论乙怎样操作,甲都可以在下一步达到

$$17-8-8-8-8-8-8-8-8-17.$$

此时,①若乙去掉中间的某8个筹码,则甲从两端取9个筹码,加上盒中8个筹码,可以填满所有空格并获胜;②若乙去掉某一端的17个筹码,则甲将其中8个空格填满并将剩下9个置于一端从而排成一列;③若乙只取①或②中的一部分,则甲可相应少取并采用同样的策略.

(2)解 最大的n值为98.

假设$n>98$甲能保证获胜,乙在最后一次操作之前,面临以下排列:

$$a_1 - a_2 - \cdots - a_k, \sum_{i=1}^{k} a_i \leqslant n.$$

观察发现以下性质:

（ⅰ）每两段之间为 1 个空格,此时对甲最有利,故采用与(1)中相同的记法.

（ⅱ）可设 $\sum_{i=1}^{k} a_i = n$,显然当所有筹码都在棋盘上时对甲最有利.

（ⅲ）必有 $a_1 \leqslant 17, a_k \leqslant 17$,否则若乙移除 a_1 或 a_k,则甲无法取胜.

现假设 $l = \max\{a_2, a_3, \cdots, a_{k-1}\}$,当乙移除长度 l 的一段时,甲必须保证填满所有 $l+k-1$ 个空隙,故 $l+k-1 \leqslant 17$.另一方面,

$$n = \sum_{i=1}^{k} a_i \leqslant 17 + \sum_{i=2}^{k-1} a_i + 17 \leqslant 34 + l(k-2) \leqslant 34 + \left(\frac{l+k-2}{2}\right)^2 = 98.$$

这与 $n > 98$ 矛盾.由(1)的结论知 98 为最大的 n 值.

8.解 乙有必胜策略.将所有石子按如图所示方式排列,每一列 10 枚代表一堆,无论甲怎样选取,乙只要将关于对角线对称的石子取走即可(甲每次选其中一列的 1～3 枚,乙每次取其对应的一行的 1～3 枚),乙总可以行动,因此最终甲负.

第 8 题图

9.解 乙有必胜策略.我们先考虑一个简单情况,每次选取的 d 至多包含 2 个不同的质因子,最初 $x = 5!$.最小的不能替换成 0 的数为 $2 \times 3 \times 5 = 30$,看到 30 的玩家必输,因为不论他怎样选 d,对方下次总可以选 $30-d$.类似地,看到 60 的玩家必输,因为如果他选 $d < 30$,则对方选 $30-d$ 将黑板上的数变成 30;如果他选 $d > 30$,则 $60-d < 30$,对方下次可将黑板上的数变成 0 并宣布获胜,于是看到 30 的倍数的玩家必输,乙胜.

以上规律可以推广到 20 个不同的质因子的情形,设 $a = 2 \times 3 \times 5 \times \cdots \times 71 \times 73$ 为前 21 个质数的乘积,任何小于 a 的正整数至多包含 20 个不同的质因子,另外 2004! 是 a 的倍数.当甲行动时,甲选的 d 不可能是 a 的倍数,设 $d = ka+r, 1 \leqslant r \leqslant a-1$.乙只需选 $a-r$ 即可令甲继续看到 a 的倍数,于是甲始终不能将黑板上的数变成 0,而游戏在有限步内结束,故乙胜.

10.解 乙有必胜策略.

解法一 先证明一个引理.

引理 如果第 1 格有黑子,第 $m+2$ 格有白子,甲、乙两人在中间的 m 格中填子,若 $m \geqslant 1$,则乙胜.

引理的证明 采用归纳法,当 $m=1$ 时甲无法行动,乙胜.假设有 $m-1$ 格或更少时乙均能取胜,现考虑 m 格情形.设甲在 $i+2(i \geqslant 1)$ 格填入黑子,则乙在 $i+1$ 格填入白子,这样形成的两段空格分别有

$i-1$ 个和 $m-i-1$ 个,每段的前后为黑、白棋子各一枚,由归纳假设知甲在两段中均为输家,乙只需在每段中采用必胜策略即可确保获胜.

现在回到原问题.如果甲在第1格填黑子,则乙在第 n 格填白子,由引理知乙胜.如果甲在第 $k(>1)$ 格填黑子,则乙在第1格填白子,确保在第2至 $k-1$ 格有必胜策略;如果甲继续在第 $l(\geqslant k+2)$ 格填黑子,则乙在第 $l-1$ 格填白子并确保在第 $k+1$ 至 $l-2$ 格必胜.由于棋盘有限,甲不可能永远选序号更大的格填入黑子,于是乙可以在这些相互独立的游戏中分别取胜并最终获胜.

解法二(笔者给出)　(1)当 $n=2k$ 时,无论甲怎样填,乙都只需在关于棋盘中心对称的格中填入白子.如果棋盘被填满,则甲无法行动而告负;如果出现相邻白子,则不可能位于最中央的两格,这表明在上一步甲已经在对称位置填入相邻黑子,说明甲负.因此 n 为偶数时乙必胜.

(2)当 $n=2k+1$ 时,将棋盘从左到右编号为 $-k,-k+1,\cdots,-1,0,1,\cdots,k$ 格,如果甲始终不在0格填子,则乙每次对称地填子,最终因1,-1 格棋子异色,甲无法在0格填子而告负.

假设甲在0格填入黑子,在此之前乙均保持对称地填白子,现在乙在 -1 格填白子并遵循以下策略:如果甲在离0格较远的格填黑子,则乙保持对称地填白子;如果甲在棋盘中央的 $2i$ 个格左右填黑子,有4种情形(及对称)如图①所示,乙总可以继续保持棋盘中央填有同等数量的黑、白棋子(a,b,c),或将中央填成对称(d,此时在 i 格无法填棋子).

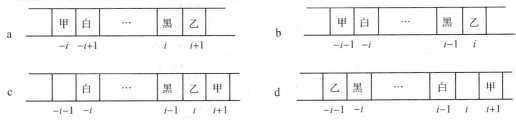

第10题图①

最后只需考虑中央非对称时与两边相遇的4种情形如图②所示,乙均能令甲无法行动从而获胜.

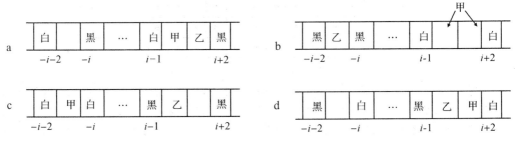

第10题图②

11. 解　将盒子编号1至13,设观众选的盒号为 $x,y,x<y$,设 $x+13$ 号盒与 x 号盒代表的是同一个盒子,在 $y-x$ 和 $x+13-y$ 中必有其一不超过6(代表两盒之间的距离),不妨设为前者.

另一方面,从 $a+1,a+3,a+6,a+7$ 中取两个数,差可以为1,2,3,4,5,6中的任何一个,魔术师和助手约定:当前者看到 a 号盒子被打开时,立即选取 $a+1,a+3,a+6$ 及 $a+7$ 号盒子(当盒号超过13时将数字减少13).助手只要根据差值适当选取 a,即可保证成功,例如当 $y-x=4$ 时选 $a=x-3$,等等.

笔者注　13是该把戏可以成功的盒数上限,观众所选的组合有 $C_{13}^2=78$ 种,助手给出的信息可以覆盖 $C_4^2=6$ 种,$6\times13=78$,因此盒数不能再多.

12. 解　每名男巫看到其他10名男巫左手或右手举起,共有 $2^{10}=1024>1000$ 种可能,因此这样的策略有可能存在.每名男巫给出的信息必须与其余10个数均有关,然后其他人通过该手势并结合自己看到的另外9个数从而得到对自己有用的信息.

将每个数用二进制表示,则这些数均不超过 10 位,每名男巫取左手起第 $i(1\leq i\leq 10)$ 名男巫的数的第 i 位,将这 10 个 0 或 1 加起来,如果是偶数就举左手,奇数则举右手.

对于任何男巫 x 而言,设他左手边起的 10 个数分别为 $a_1,a_2,\cdots,a_{10}$,从 a_1 的手势知 a_2 的第 1 位,a_3 的第 2 位,$\cdots,a_{10}$ 的第 9 位及 x 的第 10 位之和的奇偶性,于是可以计算出 x 的第 10 位.同理,从 a_2 的手势可以算出 x 的第 9 位,等等,因此 x 被完全确定.

13. (1)**证明** 设第 i 枚硬币正面朝上时 $C_i=1$,背面朝上时 $C_i=0,1\leq i\leq n_1n_2$.由于硬币数为 n_1 或 n_2 时,魔术师均有猜对策略,现对于 $n=n_1n_2$ 枚硬币,魔术师将第 $(k-1)n_2+1,(k-1)n_2+2,\cdots,kn_2$ 共 n_2 枚硬币看作第 k 串钱 $(1\leq k\leq n_1)$,以 $\sum\limits_{i=1}^{n_2}C_{(k-1)n_2+i}$ 模 2 的余数表示第 k 串钱为正面还是背面朝上.

类似地,魔术师再将第 $l,n_2+l,\cdots,(n_1-1)n_2+l$ 共 n_1 枚硬币看成第 l 吊钱 $(1\leq l\leq n_2)$,以 $\sum\limits_{i=1}^{n_1}C_{(i-1)n_2+l}$ 模 2 的余数表示第 l 吊钱为正面还是背面朝上.(可以将所有硬币看成 n_1 行、n_2 列,每行对应一串钱而每列对应一吊钱.)

现假设第 $(p-1)n_2+q$ 枚硬币 $(1\leq p\leq n_1,1\leq q\leq n_2)$ 为幸运硬币,助手需翻动第 a 串钱以给出"幸运硬币在第 p 串钱中"的信号,以及需翻动第 b 吊钱以给出"幸运硬币在第 q 吊钱中"的信号.他只需翻动第 $(a-1)n_2+b$ 枚硬币即可实现以上目的.

(2)**解** 当且仅当 n 为 2 的幂次时魔术师有成功策略.

先证充分性.设 $n=2$,魔术师和助手约定:当幸运硬币是第 1 枚时,助手令第 2 枚背面朝上(如果无需翻动,则助手翻第 1 枚硬币);当幸运硬币是第 2 枚时,助手令第 2 枚正面朝上.由(1)结论知该策略可推广到所有 2 的幂次.

再证必要性.设 $n>2$ 且不为 2 的幂次,$2^n=nq+r$,其中 $0<r<n$.在所有 2^n 种硬币状态中,每种状态都对应着暗示 1 至 n 中的一个数,即幸运硬币的号码,其中有的状态可能没有对应的号码.由抽屉原理可知,必有一个数 x,至多有 q 种状态对应着暗示 x.注意到每种状态均由 n 种状态通过翻动一枚硬币而得到,故至多有 $qn<2^n$(种)状态可以变成暗示 x 的状态,于是至少有 r 种状态,当幸运硬币为 x 时,助手无法给出正确的暗示,因此魔术师不能保证猜对.

14.解 x 至少是 101.一般地,为判断出 $n(n>1)$ 个正整数,清单中至少需要 $n+1$ 个数.

首先,清单中如果有相同的数则没有任何意义,不妨设这些数均不相同,如果清单中有 n 个数 $a_1<a_2<\cdots<a_n$,则乙无法判断甲原先写的 n 个数是 $\{a_1,a_2,\cdots,a_{n-1},a_n\}$ 还是 $\{a_1,a_2,\cdots,a_{n-1},a_n-1\}$.

另一方面,甲写下 $x_1<x_2<\cdots<x_n$,其中每个 $x_i(2\leq i\leq n)$ 均大于前 $i-1$ 个数之和(例如,令 $x_i=2^{i-1}$).然后甲在清单中写下以下 $n+1$ 个数:
$$a_i=x_i(1\leq i\leq n),a_{n+1}=x_1+x_2+\cdots+x_n=a_1+a_2+\cdots+a_n.$$
乙从清单的前 n 个数可以推知第 i 个数不超过 $a_i(1\leq i\leq n)$,因此这些数之和不超过 a_{n+1},当且仅当第 i 个数恰好为 $a_i(1\leq i\leq n)$ 时等号成立.于是乙顺利判断出这 n 个数.

进阶试题

1.解 乙有必胜策略.

当甲染第一个点后,乙取该点在内的 n 个点平分整个圆周,然后每次尽可能选这些点染成蓝色,由于剩下 $n-1$ 个点尚未被染色,而乙将染 n 个点,故当所有 n 等分点均被染色后,乙还有染色机会.

设 n 等分点均被染色后,其中 k 个为红色,$n-k$ 个为蓝色,此时红弧最长者只能由相邻两个红色 n 等分点围成,至多有 $k-1$ 个,乙再用 $k-1$ 次染色将这些红弧全部破坏.当乙染最后一个点时,圆周上有 $n-1$ 个非 n 等分点被染色,于是至少有两个相邻的 n 等分点之间没有其他染色点,且两点中至少有一

个为蓝色$\left(\text{因为长度为}\dfrac{1}{n}\text{的红弧均被破坏}\right)$，乙可以在其中染点使得蓝弧长度任意接近$\dfrac{1}{n}$圆周长.

由于甲的所有红弧长度均严格小于$\dfrac{1}{n}$圆周长，故乙胜.

2. 解　(1)甲可以获胜.

甲先染原点，然后不论乙染哪个点，甲染$(k,0)$，k充分大，并且以后每次只染(kx,ky)，$x,y\in\mathbf{Z}$这样的点，这样相当于乙的第一次染点没有意义.不妨将甲染的点看成$(0,0)$和$(1,0)$，现在乙有如下两种选择.

(ⅰ)乙染$(0,1)$，$(0,-1)$，$(1,1)$，$(1,-1)$其中一个点，由对称性不妨假设乙染的是$(0,1)$，甲接着染$(2,0)$，此时乙必须染$(0,-1)$，$(1,-1)$或$(2,-1)$，否则甲染$(1,-1)$，乙无法兼顾其余两个点，甲再染$(3,0)$，同理此时乙必须染$(1,1)$，$(2,1)$或$(3,1)$.甲最后染$(4,0)$，注意到$(0,0)$，$(2,0)$，$(4,0)$均为红点而$y=\pm2$的点均未染色，甲下次染$(2,2)$或$(2,-2)$，即可使乙无法兼顾，从而获胜.

(ⅱ)乙不染(ⅰ)中的四个点，由对称性不妨假设乙染的点在y轴或y轴左侧，甲再染$(2,0)$，下次染$(1,1)$或$(1,-1)$使乙无法兼顾，甲胜.

(2)甲仍可以获胜.

事实上，对任意的$k\geqslant2$，乙每次可以染k个点为蓝色，甲均可以保证获胜，甲的策略分以下两步.

第一步：甲选择任何一行$y=y_1$，将其中任意$(2k+1)(k+1)^{(2k+1)(k+1)+1}$个点染成红色.然后，甲选择另一行，其中没有任何点被染色，甲总可以保证将该行中$(2k+1)(k+1)^{(2k+1)(k+1)}$个点染成红色，这些点的$x$轴坐标均对应于第一行红点的$x$轴坐标.依照同样的方式，甲每次选择一行$y=y_i$，其中没有任何点被染色，甲可以保证将其中与上一行红点的x轴坐标相同的$\dfrac{1}{k+1}$数量的点染成红色，甲继续直到选择$(2k+1)(k+1)$行，在最末的这一行他保证能染红$(2k+1)(k+1)$个点.至此，甲得到$(2k+1)(k+1)$元坐标集X和Y，每个(x,y)，$x\in X$，$y\in Y$均为红点.

第二步：甲选取一条对角线$y=x+c$，在这条线上及其下方没有任何蓝点.延长在第一步中得到的$(2k+1)(k+1)$行与对角线相交，甲可以保证将其中$2k+1$个交点染成红色，记这些点为集合U.同样，甲可以保证将$(2k+1)(k+1)$列与对角线交点中的$2k+1$个染成红色，记这些点为集合V.

每个U中的点的坐标为(y_i-c,y_i)，$y_i\in Y$；每个V中的点的坐标为(x_j,x_j+c)，$x_j\in X$.以任何一对这样的点作为正方形的对顶点，第三个顶点(x_j,y_i)已经为红色，只需将第四个顶点(y_i-c,x_j+c)染成红色，甲即可获胜.由于U，V各有$2k+1$个元素，这样的第四个顶点共有$(2k+1)^2$个，而乙在甲染U和V时至多只能将其中$2k(2k+1)$个染成蓝色，因此必有一个未被染色，甲将其染色即可获胜.

3. 解　至少需要34次.

先证充分性.为方便描述，将牌按顺序标为1至52，当助手说(x,y)时，他指明牌x，牌y，以及中间有$y-x-1$张牌.

助手第一次说$(1,52)$.显然，魔术师从中间50张牌可以推断出这两张牌为首张和末张，于是任取一张记为牌1，助手第二次说$(1,3)$，魔术师于是推出牌3(如果在第一轮中魔术师将另一张牌记为牌1，则以后每个i均改为$53-i$，对最终的结果没有影响).注意到牌2未被提及，称为"空位".

接着助手说$(2,51)$，此为所有未被提及的牌中相距最远者，其中牌2是空位，称另一张牌51旁边未被提及的牌50为"空位后继者".助手再将50视为空位，说$(51,49)$，$(50,4)$，$(4,6)$，$(5,48)$，$(48,46)$，等等.在奇数次时说所有未提及的牌中相距最远者，其中一张是当前的空位，另一张旁边未提及的为空位后继者；在偶数次时将后继者视为空位，并说其相邻的两张牌.按助手说的顺序，详细牌号如下：

$$(52,1)(1,3)\qquad\qquad(2,51)(51,49)$$
$$(50,4)(4,6)\qquad\qquad(5,48)(48,46)$$
$$(47,7)(7,9)\qquad\qquad(8,45)(45,43)$$

$$(44,10)(10,12) \qquad (11,42)(42,40)$$
$$(41,13)(13,15) \qquad (14,39)(39,37)$$
$$(38,16)(16,18) \qquad (17,36)(36,34)$$
$$(35,19)(19,21) \qquad (20,33)(33,31)$$
$$(32,22)(22,24) \qquad (23,30)(30,28)$$
$$(29,25)(25,26)$$

我们证明以上 34 条信息可以完全确定牌序.

当助手说第 1,2 次后,魔术师得知

$$\boxed{1} \quad 2 \quad \boxed{3} \quad 4 \quad 5 \quad \cdots \quad 48 \quad 49 \quad 50 \quad 51 \quad \boxed{52}.$$

其中方框中的牌已被确定,当助手说第 3,4 次后,有两种可能分别为:

$$\boxed{1} \quad \underline{2} \quad \boxed{3} \quad \underline{4} \quad 5\cdots48 \quad \underline{49} \quad 50 \quad \underline{51} \quad \boxed{52}(正确情况);$$

$$\boxed{1} \quad \underline{2} \quad \boxed{3} \quad \underline{4} \quad 5\cdots48 \quad 49 \quad 50 \quad \underline{51} \quad \boxed{52}(错误情况).$$

注意此时未提及的牌中相距最远者并不相同,分别为 (4,50) 和 (5,50).

当助手下次说 (50,4) 时,魔术师就会明白前者为正确情况,即两牌之间有 45 张而不是 44 张牌.于是助手说完 5 次后,魔术师得知

$$\boxed{1} \quad \boxed{2} \quad \boxed{3} \quad \underline{4} \quad 5\cdots48 \quad \boxed{49} \quad 50 \quad \boxed{51} \quad \boxed{52}.$$

依次类推,在 33 次后,魔术师得知

$$\boxed{1} \quad \boxed{2} \quad \cdots \quad \boxed{24} \quad \underline{25} \quad 26 \quad 27 \quad \boxed{28} \quad \underline{29} \quad \boxed{30} \quad \cdots \quad \boxed{52}.$$

此时助手说 (25,26),魔术师从中间有 0 张牌可知 26 和 27 的顺序,于是所有牌的顺序完全确定.

再证必要性.即 33 次信息传递无法完全确定牌序.

将 52 张牌暂且看作 52 组,每一组一张牌,当助手说的两张牌位于不同组时,将这两组合并.当助手说完 33 次时,至多有 33 组被合并,即还有 $52-33=19$ 组,其中含有 3 张或更多牌的组至多有 16 个,于是要么有两个组每组含一张牌,要么有一组含两张牌.颠倒这两张牌的顺序而保持其他牌的位置不变,则助手传递的信息没有变化,但魔术师无法分辨这两种可能,必要性得证.

4.解 (1)队列最后的议员计算前面 999 个数之和除以 1001 的余数,并喊这个数;若能整除则喊 1001.第 2 名议员根据看到的 998 个数以及余数可推断出自己的帽号.以后,第 i 名议员根据看到的 $1000-i$ 个数,听到的 $i-2$ 个数以及余数可推断出自己的帽号.将会有一人的帽号恰好等于余数,他改喊队列最前面的帽号,于是除最前面者之外的所有人都知道了他的帽号与余数相等,于是继续推算自己的帽号.

以上策略可保证 997 人留在议会,剩下 3 人分别是队列最后者,帽号和余数相同者,以及队列最前者.

(2)引入逆序数的概念.设 $(a_1,a_2,\cdots,a_n)$ 是 $1\sim n$ 的一个排列,如果 $i<j$ 但 $a_i>a_j$,则称 a_i 和 a_j 是一个逆序,逆序的个数就称为该排列的逆序数;若为奇数,称为奇排列;若为偶数,称为偶排列.例如当 $n=3$ 时,(132) 的逆序数为 1,为奇排列;(312) 的逆序数为 2,为偶排列.其具有以下基本性质:

①在所有 $n!$ 个排列中,奇排列和偶排列的数目相等,各有 $\dfrac{n!}{2}$ 个.

②将排列中任何两数交换位置,则奇排列变成偶排列,偶排列变成奇排列.请读者自证这些性质.

现在回到原问题.设第 $i(1\leqslant i\leqslant 1000)$ 名议员为 p_i,帽号为 a_i,当 p_1 看到 999 个数时,他将剩下的两数 x 和 y 置于 999 个数之前,有两种 $1\sim 1001$ 的排列,分别为一奇一偶:

$$(x \quad y \quad a_2 \quad a_3 \quad \cdots \quad a_{1000}),(y \quad x \quad a_2 \quad a_3 \quad \cdots \quad a_{1000}).$$

大家约定 p_1 按照偶排列喊出其中第 2 个数,假设上述两个排列中前者为偶排列,于是 p_1 喊 y,轮到 p_j $(2\leqslant j\leqslant 1000)$ 时,他只需判断 $(x \quad y \quad a_2 \quad \cdots \quad a_{j-1} \quad a_j \quad a_{j+1} \quad \cdots \quad a_{1000})$,$(a_j \quad y \quad a_2 \quad \cdots \quad a_{j-1} \quad x \quad a_{j+1} \quad \cdots \quad a_{1000})$ 两者中哪一个是偶排列,显然为前者,故总能喊出正确号码 a_j.该策略保证 999 人猜

对，p_1 有 50% 概率猜对.

5. (1) **证法一**　魔术师和助手事先约定好所有牌的大小顺序，当助手得到观众呈送的牌时，他任取其中 4 张按大小关系设为 A,B,C,D，再计算出翻面牌在其余 48 张牌中的位置，设为 $x,1\leqslant x\leqslant 48$.

A,B,C,D 的排列方式共 4! ＝24 种，两人事先商定这些方式和 1～24 的对应关系. 当 $x\leqslant 24$ 时，助手将其放在首位并翻面；当 $x\geqslant 25$ 时，助手将其放在末位并翻面，魔术师通过观察排列方式及暗牌位置推断出 x 值，再加上 A,B,C,D 中小于该牌的数量即可得到其原始大小.

魔术师可以和助手约定每次选其中最小者翻面，以便更快地计算出原始大小.

证法二　任何 5 张牌中至少有 2 张为同花色，约定由助手选其中一张作为暗牌，另一张置于首位，两人事先约定牌的大小以及 4 张牌的 24 种排列方式与 1～24 的对应关系，然后用 3 张明牌和 1 张暗牌（假设暗牌最大）表达出号码 1 至 13，魔术师可通过首张牌的花色及后 4 张牌的排列方式猜出暗牌.

(2) **解**　仍可以做到.

设 X 为任意 5 张牌之集合，Y 为任意 4 张牌的某种排列，如果 Y 的 4 张牌均属于 X，则在 X 和 Y 之间连线，于是每个 X 与 $5\times 4!$ ＝120（个）Y 相连. 设 $S(X)$ 为所有 X 组成之集合，$S(Y)$ 为所有 Y 组成之集合.

如果我们能找到单射 $f:S(X)\rightarrow S(Y)$ 满足对于任意 $X\in S(X)$，X 与 $f(X)$ 相连，则魔术师和助手可以约定：助手由 5 张牌 X 得出 $f(X)$，藏去 X 中不属于 $f(X)$ 的那张牌并将剩下 4 张牌按 $f(X)$ 排列，然后魔术师通过逆映射 f^{-1} 得到 X. 问题的关键是证明 f 存在.

由霍尔婚姻定理可知，f 存在的充要条件是 $|\mathscr{A}|\leqslant |N(\mathscr{A})|$，其中，
$$N(\mathscr{A})=\{Y:存在 A\in\mathscr{A} 使得 Y 与 A 相连\}\subseteq S(Y),$$
对所有 $\mathscr{A}\subseteq S(X)$ 成立，任取 $\mathscr{A}\subseteq S(X)$，$|\mathscr{A}|\neq 0$. 每个 $A\in\mathscr{A}$ 与 120 个 $Y\in N(\mathscr{A})$ 相连，因此总共有 $120|\mathscr{A}|$ 条连线；另一方面，每个 $Y\in N(\mathscr{A})$ 与 48 个 $X\in S(X)$ 相连（可以从剩余 48 张牌中任选一张构成 X），其中某些 X 可能不属于 $\mathscr{A}$，故
$$120|\mathscr{A}|\leqslant 48|N(\mathscr{A})|,|\mathscr{A}|\leqslant |N(\mathscr{A})|.$$
于是霍尔婚姻定理的前提成立，证毕.

6. 解　大臣们的策略可以保证 $n-k-1$ 人猜对颜色.

首先，k 名健忘的大臣不可能保证猜对，站在队列最后面的如果是正常的大臣，他没有任何信息，也不能保证猜对. 因此，任何策略都无法保证超过 $n-k-1$ 人猜对.

接着，我们给出一种策略保证 $n-k-1$ 人猜对，约定每名大臣在报数时，如果前面有 i 个人，他就报一个 i 位数，其中第 $1,2,\cdots,i$ 位分别代表前面第 $1,2,\cdots,i$ 名大臣的帽子颜色，黑色为 2，白色为 1. 于是该数包含了前面所有人的信息.

当一名大臣轮到猜颜色和报数时，他已得知后面所有大臣发出的信息. 问题是：如果有健忘的大臣发出了合乎约定但是错误的信息，那么应该听谁的？为解决这一问题，定义"发言人"如下：

①最初，站在队列最后面的大臣为发言人.

②当轮到一名大臣发言时，如果他按照当前发言人提示的他的帽子颜色进行发言，则他将变成发言人；否则，发言人不变.

③约定所有大臣按当前发言人的提示进行发言.

由于所有人都能听到所有发言和报数，因此都能判断出当前发言人的位置. 按照③，每个正常大臣都当过发言人. 在第 i 名正常大臣成为发言人之后，直到第 $i+1$ 名正常大臣成为发言人，其中至少有 1 人按照发言人的提示进行发言（可能是第 $i+1$ 名正常大臣），他一定能猜对. 将每名正常大臣以及身后直到下一名正常大臣之前的所有人视为一段，队列总共有 $n-k-1$ 段，每段中至少有 1 人猜对，故总数至少为 $n-k-1$.

第十二讲　专题部分及其他

1.解　(1)可以.先用四种花色、四个等级扑克牌填满表格,使得每行每列恰好包含四种花色和四个等级,如图①a所示.再将 A,K,Q,J,黑桃,红桃,方块,草花替换成1,2,3,4,1,5,6,7并相乘得到每格数字,如图①b所示.每行每列数的乘积为

$$1 \times 2 \times 3 \times 4 \times 1 \times 5 \times 6 \times 7 = 5040.$$

♠A	♡J	◇K	♣Q
♡Q	♠K	♣J	◇A
◇J	♣A	♠Q	♡K
♣K	◇Q	♡A	♠J

1	20	12	21
15	2	28	6
24	7	3	10
14	18	5	4

a　　　　　　　　　b

第1题图①

(2)可以.先用数字1到9填满表格,使得每行每列恰好包含1到9,如图②a所示.再在另一个9×9表格的对角线上填入1,10,11,13,17,19,21,23,29,然后每行从右到左循环出现这些数,如图②b所示.最后将两个表格中处于同一位置的数相乘并填入第三个表格,如图②c所示,该表格中每行或每列9个数的乘积为

$$2 \times 3 \times 4 \times 5 \times 6 \times 7 \times 8 \times 9 \times 10 \times 11 \times 13 \times 17 \times 19 \times 21 \times 23 \times 29.$$

1	2	3	4	5	6	7	8	9
9	1	2	3	4	5	6	7	8
8	9	1	2	3	4	5	6	7
7	8	9	1	2	3	4	5	6
6	7	8	9	1	2	3	4	5
5	6	7	8	9	1	2	3	4
4	5	6	7	8	9	1	2	3
3	4	5	6	7	8	9	1	2
2	3	4	5	6	7	8	9	1

1	29	23	21	19	17	13	11	10
11	10	1	29	23	21	19	17	13
17	13	11	10	1	29	23	21	19
21	19	17	13	11	10	1	29	23
29	23	21	19	17	13	11	10	1
10	1	29	23	21	19	17	13	11
13	11	10	1	29	23	21	19	17
19	17	13	11	10	1	29	23	21
23	21	19	17	13	11	10	1	29

1	58	69	84	95	102	91	88	90
99	10	2	87	92	105	114	119	104
136	117	11	20	3	116	115	126	133
147	152	153	13	22	30	4	145	138
174	161	168	171	17	26	33	40	5
50	6	203	184	189	19	34	39	44
52	55	60	7	232	207	21	38	51
57	68	65	66	70	8	261	23	42
46	63	76	85	78	77	80	9	29

a　　　　　　　　　b　　　　　　　　　c

第1题图②

2.(1)证明　如果两行数之和不同,则无须变化.假设两个和相同:如果存在一列,上下两个数不同,则交换这两个数的位置即可实现目标;否则假设每列中上下两个数均相同,不妨设这些数为$a_1 > a_2 > \cdots > a_n$(每个数出现两次).将它们按如图所示的方式排列.

a_1	a_1	a_2	a_4	a_5	$\cdots$	a_n
a_2	a_3	a_3	a_4	a_5	$\cdots$	a_n

第2题图

由$a_1 + a_2 > a_1 + a_3 > a_2 + a_3 > 2a_4 > \cdots > 2a_n$,以及$a_1 + a_1 + a_2 > a_2 + a_3 + a_3$可知结论成立.

(2)**解**　对于 $1\leqslant i\leqslant 99$，在第 i 行的前 i 个格填入 1，其余格填 0；第 100 行与第 99 行相同．于是第 $i(1\leqslant i\leqslant 99)$ 列数之和为 $101-i$，第 100 列数之和为 0，每列数之和互不相同．

容易看出无论怎样排列，每行或每列数之和只能是 0 到 100 的整数，共有 101 种可能．如果互不相同，设 x 为没有出现的和，则 $1+2+\cdots+99+99=5049=0+1+2+\cdots+100-x=5050-x$，得 $x=1$．这说明如果目标可以实现，则 100 个列之和必须是 $S=\{0,2,3,\cdots,100\}$，同时 100 行之和也必须是 S．注意到如果某一列中全部为 1，那么不可能有某一行全部为 0，矛盾．因此目标无法实现．

3.解　(1)不可能．一般地，在 $n\times n$ 表格中依次选出不同行、不同列的最大元记为 $b_0>b_1>\cdots>b_{n-1}$，再选最小元记为 $m_0<m_1<\cdots<m_{n-1}$．对于 $0\leqslant k\leqslant n-1$，甲从表中去掉 k 行、k 列再取 b_k，b_k 为剩下的 $(n-k)\times(n-k)$ 表格（记为 S）中的最大元．另一方面，乙从表中去掉 $n-k-1$ 行、$n-k-1$ 列再取 m_{n-k-1}，不可能擦去整个 S，设 $a\in S$，则 $b_k\geqslant a\geqslant m_{n-k-1}$．因此有

$$\sum_{k=0}^{n-1} b_k \geqslant \sum_{k=0}^{n-1} m_{n-k-1} = \sum_{k=0}^{n-1} m_k.$$

(2)有可能．设表格如图所示，乙选的数之和为 $1+10+100+1000+10000=11111$．任取 5 个不同行、不同列的数，若不包括 10000，则和小于 $1008\times5<11111$；包括 10000 但不包括 1000，则和小于 $10000+106\times4<11111$．类似可证不包括 100，10，则和小于 11111．

10000	1001	1002	1003	1004
1005	1000	101	102	103
1006	104	100	11	12
1007	105	13	10	2
1008	106	14	3	1

第 3 题图

4.证明　(1)先取包含五角星最多的 n 行．如果剩下的 n 行中，每行至多 1 个五角星，那么再取 n 列就可以包含这些五角星；否则剩下的某一行包含不少于 2 个五角星，这说明在之前取的 n 行中，每行至少包含 2 个五角星，于是这些行至少包含 $2n$ 个五角星，剩下的位于至多 n 列之中．证毕．

(2)设格子为 $S(i,j)$，$1\leqslant i,j\leqslant 2n$．在 $S(i,i)$，$1\leqslant i\leqslant 2n$，$S(j,j+1)$，$1\leqslant j\leqslant n$，以及 $S(n+1,1)$ 处填入五角星，如图所示为 $n=4$ 情形．

假设我们从下面 $n+1$ 行中选取 k 行，从上面 $n-1$ 行中选取 $n-k$ 行．由于下面的 k 行无法包含 k 列中的所有五角星，因此至少还需选取 $n+2-k$ 列；上面还需选取 $k-1$ 列．故还需选取 $(n+2-k)+(k-1)=n+1$ 列才能包含所有的五角星．

第 4 题图

5. 证明 只需证 $a \geqslant b$,由对称性可得 $b \geqslant a$,故 $a = b$.

设第 j 列中最大的数为 x_j,$1 \leqslant j \leqslant n$.不妨设 x_l 为 x_1,x_2,$\cdots\cdots$,x_n 中的最小者.

(ⅰ)存在 $j \neq k$,x_j 与 x_k 在同一行.此时 $a \geqslant x_j + x_k \geqslant 2x_l \geqslant b$,其中 x_l 所在列中最大的两个数之和不超过 $2x_l$.

(ⅱ)每个 x_j 都处在不同的行.设 x_l 所在的列中第二大的数为 y_l,y_l 与 x_k 处于同一行.于是 $a \geqslant x_k + y_l \geqslant x_l + y_l = b$.

综上所述,有 $a \geqslant b$,得证.

6. 解 当 $n = 1$ 或为偶数时可以实现.

对于 $n = 1$,结论显然.以下假设 $n \geqslant 2$.容易看出,原问题等价于在相邻格中逐一填入 $1, 2, \cdots, n, 1, 2, \cdots, n, 1, 2, \cdots, n$ 使得每行或每列恰好包含从 1 至 n 这 n 个数.

先观察几个简单情形:当 $n = 2, 4$ 时可以实现,如图①②所示;当 $n = 3, 5$ 时无法实现.因此我们猜测当 n 为偶数时,填充方式如图③所示,其中在左下 $(n-1) \times (n-1)$ 部分沿 S 形填数.注意到每个带 △ 符号的格最先被填数,每两个 △ 格的间隔均为 $n-1$.从最下边第 i 行($1 \leqslant i \leqslant n-1$)的 △ 格为

$$t_i \equiv n + (i-1)(n-1) \equiv 1 - i \pmod{n}.$$

故该行左边 $n-1$ 个数为 $1-i, 2-i, \cdots, n-1-i$,而第 n 列数为 $n-i$,以上组成模 n 的同余类.

类似地,可以求出从下数第 i 行($1 < i \leqslant n-1$),第 j 列位置为

$$\begin{cases} t_i + (n-1-j) \equiv -i-j, & \text{若 } i \text{ 为奇数.} \\ t_i + (j-1) \equiv -i+j, & \text{若 } i \text{ 为偶数.} \end{cases}$$

因此,与第 1 行的 j 组成模 n 的同余类.

最后证明当 $n \geqslant 3$ 为奇数时无法实现.将表格按黑白交错的方式染色,设左上角为黑格,于是黑格的行数加列数为偶数,白格的行数加列数为奇数.在相邻格中逐一填数时,格的颜色为黑白交错,由于 n 为奇数,所有包含 1 的格和所有包含 2 的格,只能分别是黑白黑白…白黑,以及白黑白黑…黑白,两者的行数、列数总和的奇偶性必然不同.但另一方面,按照题目要求,该和只能为

$$(1 + 2 + \cdots + n) + (1 + 2 + \cdots + n) = n(n+1),$$

为偶数,矛盾.结论得证.

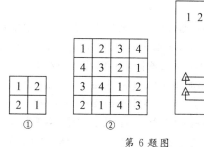

第 6 题图

7. 证法一 采用反证法,假设不然,令 j 为最小的整数,其使得 B 表最左边 j 列数字之和小于 A 表最左边 j 列数字之和,则 B 表第 j 列中 1 的数量少于 A 表,设后者为 i 个.

分别将 A,B 表划分成 4 个区域,如图所示.设 A,B 表 Ⅰ～Ⅳ区域内 1 的数量分别为 $a_1 \sim a_4$,$b_1 \sim b_4$,有

$$a_1 + a_2 + a_3 + a_4 = b_1 + b_2 + b_3 + b_4,$$
$$a_2 + a_3 > b_2 + b_3.$$

于是得到 $a_1 + a_4 < b_1 + b_4$.根据假设,A 表第 j 列最下面 i 个数均为 1,故 Ⅳ区域均为 1,$a_4 \geqslant b_4$,得 $a_1 < b_1$.又由于 A,B 表第 j 列最上面 $m-i$ 个数均为 0,故 $a_2 = b_2 = 0$.说明 $a_1 + a_2 < b_1 + b_2$,这不符合前 $m-i$ 行中 A 表数字之和不小于 B 表数字之和的题设,因此假设的 j 不存在,证毕.

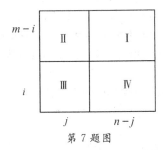

第 7 题图

证法二（笔者给出）　设 A,B 表第 $i(1\leqslant i\leqslant m)$ 行中 1 的数量分别为 a_i,b_i，由已知条件可得

$$a_1\leqslant a_2\leqslant\cdots\leqslant a_m,\ b_1\leqslant b_2\leqslant\cdots\leqslant b_m,\ \sum_{i=1}^m a_i=\sum_{i=1}^m b_i. \qquad (*)$$

同时，A,B 表第 i 行的 a_i,b_i 个 1 分别位于右边的 a_i,b_i 列. 任取 $1\leqslant l\leqslant n$，原题结论等价于

$$\sum_{i=1}^m \max\{b_i+l-n,0\}\geqslant\sum_{i=1}^m \max\{a_i+l-n,0\}. \qquad (**)$$

令 $A_i=a_i+l-n,B_i=b_i+l-n$，则 $(*)$ 式转化为

$$A_1\leqslant A_2\leqslant A_3\leqslant\cdots\leqslant A_m,\ B_1\leqslant B_2\leqslant B_3\leqslant\cdots\leqslant B_m,\ \sum_{i=1}^m A_i=\sum_{i=1}^m B_i=S.$$

设 j,k 为最小的整数使得 $A_j,B_k>0$. 若 $j\leqslant k$，则由已知条件可得

$$A_1+A_2+\cdots+A_{j-1}\geqslant B_1+B_2+\cdots+B_{j-1}\geqslant B_1+B_2+\cdots+B_{k-1},$$

从 S 中同时减去上式两端即得 $A_j+\cdots+A_m\leqslant B_k+\cdots+B_m$，此即为 $(**)$ 式. 若 $j>k$，上式同样成立，$(**)$ 式亦得证.

8. 证明　对于每种包含 $1,2,\cdots,32$ 的选取方式 J，设 $f(J)$ 为其占据的行数与列数之和，J_0 为和值最大的一种取法. 如果 $f(J_0)=16$，则结论成立，以下假设 $f(J_0)<16$，J_0 不包括 C 列的格子.

显然，在 C 列中没有数出现两次，每个数均出现在余下的 7 列中. 取 C 列中的 x 并放弃原先的 x，由 $f(J_0)$ 最大可知，以下两种情况或之一将发生：

（ⅰ）原先 x 所在行中只有 x 被选取；

（ⅱ）原先 x 所在列中只有 x 被选取.

如果存在 5 个这样的 x 使得（ⅰ）发生，那么 5 行，每行 1 格在 J_0 中，于是 J_0 至多包含 $5+3\times7=26<32$ 格，矛盾. 因此这样的 x 至多有 4 个. 如果存在 4 个这样的 x 使得（ⅱ）发生，那么同理 J_0 至多包含 $4+3\times8=28<32$ 格，亦矛盾. 因此这样的 x 至多有 3 个. 使得（ⅰ）或（ⅱ）发生的 x 至多有 7 个.

现选取 C 列中剩下一格 y 而放弃原先的 y，该选法 J_1 满足 $f(J_1)>f(J_0)$，与假设矛盾. 结论得证.

9. 解　设 a_n 代表最终胜利者胜利 n 局时，选手数目的最小值. 易见 $a_1=2,a_2=3$. 为使得一名选手胜利 n 局，其必须在最后一局比赛之前胜利 $n-1$ 局，同时，其对手至少需要胜利 $n-2$ 局. 由于每名选手只能负于此二人之一，故 $a_n=a_{n-1}+a_{n-2}$. 这样我们就得到斐波那契数列的一部分：$a_3=5,a_4=8,a_5=13,a_6=21,a_7=34,a_8=55$. 故最终胜者最多胜利 8 局.

10.(1)证明　假设结论不真，则对于任何学生 x,y，存在题目 k 使得 x,y 均未做出 k. 在 8 名学生中，共有 $C_8^2=28$（个）配对，对应于 28 个 k，由抽屉原理知存在某道题目 k^* 有至少 4 对学生均未做出，即至少 4 名学生未做出（因 3 名学生只能配出 3 对），这与假设不符. 得证.

(2)解　设 8 名学生做出的题目集合分别为 $(1,2,3,4)$，$(1,2,5,6)$，$(3,4,5,6)$，$(1,3,7,8)$，$(2,4,7,8)$，$(2,5,6,7)$，$(1,4,5,8)$ 以及 $(3,6,7,8)$. 容易验证每题有 4 人做出，而任何两人未做出所有题目.

11. 解　设 $f(k)$ 为 k 名学生分享所有讯息需要的时间.

(1) 若 $k=2^n$，则 $f(k)=n$.

首先，2^n 名学生分享所有讯息至少需 n 小时，这是因为在每小时后，知晓最多讯息的学生，其讯息量最多变成 2 倍. 其次, 我们用归纳法证明 n 小时是足够的. 当 $n=1$ 时, 2 名学生显然只需 1 小时. 假设 $n=k$ 时 2^k 名学生经 k 小时分享所有讯息. 当 $n=k+1$ 时, 将 2^{k+1} 名学生平分成两组, 经 k 小时后每组学生都知晓了组内所有讯息, 于是在第 $k+1$ 小时只需令两组学生一一配对交谈即可.

(2) 若 $2^n<k<2^{n+1}$ 且 k 为奇数, 则 $f(k)=n+2$.

先证 $f(k)\geqslant n+2$. 经过 n 小时后每名学生最多知晓 2^n 条讯息, 所以没有人知晓所有讯息. 在第 $n+1$ 小时中, 由于 k 是奇数, 必有一名学生没有参与交谈, 他只能在第 $n+2$ 小时获得所有讯息. 再证 $f(k)\leqslant n+2$. 将所有学生分成 A 组和 B 组: $A(1),A(2),\cdots,A(2^n),B(1),B(2),\cdots,B(k-2^n)$. 在第 1 小时令 $A(i)$ 与 $B(i)$ 交谈, $1\leqslant i\leqslant k-2^n$, 这样 A 组知晓了 B 组的所有讯息. 再用 n 小时可令 A 组所有成员分享所有讯息. 最后在第 $n+2$ 小时中, 令 $A(i)$ 再次与 $B(i)$ 交谈, $1\leqslant i\leqslant k-2^n$, 于是 B 组成员也知晓了所有讯息.

(3) 若 $2^n<k<2^{n+1}$ 且 k 为偶数, 则 $f(k)=n+1$.

显然 $f(k)>n$, 下证 $f(k)=n+1$. 将 $k=2m$ (名) 学生分成两组 $A(i),B(i),1\leqslant i\leqslant m$. 现在令他们以如下方式交谈: 对于第 $j(1\leqslant j\leqslant n)$ 小时, 使 $A(i)$ 与 $B(i+2^{j-1}-1)$ 交谈; 对于第 $n+1$ 小时, 使 $A(i)$ 与 $B(i)$ 交谈. 如果 $i+2^{j-1}-1>m$, 则取模 m 的余数. 需证明这样的交谈方式可以达到要求.

当 $j=1$ 时, 每名 $A(i)$ 与 $B(i)$ 交谈, 设 $g(i)$ 为两人分享的讯息. 我们用归纳法证明, 一般地在第 j 小时之后, $A(i)$ 与 $B(i+2^{j-1}-1)$ 共同知晓了 $g(i),g(i+1),\cdots,g(i+2^{j-1}-1)$ 这些讯息. 当 $j=1$ 时显然成立. 假设 $j-1$ 时成立, 于是在 $j-1$ 小时后, $A(i)$ 知晓 $g(i)$ 至 $g(i+2^{j-2}-1)$ 的讯息而 $A(i+2^{j-2})$ 知晓 $g(i+2^{j-2})$ 至 $g(i+2^{j-1}-1)$ 的讯息. 由于第 $j-1$ 小时中 $A(i+2^{j-2})$ 与 $B(i+2^{j-1}-1)$ 交谈, 后者也知晓了这些讯息. 于是在第 j 小时 $A(i)$ 与 $B(i+2^{j-1}-1)$ 交谈后, 两人分享了 $g(i)$ 至 $g(i+2^{j-1}-1)$ 的讯息. 特别地, 取 $j=n$ 即有 $A(i)$ 知晓 $g(i)$ 至 $g(i+2^{n-1}-1)$ 的讯息, $B(i)$ 知晓 $g(i-2^{n-1}+1)$ 至 $g(i)$ 的讯息. 最后, 在第 $n+1$ 小时中, 两人分享了以上讯息. 注意到从 $i-2^{n-1}+1$ 到 $i+2^{n-1}-1$ 包含 $2^n-1\geqslant m$ 个整数, 故这些讯息覆盖了 $g(1)$ 至 $g(m)$, 因此每名学生均知晓了所有讯息.

由以上结论即可得出 (1) $k=64=2^6$, $f(64)=6$; (2) $2^5<55<2^6$, $f(55)=7$; (3) $2^6<100<2^7$, $f(100)=7$.

12. 证明 设两队最初站在球台上的选手为 a_1 和 b_1, 此时队列中从前往后的甲队选手依次为 a_2, $a_3,\cdots,a_m$, 乙队选手依次为 $b_2,b_3,\cdots,b_n$, 不妨设 $m>n$. 第一局由 a_1 和 b_1 主打, 且每局后队列向前移动一位. 观察可以发现, 在这一过程中, 两队选手作为两个整体之间的相对位置不会发生改变. 经过 $m+n-2$ 局之后, a_m 和 b_n 站在球台上即将进行下一局. 我们称这 $m+n-2$ 局为一个循环.

第一个循环之后, a_m 和 b_n 站在台上, 除他俩之外的每名选手均下台一次. 第二个循环之后, a_{m-1} 和 b_{n-1} 站在台上, 其他选手在这一轮循环中均下台一次, 依次循环. 这说明每 m 轮循环中, 甲队每名选手下台 $m-1$ 次; 每 n 轮循环中, 乙队每名选手下台 $n-1$ 次.

(ⅰ) 如果 $m>n+1$, 则在 mn 轮循环中, 甲队每名选手共下台 $n(m-1)$ 次, 乙队每名选手共下台 $m(n-1)$ 次, 且有 $n(m-1)-m(n-1)=m-n\geqslant 2$. 对于任何 a_i,b_j, 必然存在 a_i 的两次下台之间 b_j 没有下过台, 那么在此期间 a_i 必然与 b_j 同台比赛, 得证.

(ⅱ) 如果 $m=n+1$, 则 $(m,n)=1$, 在 mn 轮循环中必有一轮的首局是在 a_i 和 b_j 之间进行的. 得证.

综上所述, 就证明了两队任何两名选手都同台打球.

笔者注 若 $m=n$, 则结论可能不成立. 例如让两队选手交错排成一列, 则每人只跟前后两名对手打过球.

13. 解 (1) 不一定. 设选项为 A 和 B. 如果每名学生前 19 道题答案中包括奇数个 A, 且所有学生的答案覆盖了所有满足该条件的答案组合, 那么①对于任意 10 道题的总共 $2^{10}=1024$ 种组合中的任何一种, 都有学生的答案与之相同; ②如果两名学生的答案均不相同, 那么他们在前 19 道题中选了 19 个 A, 这与两人答案中包含奇数个 A 相矛盾.

（2）是的．设选项为 $1,2,\cdots,12$．对于 $1\leqslant i\leqslant 11$，设学生 S_i 后 10 道题的答案全部为 i．考察 S_1 至 S_{11} 前 10 道题的答案，对于每道题来说，因为有 12 个选项，故总能找到一个选项是 S_1 至 S_{11} 均未选中的．不妨设学生 t 的答案就是这些选项，于是 t 的前 10 道题答案与 S_1 至 S_{11} 均不相同．而在后 10 道题中，t 最多只能选择 10 种不同选项，因此必存在某一个 j，$1\leqslant j\leqslant 11$，t 在后 10 道题中未选过 j．于是 t 与 S_j 的所有题目答案均不相同．

14. **解** 将硬币标号为 1 至 32，并采用二进制表示，在第 $i(1\leqslant i\leqslant4)$ 次称量时，将末位起第 i 位为 0 的那些硬币放入左边托盘，剩下的为 1 的硬币放入右边托盘．如果其中有一次天平平衡，则目标已经实现；否则，两枚假币在 4 次称量时均处于同一托盘中，说明它们二进制表示的末 4 位相同．于是 1 至 16 号，17 至 32 号两组中各包含 1 枚假币，其质量相等．

笔者注 一般地，如果硬币的总数为 2^{n+1}，则 n 次称量即可实现目标；如果总数在 2^n 与 2^{n+1} 之间且为偶数，则称量次数同样为 n．先将硬币分成两大堆，各 2^{n-1} 枚，其余为数量相同的两小堆．分别称量两大堆以及两小堆，如果同时平衡，或同时不平衡，则可以适当搭配某个大堆和小堆使得质量相等．

如果只有小堆平衡，则假币在大堆中，$n-1$ 次称量即可分辨，而现在已经称量了一次，还需 $n-2$ 次，故总共需要 n 次．

如果只有大堆平衡，则假币在小堆中，从大堆中取若干真币填入小堆使后者达到 2^{n-1} 枚，再称量 $n-2$ 次即可，总共为 n 次．

15. **解** （1）在天平两边各放入 64 枚硬币，称第一次．如果平衡，则任选其中一边的硬币平分，再称下一次．如果 6 次都平衡，则在最后一次称重时，天平每边的 2 枚硬币质量不同．

假设称重不全为平衡，如果第一次称重不平衡，从两边各取 32 枚并称重，如果不平衡则舍弃其余硬币，否则舍弃平衡的这些并留下未称的两边各 32 枚．采用相同方法继续称重、取舍，保证每次得到不同质量的两堆，硬币数为前一次称重时的一半．经过 7 次称重后得到 2 枚不同质量的硬币．

（2）在天平两边各放入 2 枚硬币，称第一次．如果平衡，再称同一托盘中的 2 枚硬币：不平衡则满足题目要求，平衡则说明第一次称量的 4 枚硬币质量相等，取 1 枚称过的硬币和 1 枚未称过的硬币，两者必质量不同．如果第一次不平衡，从两边各取 1 枚再称量：不平衡则为所求，平衡则说明剩下 2 枚质量不同．

16. **解** 本题的解法不唯一，以下是一种解法．

将硬币分成三组：$A(80)$，$B(80)$，$C(79)$．第一次称 A 与 B．

Ⅰ．如果 $A=B$．此时 A 和 B 同时不含假币或同时包含 1 枚假币．将 A 分成两组 $A_1(40)$ 和 $A_2(40)$，第二次称 A_1 与 A_2．

（ⅰ）若 $A_1=A_2$．此时 A 中全部是真币，B 中也全为真币．任取 A 和 B 中的 79 枚记为 A'，第三次称 A' 与 C．若 $A'<C$，则假币重；若 $A'>C$，则真币重．

（ⅱ）若 $A_1\neq A_2$，设 $A_1>A_2$．此时 A 中包含假币，B 中亦包含假币，C 中全为真币．任取 C 中 40 枚硬币 C'，第三次称 A_1 与 C'．若 $A_1>C'$，则假币重；$A_1=C'$，则假币在 A_2 中，真币重．$A_1<C'$ 的情况不可能发生．

Ⅱ．如果 $A\neq B$，设 $A>B$．将 A 分成两组 $A_1(40)$ 和 $A_2(40)$，第二次称 A_1 与 A_2．

（ⅰ）若 $A_1\neq A_2$，则 A 中包含假币，B 中全为真币，假币重，无须第三次称重．

（ⅱ）若 $A_1=A_2$，则 A_1 和 A_2 同时不含假币或同时包含 1 枚假币．再将 A_1 分成两组 $A_{1,1}(20)$ 和 $A_{1,2}(20)$．第三次称 $A_{1,1}$ 与 $A_{1,2}$．

（a）若 $A_{1,1}=A_{1,2}$，则 A_1 中全为真币，A 中亦全为真币，B 中包含 1 或 2 枚假币，故假币轻．

（b）若 $A_{1,1}\neq A_{1,2}$，则 A 中包含假币，B 中无假币，假币重．

 **进阶试题**

1. 证明 设表格中总共有 k 个星格,第 $i(1\leqslant i\leqslant k)$ 个星格所在行中的星格数为 a_i,所在列中的星格数为 b_i. 需证存在某 i,满足 $a_i>b_i$.

任选一个序数 i,由于第 i 个星格所在行中有 a_i 个星格,这对于同一行的其他星格也成立,因此有 a_i 个序数,它们的 a_i 值同样为 a_i,故这一行所有星格 a_i 值的倒数之和等于 1. 这对于其他行也成立,只要该行中至少有一个星格. 因此我们得到

$$\frac{1}{a_1}+\frac{1}{a_2}+\cdots+\frac{1}{a_k}\leqslant m.$$

类似地,每一列所有星格的 b_i 值都相等,且倒数之和等于 1. 由于表格中每一列都包含星格,我们得到

$$\frac{1}{b_1}+\frac{1}{b_2}+\cdots+\frac{1}{b_k}=n.$$

于是

$$\left(\frac{1}{a_1}-\frac{1}{b_1}\right)+\left(\frac{1}{a_2}-\frac{1}{b_2}\right)+\cdots+\left(\frac{1}{a_k}-\frac{1}{b_k}\right)\leqslant m-n<0,$$

这说明存在某个 i 满足 $\frac{1}{a_i}-\frac{1}{b_i}<0$,即 $a_i>b_i$,证毕.

2. 证明 (1)(笔者给出)当 $n=1$ 时,某行变成 0,或者两行之和为 0,得证. 以下设 $n\geqslant 2$. 用 $u(r)$ 表示 r 行调整后的 n 个数之和,用 $[p,q]$ 表示 p 和 q 之间的所有整数.

设原表格中只有一个 -1,其余为 1 的 n 行为 S_1,只有一个 1,其余为 -1 的 n 行为 S_2. 易知当 $r_1\in S_1$ 时,$u(r_1)\in[-1,n-1]$;当 $r_2\in S_2$ 时,$u(r_2)\in[-n+1,1]$. 如果存在 $u(r)=0$ 或 $\{u(r_1),u(r_2)\}=\{-1,1\}$,则结论成立;否则由对称性不妨设 u 在 $S_1\bigcup S_2$ 中不取值 1,u 在 S_2 只取负值,将 S_1 中取 -1 的 $k\geqslant 0$ 个 u 值跟 S_2 中的 u 值合并成负组,共 $n+k$ 个数,将 S_1 中取正值的 $n-k$ 个数设为正组. 以下证明:可从两组中各取若干个数,和等于 0.

引理 设 $1\leqslant a_1\leqslant a_2\leqslant\cdots\leqslant a_{n+k}\leqslant n-1$ 是 $n+k$ 个正整数,其中至少有 k 个 1;$2\leqslant b_1\leqslant b_2\leqslant\cdots\leqslant b_{n-k}\leqslant n-1$ 是 $n-k$ 个正整数. 则存在若干个 a 之和等于若干个 b 之和.

引理的证明 考虑部分和

$$A_i=a_1+\cdots+a_i,1\leqslant i\leqslant n+k;B_j=b_1+\cdots+b_j,1\leqslant j\leqslant n-k.$$

分两种情况:(i)若 $A_{n+k}\leqslant B_{n-k}$,对每个 $1\leqslant i\leqslant n+k$,设 $t(i)$ 为最小的下标,满足 $B_{t(i)}\geqslant A_i$,于是由 $B_{t(i)-1}-A_i<0$ 以及 $b_{t(i)}\leqslant n-1$ 可得 $B_{t(i)}-A_i\leqslant n-2$. 若 $B_{t(i)}-A_i=0$,则有

$$a_1+\cdots+a_i=b_1+\cdots+b_{t(i)}.$$

否则 i 有 $n+k>n-2$(种)取法,由抽屉原理知必存在 $i<j$ 使得 $B_{t(i)}-A_i=B_{t(j)}-A_j$,即

$$a_{i+1}+\cdots+a_j=b_{t(i)+1}+\cdots+b_{t(j)}.$$

(ii)若 $A_{n+k}\geqslant B_{n-k}$,类似定义 $t(i)$ 为最小的下标,满足 $A_{t(i)}\geqslant B_i$,每个差 $A_{t(i)}-B_i$ 只能取值为 $[0,n-2]$,注意到 $a_1=\cdots=a_k=1$,如果该差值不大于 k,则从 $A_{t(i)}$ 中去掉若干个 1 可以使两个部分和相等,否则差值在 $[k+1,n-2]$ 范围,最多取 $n-k-2<n-k$(个)值,必存在 $i<j$ 使得 $A_{t(i)}-B_i=A_{t(j)}-B_j$,得证.

回到原题证明,将负组的数去掉负号,再用引理结论即可. 证毕.

(2)记 $a_1,a_2,\cdots,a_{2^n}$ 为原表格中的行,其中 $a_1=(1,1,\cdots,1)$. 记 $f(a_i)$ 为 a_i 变化之后的行. 若 x 为某行只含 0 和 1,则令 $g(x)$ 表示这样的行:如果 x 在某列为 0,则 $g(x)$ 在该列为 1;如果 x 在某列为 1,则 $g(x)$ 在该列为 -1. 我们构造以下序列:

$$b_1=f(a_1),b_2=b_1+f(g(b_1)),b_3=b_2+f(g(b_2)),\cdots,b_{2^n}=b_{2^n-1}+f(g(b_{2^n-1})).$$

容易看出每个 b_i 只包含 0 和 1，故一共有 2^n 种取法．如果任何 $b_i，1 \leqslant i \leqslant 2^n$，均不为零行，则存在 $p < q$ 使得 $b_p = b_q$．设 p, q 的取法为 $|p - q|$ 最小者，于是我们选取变化之后表格的下列行：

$$f(g(b_p)), f(g(b_{p+1})), \cdots, f(g(b_{q-1})).$$

这些行相加等于 $(b_{p+1} - b_p) + (b_{p+2} - b_{p+1}) + \cdots + (b_q - b_{q-1}) = b_q - b_p = 0$．另一方面，如果所有 b_i 的取法各不相同，则存在 p 使得 $b_p = 0$．于是我们选取 $a_1, f(g(b_1)), f(g(b_2)), \cdots, f(g(b_{p-1}))$．以上这些行相加等于 $(0, 0, \cdots, 0)$．证毕．

3. 证明 (1)对选手的总数分奇偶性讨论．

（ⅰ）当选手总数为 $2n$ 时，共有 $n(2n-1)$ 场比赛，所有选手的平均分为 $\dfrac{2n-1}{2}$，因此前 n 名选手得到至少 $\dfrac{n(2n-1)}{2}$ 分，其中只有 $\dfrac{n(n-1)}{2}$ 分是他们之间比赛产生的，因此前 n 名选手从后 n 名选手身上至少取得了 $\dfrac{n(2n-1)}{2} - \dfrac{n(n-1)}{2} = \dfrac{n^2}{2}$ 分，同时，这些比赛绝不可能是冷门．由于每场比赛中一名选手至多可得 1 分，以上 $\dfrac{n^2}{2}$ 分就对应至少 $\dfrac{n^2}{2}$ 场非冷门比赛，于是非冷门比赛的比例至少有

$$\frac{\dfrac{n^2}{2}}{2n(2n-1)} = \frac{n}{4n-2} > \frac{1}{4},$$

说明冷门比赛的比例严格少于 $\dfrac{3}{4}$．

（ⅱ）当选手总数为 $2n+1$ 时，类似（ⅰ）中的论证，在所有 $n(2n+1)$ 场比赛中，前 $n+1$ 名选手总共得到至少 $n(n+1)$ 分，其中 $\dfrac{n(n+1)}{2}$ 分是他们互相比赛产生的，因此他们从后 n 名选手身上取得 $\dfrac{n(n+1)}{2}$ 分，这对应至少 $\dfrac{n(n+1)}{2}$ 场非冷门比赛，由

$$\frac{\dfrac{n(n+1)}{2}}{2n(2n+1)} = \frac{n+1}{4n+2} > \frac{1}{4},$$

可知冷门比赛的比例严格少于 $\dfrac{3}{4}$．

(2)我们按照以下方法构造：$A_1, A_2, \cdots, A_{2n+1}$ 为专业组，每组 $2n+1$ 名选手；B 组为业余组，有 $2n$ 名选手．

对于每个 $1 \leqslant i \leqslant 2n+1$，令 A_i 组中每人恰好击败 B 组中的 $2n+1-i$ 人，并击败 n 个专业组 A_{i+n+1}，$A_{i+n+2}, \cdots, A_{i+2n}$，但负于其余 n 个专业组 $A_{i+1}, A_{i+2}, \cdots, A_{i+n}$（定义 $A_{k+2n+1} = A_k$）．每个专业组内部的比赛全部为平局．业余组内部的比赛结果忽略不计（该组存在的意义仅在于对专业组进行排名）．

于是每个专业组内所有人分数相等，且总分排名为 $A_1 > A_2 > \cdots > A_{2n+1}$．当 $2 \leqslant i \leqslant n+1$ 时，A_i 组选手击败 $A_1, A_2, \cdots, A_{i-1}$ 组，这些冷门比赛共有 $(1+2+\cdots+n)(2n+1)^2 = \dfrac{n(n+1)(2n+1)^2}{2}$ 场．而对 $n+2 \leqslant i \leqslant 2n+1$，$A_i$ 组选手击败 $A_{i-n}, \cdots, A_{i-1}$ 共 n 组，这些冷门比赛共有 $n^2(2n+1)^2$ 场．（相当于不同专业组之间的比赛中有 $\dfrac{3}{4}$ 为冷门，而同组内比赛的结果随着 n 的增大而变得无足轻重．）由于所有选手的总人数为 $4n^2+6n+1$，比赛的总场数为 $n(2n+3)(4n^2+6n+1)$，故冷门比赛的比例为

$$\frac{n(3n+1)(2n+1)^2}{2n(2n+3)(4n^2+6n+1)} = \frac{12n^4 + \cdots}{16n^4 + \cdots}.$$

当 $n \to \infty$ 时，极限为 $\dfrac{3}{4}$．这说明该比例不能再减少．

4. 解 为方便描述，用 T 和 F 分别代表"是"和"非"．小明在第一次答题时全部选 T，假设得到 S 分．

(1)如果小明逐一测试每题的正确答案，需 30 次，在第 31 次作答时可得满分．为保证在更少次数内

获得满分,引入以下策略.

先假设 $S=15$.第 2 次作答时,将第 2,3,4 题改选 F,于是得分必为 12,14,16,18 之一.若为 12 或 18,小明可确定第 2,3,4 题答案均为 T 或 F,再用剩下的作答逐一测试每题的正确答案,可保证 30 次内获得满分.

若得分为 14 或 16,由对称性不妨设为 14,则第 2,3,4 题正确答案包含 1 个 F 和 2 个 T,以下在第 k 次作答中,$3 \leqslant k \leqslant 15$,小明将第 $2k-1,2k$ 题改选 F,其余均选 T.若其中任何一次得分为 13 或 17,则可确定两题答案同时为 T 或 F,再逐一测试剩下题目即可.

否则,假设对每个 $3 \leqslant k \leqslant 15$,第 $2k-1,2k$ 题的正确答案为 T,F 或 F,T.此时小明可确定第 1 题答案为 F.在第 16 次作答时,将第 2,3,5 题改选 F;在第 17 次作答时,将第 2,4,5 题改选 F.表 1 列出所有 6 种情形对应的得分.由于对应的得分各不相同,17 次作答后确定第 1 至 6 题答案,再用 12 次作答确定后面 12 对题目究竟为 T,F 还是 F,T,最后在第 30 次作答可获满分.

表 1

第 2 至 6 题的正确答案	第 16 次得分	第 17 次得分
T T F T F	12	14
T F T T F	14	12
F T T T F	14	14
T T F F T	14	16
T F T F T	16	14
F T T F T	16	16

再假设 $S \neq 15$.小明在第 k 次作答中,$2 \leqslant k \leqslant 15$,将第 $2k-1,2k$ 题改选 F,其余均选 T.有两种情况:

(ⅰ)对某个 k,得分为 $S \pm 2$,此时可确定两题答案同时为 T 或 F,再逐一测试即可;

(ⅱ)每次得分均为 $S \pm 1$,但因 $S \neq 15$,故可确定第 1,2 题的答案(取决于最初 $S=16$ 还是 14),再分辨每对题目为 T,F 还是 F,T 即可.

(2)以下策略可保证每 3 次作答确定 4 道题的正确答案,而 $30=4 \times 7+2$,故 23 次作答可完全确定答案.

在第 2 次作答时,将第 1,2 题改选 F:若得分为 $S \pm 2$,则一次作答确定两道题的正确答案,效率高于 3 次作答确定 4 道题的答案;否则得分为 S,于是第 1,2 题的答案为 T,F 或 F,T,第 3 次作答将第 2,3,4 题改选 F,第 4 次作答将第 1,3 题改选 F.

所有 8 种情形对应的得分(与 S 相比)如表 2 所示,前 4 题答案即可确定.

表 2

第 3 次	第 4 次	正确答案	第 3 次	第 4 次	正确答案
-3	0	F T T T	-1	-2	T F T T
-1	$+2$	F T F T	$+1$	0	T F F T
-1	0	F T T F	$+1$	-2	T F T F
$+1$	$+2$	F T F F	$+3$	0	T F F F

小明继续用 3 次作答确定第 5 至 8 题的答案,如此进行,到第 22 次作答可确定前 28 题的答案,再用 1 次作答确定第 29 题的答案,于是亦可确定第 30 题的答案.在第 24 次作答时,小明获得满分.

笔者注 也可以每次用 4 次作答确定 5 道题的正确答案,在第 $4 \times 6+1=25$ 次作答时可获满分.

5. 解法一　首先考虑一个类似的问题,然后用同样的方法解决本题.

类似问题　在 $2^n(n\geqslant1)$ 枚硬币中,有 2^{n-1} 枚银币从轻到重编号为 $s(1)$ 至 $s(2^{n-1})$, 2^{n-1} 枚金币从轻到重编号为 $g(1)$ 至 $g(2^{n-1})$.假设所有硬币的质量均不相同,且任何银币与金币之间的关系未知.试用天平称 n 次找出质量处于第 $2^{n-1}+1$ 位的硬币.

对 n 采用归纳法.当 $n=1$ 时共有 2 枚硬币,称量 1 次即可完成.假设 2^n 枚硬币称量 n 次可找出第 $2^{n-1}+1$ 重的硬币,现考虑 2^{n+1} 枚硬币的情形.

先用天平称量 $s(2^{n-1}+1)$ 和 $g(2^{n-1}+1)$,不妨设 $s(2^{n-1}+1)>g(2^{n-1}+1)$.于是 $s(2^{n-1}+1),s(2^{n-1}+2),\cdots,s(2^n)$ 共 2^{n-1} 枚银币均重于 $s(1),s(2),\cdots,s(2^{n-1}),g(1),g(2),\cdots,g(2^{n-1}+1)$,共计 $2\times2^{n-1}+1>2^n$ 枚硬币,因此这 2^{n-1} 枚银币不可能是所求硬币的备选者.

另一方面,$g(1)$ 至 $g(2^{n-1})$ 这 2^{n-1} 枚金币,均轻于 $g(2^{n-1}+1),\cdots,g(2^n),s(2^{n-1}+1),\cdots,s(2^n)$ 共计 $2^{n-1}+2^{n-1}=2^n$ 枚硬币,因此它们也不可能是所求硬币的备选者.

这样,我们就排除了 2^{n-1} 枚较重者以及 2^{n-1} 枚较轻者,剩下 2^n 枚硬币,包括 $s(1)$ 至 $s(2^{n-1})$ 为银币以及 $g(2^{n-1}+1)$ 至 $g(2^n)$ 为金币,且目标为称出第 $2^{n-1}+1$ 重的硬币.由归纳假设知 n 次称量可完成,证毕.

原问题的解决方案　注意到 $2^8=256>201$,差为 55.我们可以适当地引入 55 枚虚拟硬币,其中 14 枚银币重于所有真币,14 枚银币轻于所有真币,14 枚金币重于所有真币,13 枚金币轻于所有真币.将所有硬币编号,其中 $s(15)$ 至 $s(114),g(14)$ 至 $g(114)$ 为真币.所求的硬币一定为真币.

第一次称量 $s(65)$ 和 $g(65)$.以下的称量方式和类似问题的方案相同.虽然我们引入虚拟硬币,但在任何时候都不会去称量它们.最终经过 8 次称重可以实现目标.

为证明 7 次称量不能实现目标,只需注意到每次称量有 2 种结果,于是 7 次称量后共有 $2^7=128$ 种可能.但另一方面,任何一枚硬币都可能为第 101 重者,故有 201 种可能,由 $201>128$ 知 7 次称量无法分辨所有情况.

笔者注　对于某些情况来说,有可能 7 次或更少次称重即可得出答案,例如当 $g(114)$ 为所求时,如果所有金币均轻于银币,则 3 次称量之后只剩下 $s(15),s(16),g(113),g(114)$ 共 4 枚真币,再经过 2 次称量即可找出所求硬币.

解法二　对于正整数 m,定义 $f(m)$ 为:从 m 枚已排序的金币和 $m-1$ 枚已排序的银币中称出第 m 重的硬币所需称量的次数.定义 $F(m)$ 为:类似 $f(m)$,仅将其中"$m-1$ 枚银币"换成 m 枚银币.于是 f,F 满足以下关系:

① $f(1)=0,F(1)=1$;

② $f(2k+1)\leqslant\max\{F(k),f(k+1)\}+1$;

③ $f(2k)\leqslant\max\{F(k),f(k)\}+1$;

④ $F(2k+1)\leqslant f(k+1)+1$;

⑤ $F(2k)\leqslant F(k)+1$.

其中①为显然,②—③可用同样的思路证明,我们在此只证②.

设 $2k+1$ 枚金币和 $2k$ 枚银币分别为 $g_1>g_2>\cdots>g_{2k+1}$, $s_1>s_2>\cdots>s_{2k}$.第一次称量 g_{k+1} 和 s_k.若 $g_{k+1}>s_k$,则 g_{k+1} 重于所有 $s_j,j\geqslant k$ 以及重于所有 $g_i,i\geqslant k+2$ 以上共 $2k+1$ 枚硬币,故 g_{k+1} 不可能为第 $2k+1$ 重的候选者,同样,$g_i,i\leqslant k$ 也不可能.类似地,$s_j,j\geqslant k+1$ 因为太轻也不可能成为候选者.于是剩下 k 枚金币和 k 枚银币,需称出第 k 重的硬币,即为 $F(k)$.

另一种情况是 $g_{k+1}<s_k$,此时可以排除 $g_i,i\geqslant k+2$ 以及 $s_j,j\leqslant k$ 并剩下 $k+1$ 枚金币和 k 枚银币,即为 $f(k+1)$.由此②式得证.

其他③—⑤式请读者自证.

从②—⑤式,我们进一步得到:

⑥对于 $m \geqslant 2$,设 $2^{n-1} < m \leqslant 2^n$,则 $F(m) \leqslant n+1$ 及 $f(m) \leqslant n+1$.

⑥的证明:采用归纳法.当 $m=2$ 时,$n=1$,易见 $F(2)=f(2)=2$ 成立.假设结论对所有 $m \leqslant 2^n$ 均成立,即 $2^{n-1} < k \leqslant 2^n$ 时,有 $F(k) \leqslant n+1$,$f(k) \leqslant n+1$.

考虑 $2^n < m \leqslant 2^{n+1}$.当 $m=2k$ 为偶数时,由⑤式可得 $F(2k) \leqslant F(k)+1 \leqslant n+2$;由③式得 $f(2k) \leqslant \max\{F(k),f(k)\}+1 \leqslant n+2$.当 $m=2k+1$ 为奇数时,$2^{n-1} < k < 2^n$,有 $F(k),f(k) \leqslant n+1$,再由④式得 $F(2k+1) \leqslant f(k+1)+1 \leqslant n+2$;由②式得 $f(2k+1) \leqslant \max\{F(k),f(k+1)\}+1 \leqslant n+2$.归纳完成.

更进一步,我们证明:

⑦对于 $m \geqslant 2$,设 $2^{n-1} < m \leqslant 2^n$,则 $F(m)=f(m)=n+1$.特别地,F 和 f 均为递增函数.

仍采用归纳法.当 $m=2$ 时已证.假设⑦式对所有 $m \leqslant 2^n$ 均成立,即 $2^{n-1} < k \leqslant 2^n$ 时有 $F(k)=f(k)=n+1$.现在需证 $f(2k) \geqslant n+2$.考察 $2k$ 枚金币和 $2k-1$ 枚银币中进行的第一次称重,设为 g_i 和 s_j,由对称性不妨设 $i \leqslant k$.假设结果为 $g_i > s_j$.

(i)若 $i+j \leqslant 2k$,则无法排除 $g_{i+1}, g_{i+2}, \cdots, g_{2k}$ 以及 $s_1, s_2, \cdots, s_{2k-i}$,故仍需 $F(2k-i)$ 次称重.由归纳假设知 $F(2k-i) \geqslant F(k)=n+1$,故 $f(2k) \geqslant n+2$.

(ii)若 $i+j > 2k$,则无法排除 $g_{2k-j+1}, \cdots, g_{2k}$ 以及 $s_1, s_2, \cdots, s_{j-1}$,故仍需 $f(2k) \geqslant 1+f(j) \geqslant 1+f(k)=n+2$.

以上我们得到了 $f(2k) \geqslant n+2$.类似地,可以推出 $F(2k) \geqslant n+2$ 以及 $f(2k+1),F(2k+1)$ 的不等式(请读者自证之).于是⑦得证.由 $2^6 < 101 < 2^7$ 得 $f(101)=8$.

6.解 回答是肯定的.

采用反证法,假设该系统不是好的,则存在加密文字 W 有两种以上解码方式,设其为总长度最短者,则 W 至少包含 10001 个字母,被译成至少 1001 个字母原文.

设 X 和 Y 是两种解码方式.在 X 方式中,W 至少 1001 个加密单词的首字母,由抽屉原理知其中有 $\left\lceil \dfrac{1001}{33} \right\rceil +1 = 31$ 个在 Y 方式中从属于相同的加密单词,可能在该单词中处于第 i 位,$1 \leqslant i \leqslant 10$.再由抽屉原理知其中 4 个对应着相同的 i,任取其中两个,由于对应的单词、位置均相同,故两个字母相同,记为 a_1, a_2,如图所示.

X 方式:$\cdots\cdots\cdots\cdots\cdots\cdots a_1 \cdots\cdots\cdots\cdots a_2 \cdots\cdots$

a_1, a_2 分别是加密单词的首字母

Y 方式:$\cdots\cdots\cdots\cdots\cdots\cdots a_1 \cdots\cdots\cdots\cdots a_2 \cdots\cdots$

a_1, a_2 均处于某加密单词的第 i 位(两段被翻译成相同的字母)

第 6 题图

现在从 W 中去掉 a_1 以及 a_1, a_2 之间的文字,剩下的部分记为 W'.由 a_1, a_2 在 X,Y 中所处位置以及 $a_1 = a_2$ 可知,W' 在 X,Y 方式下均可解码.由 W 最短以及 $W' < W$ 可知 W' 经 X,Y 方式翻译得到的原文相同.于是去掉的部分翻译结果不同,这同样与 W 最短矛盾.这个矛盾说明所有加密文字都有唯一解码方式,故甲发明的系统是好的.

笔者注 从推理中可以看出,乙只需检验所有长度不超过 2971 的加密文字即可达到同样效果.

7.解 我们将给出(2)的解答,(1)为其特殊情况.

显然当 $m \geqslant n$ 时可以实现.此时每名小朋友得到 $p+\alpha$ 块.$p \geqslant 1$ 为整数,$0 \leqslant \alpha < 1$.第一名小朋友先取 p 块,再切一次并取走 α 块.以后每名小朋友先取前一名小朋友剩下的不完整的一块,再取若干整块并切另外的一块.每块巧克力至多被切一次.

再考虑 $m < n$ 的情形,假设可以实现,则每名小朋友得到的不足一整块,每块巧克力被切成两部分,被分给不同的小朋友,将 n 名小朋友看作 n 个顶点,如果某块巧克力被分给 x 和 y,就在 x 和 y 之间连线,于是总共有 m 条边.设 k 为连通子图的数目,每个子图中分别有 $n_1 \leqslant n_2 \leqslant \cdots \leqslant n_k$ 个顶点及 $m_1 \leqslant m_2$

$\leqslant\cdots\leqslant m_k$ 条边,由于每名小朋友得到同样多的巧克力,有

$$\frac{m_1}{n_1}=\frac{m_2}{n_2}=\cdots=\frac{m_k}{n_k}<1. \tag{$*$}$$

另一方面,在任何一个连通子图中,如果存在环路,设为 $x_1—x_2—\cdots—x_r—x_1$,则这 r 名小朋友至少分得了 r 块巧克力,与每人得到不足一整块矛盾.因此,每个连通子图均为树,有 $m_i=n_i-1$,$1\leqslant i\leqslant k$.结合($*$)式,可得

$$m_1=m_2=\cdots=m_k,n_1=n_2=\cdots=n_k. \tag{$**$}$$

以上($*$),($**$)式有整数解的必要条件是

$$\frac{m}{k}=\frac{n}{k}-1,$$

其中 k 为 m 和 n 的公约数,显然必须有 $k=(m,n)$.这个条件也是充分的:令 $n_1=\frac{n}{k}$,将 n_1-1 块巧克力中的每一块分成 $\frac{n_1-1}{n_1}$ 和 $\frac{1}{n_1}$ 两部分,前者分给一名小朋友,后者共有 n_1-1 块,全部分给另一名小朋友,这样就将 n_1-1 块巧克力平分给了 n_1 名小朋友.故所有满足题意的 (m,n) 为

$$n\leqslant m \text{ 或 } n=m+k,k\mid m.$$

当 $m=9$ 时,n 可以取 $1,2,3,4,5,6,7,8,9,10,12,18$.

8.证明　以 A,B,C,D 代表四种花色,每张牌视为一节点,相邻的节点之间用实线相连表示两张牌的数字相同,用虚线相连表示两张牌的花色相同(因为不存在相同的牌,故没有同时为实线和虚线的边).共得到 12 行竖线,每行 4 条;3 列横线,每列 13 条.

引理　每行 4 条竖线均为同类型;每列 13 条横线均为同类型.

引理的证明　假设不然,则存在相邻两条平行边分别为实线和虚线,设为 MN 和 PQ.对于 NQ,有两种情况如图①所示.

若 NQ 为虚线,则 M,N,Q 同花色,P 与 Q 同数字,于是 P 与 M 既不同数字,也不同花色,不符合要求.同理若 NQ 为实线,P 与 M 亦不符合要求.得证.

现考察 3 列横线,由引理知一共有 8 种情形,分述如下:

(1)3 列均为实线.此时每行 4 张牌数字相同,每列 13 张牌花色相同,即为所证结果.

(2)第 1,3 列为实线.设第 1 行中间两牌为 A 花色,则第 $2,3,\cdots,13$ 行中间两牌不可能全部为 A 花色.取最小的 i,设第 i 行中间两牌为 B 花色,于是第 $i-1$ 行与第 i 行节点之间均为实线,这两行由两组同数字的 4 张牌组成,这样第 i 行与第 $i+1$ 行只能为同花色,故第 $i+1$ 行中间两牌为 B 花色,如图②所示.

$$
\begin{array}{cc}
M\text{ - - - }N & M\text{ - - - }N \\
\vdots & | \\
P\text{ —— }Q & P\text{ —— }Q
\end{array}
\qquad
\begin{array}{l}
i-1\text{行节点 }——\ A\ \text{- - -}\ A \\
\qquad\qquad\qquad |\qquad\quad | \\
i\text{行节点 }\ ——\ B\ \text{- - -}\ B \\
\qquad\qquad\qquad |\qquad\quad | \\
i+1\text{行节点 }——\ B\ \text{- - -}\ B
\end{array}
$$

①　　　　　　　　　　②

第 8 题图

再考察每行两侧的牌的花色.如果第 1 行两侧的牌为同花色,则第 $2,3,\cdots13$ 行两侧的牌均为同花色且花色随着中间两牌花色的改变而改变.但这是不可能的,因为每种花色都为奇数张牌.

如果第 1 行两侧的牌为不同花色,则只能为 C,D,截至第 $i-1$ 行两侧牌均为 C,D,第 i 行为 D,C,以下中间两牌不可能出现 C 或 D,于是中间的 A 或 B 成对出现,这同样与每种花色为奇数张矛盾.

(3)第 1,2 列为实线.显然不可能所有竖线均为虚线,设第 i 行为实线,于是第 $i,i+1$ 行有 6 个节点数字相同,为不可能.

(4)仅第 1 列为实线.设第 1 行四张牌的花色依次为 B,A,A,A.第 2 行只能为 B,A,A,A(若两行之间为虚线)或 D,C,C,C 或 C,D,D,D(若两行之间为实线).以下每行要么是 A,B 组合,要么是 C,D 组合,但行数 13 为奇数,导致 A,B 花色牌总数与 C,D 花色牌总数不相等,矛盾.

(5)仅第 2 列为实线.每行 4 张牌中有两对花色相同,与每种花色为奇数张矛盾.

(6)3 列均为虚线.每行 4 张牌为同花色,故每种花色牌数为 4 的倍数,矛盾.

(7)第 2,3 列为实线.为(3)的对称情形.

(8)仅第 3 列为实线.为(4)的对称情形.

综上分析可知,(1)为唯一可能.证毕.

9.证明 设合格三角形的内角分别为 $\frac{a}{n}\times180°,\frac{b}{n}\times180°,\frac{c}{n}\times180°$,其中 $a+b+c=n$.记该三角形为 (a,b,c).当 $n=5$ 时,只有 $(3,1,1)$ 和 $(2,2,1)$ 两种合格三角形,每种均可剪成不同形状的三角形如图①所示,结论成立.以下考虑 $n\geqslant7$.

第 9 题图①

引理 如果合格三角形 T 可以被剪成 U 和 V,其中 U 与 T 相似,则 V 一定可以被剪成 W 和 X,其中 W 与 V 相似,X 与 T 相似.

引理的证明 设 $\triangle ABC$ 为合格三角形,被剪成 $\triangle DBA$ 和 $\triangle DCA$,其中 $\triangle DBA$ 与 $\triangle ABC$ 相似,于是 $\angle BAD=\angle BCA$.将 $\triangle DCA$ 沿着与 AB 边平行的 DE 剪成 $\triangle EDC$ 和 $\triangle EDA$,如图②所示,则 $\triangle EDC$ 与 $\triangle ABC$ 相似,又由 $\angle EDA=\angle BAD=\angle BCA$ 知 $\triangle EDA$ 与 $\triangle DCA$ 相似.

第 9 题图②

我们将引理中合格三角形 T 和 V 所代表的形状或相似等价类,称为"相容的",将 T 变成 T 和 V,或 V 变成 T 和 V 称为它们的公共剖分.

对于固定的质数 n,考察由所有合格三角形的相似等价类构成的图 G,其中每个等价类为一个节点,当且仅当两个等价类相容时在两个节点之间连线.现将最初桌上的三角形所在等价类节点染成红色.每次,我们均采用公共剖分以保证桌上已出现的等价类仍将出现在桌上,将每次新出现的一个等价类节点染成红色,而之前已经为红色的节点不变.我们将证明 G 为连通图,即所有节点最终将变成红色.一旦该性质得证,那么不论剖分的方式如何,只要桌上的三角形不包括所有等价类,则 G 中必有一个未染色节点 V 与红色节点 R 相连,于是从 R 可以作公共剖分得到 R 和 V,可以继续选取直到所有节点均变成红色.

G 为连通图的证明:

对于非等腰合格三角形 $(a,b,c),a<b<c$,其必与 $(c-b,b,a+b),(c-a,a,a+b),(b-a,a,c+a)$ 这三个三角形相容,如图③所示.因此非等腰节点与 3 个其他节点相连.

第 9 题图③

对于等腰合格三角形,有两种情况:①$(a,b,b),a<b$,只能与 $(b-a,a,b+a)$ 相容;②$(a,a,c),a<c$,只能与 $(a,2a,c-a)$ 相容.因此等腰节点与 1 个其他节点相连.当 $b-a=a$ 时,$\frac{a}{b}=\frac{1}{2}$;当 $2a=c-a$ 时,$\frac{a}{c}=\frac{1}{3}$.只有当 $n=5$ 时,等腰节点才能和等腰节点相连.

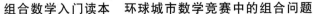

当 $n\geqslant7$ 时,只需证明所有非等腰节点连通,则 G 为连通.对于 (a,b,c),$a\leqslant b\leqslant c$,称其为 a 级节点.显然所有 1 级节点连通:

$$(1,2,n-3)\text{——}(1,3,n-4)\text{——}\cdots\text{——}\left(1,\frac{n-3}{2},\frac{n-1}{2}\right).$$

而对于 a 级节点 $T=(a,b,c)$,$a>1$,T 与 2 个或 3 个节点相连,有以下几种情形:

（ⅰ）若 $a+b>c>b$,则剖分可得 $(c-b,b,a+b)$,$c-b<a$,故 T 与更低级的节点相连.

（ⅱ）若 $2a>b>a$,则剖分可得 $(b-a,a,c+a)$,$b-a<a$,故 T 与更低级的节点相连.

（ⅲ）对于其他情形,有两种剖分方式:①从 (a,b,c) 得到 $(a,b-a,c+a)$,再得到 $(a,b-2a,c+2a)$,$\cdots$,直到 $(a,b-ka,c+ka)$,其中 $b-ka<2a$;②从 (a,b,c) 得到 $(a,b+a,c-a)$,再得到 $(a,b+2a,c-2a)$,$\cdots$,直到 $(a,b+la,c-la)$,其中 $a+(b+la)>c-la$.

在①中,与 T 相连的均为 a 级节点,直到 $b-ka<2a$ 可按（ⅱ）连接到更低级的节点.②的情形类似,当 $a+b+la>c-la$ 时可按（ⅰ）连接到更低级的节点.

当 $b-ka=2a$ 时,①方式之后的推理会遇到问题,此时换用②方式;当 $a+b+la=c-la$ 时,②遇到问题,此时换用①方式.如果两种方式同时遇到麻烦,则 a,b,c 均为 a 的倍数,若 $a>1$ 则 n 不为质数,否则 $a=1$ 说明 T 是 1 级节点.

以上讨论说明任何 $a>1$ 级节点均与更低级的节点相连,而所有 1 级节点均连通,故所有非等腰节点连通,又因为等腰节点与非等腰节点相连,故最终整个图 G 为连通图.